石油高等院校特色规划教材

海洋平台工程

纪大伟　编著

石油工业出版社

内 容 提 要

本书从海洋钻井平台和海洋采油平台入手，详细介绍了海洋平台的基本工作原理、设计原则和关键建造技术，着重阐述了海洋平台的基本结构特点和各个关键结构的主要功能，包括固定式平台的座底稳性和浮动式平台的漂浮稳性。

本书可作为高等院校海洋油气工程类专业及相关专业的教材，也可供从事海洋平台工程相关领域的科技人员学习和参考。

图书在版编目（CIP）数据

海洋平台工程/纪大伟编著. —北京：石油工业出版社，2023.11

石油高等院校特色规划教材

ISBN 978-7-5183-6144-1

Ⅰ.①海… Ⅱ.①纪… Ⅲ.①海上平台—高等学校—教材 Ⅳ.①TE951

中国国家版本馆CIP数据核字（2023）第135997号

出版发行：石油工业出版社

（北京市朝阳区安定门外安华里2区1号楼　100011）

网　　址：www.petropub.com

编辑部：（010）64523694

图书营销中心：（010）64523633

经　　销：全国新华书店

排　　版：三河市聚拓图文制作有限公司

印　　刷：北京中石油彩色印刷有限责任公司

2023年11月第1版　2023年11月第1次印刷

787毫米×1092毫米　开本：1/16　印张：12.25

字数：312千字

定价：32.00元

（如出现印装质量问题，我社图书营销中心负责调换）

版权所有，翻印必究

前　　言

2022年4月，习近平总书记在海南考察时强调：建设海洋强国是实现中华民族伟大复兴的重大战略任务。要推动海洋科技实现高水平自立自强，加强原创性、引领性科技攻关，把装备制造牢牢抓在自己手里，努力用我们自己的装备开发油气资源，提高能源自给率，保障国家能源安全。

海洋油气工程与陆地石油工程最大的区别就是在油气资源开发过程中需要面对恶劣的海洋环境，海上钻井、采油和油气集输过程存在巨大的困难，需要依托先进的海洋工程装备完成。"海洋石油981"、"海洋石油982"和"深海1号"等大国重器的相继建成并投入使用，标志着我国深海油气资源开发已达到国际先进水平。"海洋平台工程"课程是海洋油气工程专业的主干课程，本教材是为了满足海洋油气工程专业知识的学习需要，也使即将从事和已从事海洋油气资源开发工作的人员对海洋钻井、采油平台有一个较为全面的认识而编写的。

本书由东北石油大学石油工程学院组织编写，共分为八章，第一章至第七章由纪大伟编写，第八章和附录由刘音颂编写。教材编写过程中，得到了东北石油大学石油工程学院院长杨二龙，副院长王志华、冯福平的大力支持和指导，他们提出了很多宝贵的建议。同时，也得到了大连理工大学船舶工程学院和石油工业出版社的大力支持，在此一并表示真诚的感谢！本书编写过程中查阅了大量的资料，感谢各位专家、学者前辈作出的学术贡献。

由于编者水平有限，书中难免有不足甚至错误之处，敬请专家和读者批评指正，以便不断改进和完善。

编者

2023年4月

目 录

第一章 绪论 ·· 001

    第一节 海洋平台的类型 ·· 001
    第二节 世界海洋平台发展概况 ·· 008
    第三节 我国海洋平台发展概况 ·· 012
    第四节 海洋平台的发展趋势 ··· 016
    思考题 ··· 017

第二章 海洋平台结构设计的一般准则 ··· 018

    第一节 海洋平台结构系统 ·· 018
    第二节 平台结构构件与连接 ··· 019
    第三节 结构设计过程 ··· 020
    第四节 安全要求 ·· 024
    第五节 海洋平台的建造过程 ··· 025
    第六节 拖航、装配与转移 ·· 028
    第七节 经济性 ·· 031
    思考题 ··· 032

第三章 海洋平台结构的设计载荷 ·· 033

    第一节 载荷分类 ·· 033
    第二节 定常工作载荷 ··· 033
    第三节 意外载荷 ·· 034
    第四节 环境载荷 ·· 041
    第五节 载荷状态 ·· 055
    思考题 ··· 056

第四章 底撑式平台的着底稳性 ··· 057

    第一节 平台着底稳性标准 ··· 057
    第二节 平台的抗倾与抗滑稳性计算 ·· 060
    第三节 平台的桩基稳性 ·· 061
    第四节 影响平台着底稳性的因素 ··· 065
    思考题 ··· 068

第五章 浮动式钻井平台的漂浮稳性 … 069
第一节 浮体的稳性 … 069
第二节 浮动式钻井平台的完整稳性 … 074
第三节 浮动式钻井平台的破舱稳性 … 082
第四节 浮动式钻井平台的沉浮稳性 … 088
思考题 … 090

第六章 锚泊系统 … 091
第一节 锚泊系统的组成 … 091
第二节 锚泊系统的种类与布置型式 … 096
第三节 锚泊设备计算与要求 … 103
第四节 锚系设计 … 105
第五节 锚泊定位系统分析 … 109
思考题 … 113

第七章 海洋平台结构构件的承载能力和加工工艺 … 115
第一节 概述 … 115
第二节 钢材料与加工 … 120
第三节 构件的极限承载能力 … 132
思考题 … 143

第八章 导管架设计 … 144
第一节 设计依据及设计内容 … 144
第二节 设计计算模型 … 146
第三节 设计计算刚度矩阵 … 147
第四节 杆件端点变位与受力 … 158
第五节 导管架构件强度校核 … 163
第六节 导管架平台设计实例 … 164
思考题 … 178

附录 SACS 静力部分操作流程 … 179

参考文献 … 190

第一章 绪论

世界经济的高速发展带来能源的大量消耗，石油天然气仍是当前的主要能源。而当今世界油气储量迅速递减，陆上石油资源紧缺问题日渐突出。据预测，全球陆上油气可采年限为30~80年。进入21世纪以来，随着对石油需求的快速增加，世界已步入石油匮乏时代，也就是所谓的"后石油时代"。据统计，全球海洋石油储量为1000多亿吨，其中已探明储量约为$380×10^8t$。因此，我们必须向海洋进军，大力开发海洋油气资源。

勘探开发海洋油气需要的关键装备之一就是海洋平台（本书所说"海洋平台"，即海洋石油平台），本章将对海洋平台的类型及当前的发展概况进行简要介绍。

第一节 海洋平台的类型

一、桩基式导管架平台

桩基式导管架平台整体稳定性好，刚度大，受季节和气候的影响较小，抗风暴的能力强。桩基式导管架平台工作水深范围一般在十余米到200m，但也有超过300m的。目前世界上工作水深大于300m的导管架平台有7座，最深的导管架平台位于美国墨西哥湾的Bulwinkle油田，该油田水深412m。导管架平台是目前世界上使用最多的一种海洋石油平台，不论从设计理论还是从建造技术来看，都是一种最成熟和最通用的平台形式。

导管架平台是在软土地基上应用较多的一种桩基平台，由上部结构（平台甲板）和基础结构组成，如图1-1所示。上部结构一般由上下层平台甲板和层间桁架或立柱构成，甲板上布置成套钻采装置及辅助工具、动力装置、钻井液循环净化设备、人员的工作生活设施和直升机升降台等。平台甲板的尺寸由使用工艺确定。基础结构（包括导管架和桩）支承全部荷载并固定平台位置，桩数、桩长和桩径由海底地质条件及荷载决定，导管架立柱的直径取决于桩径，其水平支撑的层数根据立柱长细比的要求而定。

在冰块漂流的海区，应尽量在水线区域（潮差段）减少或不设支撑，以免冰块堆积。对于深海平

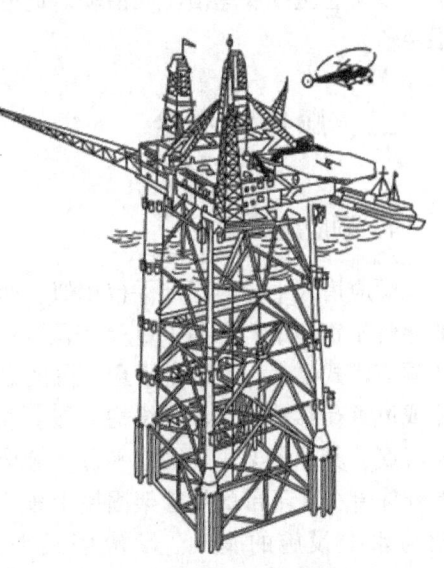

图1-1 导管架平台结构图

台，还需进行结构动力分析，结构应有足够的刚度以防止振幅过大。

二、固定重力式平台

固定重力式平台一般分为下述三种。

（1）钢筋混凝土重力式平台。钢筋混凝土重力式平台是 20 世纪 70 年代初发展起来的一种新型平台结构，目前主要用于欧洲的北海油田。这种平台具有钻井、采油、储油等多种功能，水深在 200m 以内均可采用，最佳水深为 100~150m。该平台是依靠自身重量维持稳定的固定式海洋平台，主要由上部结构、腿柱和基础三部分组成，如图 1-2 所示。平台基础分整体式和分离式两种：整体式基础一般是由若干圆筒形的舱室组成的大沉垫；分离式基础用若干个分离的舱室作基础，对地基适应性强，受力状况好，抗动力性能好，腿柱间距大，在拖航及下沉作业时较安全。

（2）钢结构重力式平台。这种平台也属于分离式基础型，由钢塔和钢浮筒组成，浮筒也兼作储油罐。

（3）钢和钢筋混凝土重力式平台。这种平台上部结构和腿柱用钢材建造，沉箱底座用钢筋混凝土建造，可充分发挥两种材料的特性。

图 1-2 重力式平台

以上三种重力式平台适用于较浅海域。

重力式平台的施工分两个阶段，前一个阶段在干坞中进行，后一个阶段在近岸可避风浪的深水区进行。施工程序是：在干坞中建造基础下部，到预定高度后向干坞中灌水，把已建成的基础下部连同起重设备一起浮运至能避风浪的深水区，系泊后继续建造基础的上部及立柱，建成后将平台拖航至设定海域，再向基础内部灌水，使平台下沉就位。重力式平台设计时应防止基础舱壁失稳或压坏，当基础兼作储油罐时，应考虑由于内外温差所产生的温度应力。平台要有足够的整体稳定性，在基础下可设插入地基的裙板，以防止基础底座沿海底滑动。此外，结构的倾斜度、总沉降量及动力效应都要求不超过限定值。

三、顺应式平台

1. 顺应塔式平台

顺应塔式平台与固定平台相似，两者均具有支撑水面设施的导管架钢制结构。图 1-3 是美国墨西哥湾 Baldpate 油田使用的顺应塔式平台。与固定平台不同的是，顺应塔式平台会随水流或风载荷移动，与浮式结构类似。顺应塔式平台通过桩固定于海底，其导管架小于固定平台导管架，上部的导管架内还设有浮体部分，下部的导管架固接于海底，作为顺应塔上部导管架与水上设施的基础。顺应塔式平台应用水深可达 900~1000m，最佳应用范围为 200~650m。塔式部分为水上设施，

图 1-3 顺应塔式平台

包括钻井、生产以及生活楼模块。顺应塔尺寸由生产处理、钻井操作以及全体工作人员的住宿状况决定。顺应塔式平台由于导管架尺寸的减小，其水上设施部分一般小于固定式平台，支撑结构由下部与上部两部分组成。一般情况下，顺应塔导管架由4条管腿构成，管腿直径1~2m不等，与管柱焊接在一起形成框架结构。下部导管架借助重量，通过2~6个插入泥面以下数百英尺的桩固定于海底。

导管架上部设有一组浮箱（最多12个），浮箱可以提供张力，以降低结构基础的负荷。浮箱直径一般为6.5m，长度最大可达40m。浮力大小由电脑控制，以保持在风与波浪作用下结构具有合适的张力。浮力系统也可以与其他设计相结合，以使尺寸最小，并使浮箱的布置最合理。

2. 拉索塔式平台

拉索塔式平台是一种新型的海洋平台结构，由甲板、浮箱、塔体、裙桩、底座、主桩、绷绳和锚桩等构成，其支承塔架下端着地，上端一般用多根锚缆张紧固定。图1-4是1983年建于墨西哥湾305m水深海域的拉索塔式平台，塔架高329m，重19000t，用钢桩打入海底。该塔架又瘦又高，柔性较大，在波浪作用下可以允许轻微摇摆。整个塔架靠20根直径227mm的钢缆作为绷绳向四面八方的海底拉紧，并固定于海底。由于该平台的固有频率远远大于波浪的频率，所以平台的摇摆不会对人员健康和生产作业有明显的影响。这种平台用料少，工作水深大，适用于大深度水域。

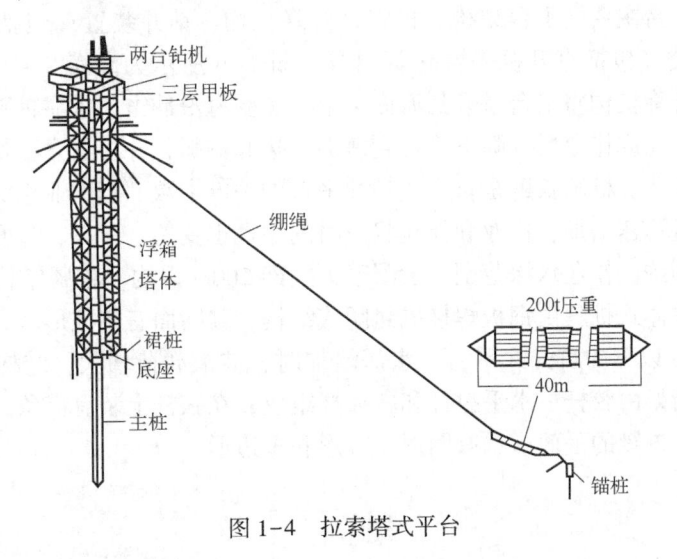

图1-4 拉索塔式平台

四、坐底式钻井平台

最早的移动平台采用钻井驳船，后来随着海洋石油钻探水深的不断增加，钻井驳船进一步发展成坐底式平台，它由沉垫、立柱和平台甲板三部分组成，如图1-5所示。该平台适用水深范围5~30m且海底比较平坦的场合。沉垫可以是整体式，也可以是分离式。向沉垫内灌水，平台即下沉就位；将水排出，平台就浮起。因此，这种平台又称为沉浮式平台。中国建成的胜利一号平台即属浅海坐底式平台。

图 1-5　坐底式平台

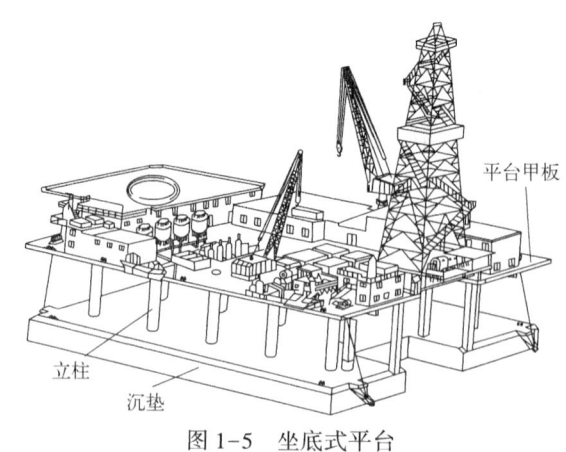

五、自升式钻井平台

自升式钻井平台（jack-up 或 self-elevate）是由驳船形船体和数根桩腿所组成的，既可以固定于海底进行作业又可浮于海面移动的平台，属于海上移动式平台，由于其定位能力强、作业稳定性好，在大陆架海域的油气勘探开发中居主力军地位。

自升式钻井平台主要由平台结构、桩腿、升降机构、钻井装置（包括动力设备和起重设备）以及生活楼（包括直升机平台）等组成。图 1-6 所示为渤海 8 号自升式钻井平台。平台在工作时用升降机构将平台举升到海面以上，免受海浪冲击，依靠桩腿的支撑站立在海底进行钻井作业。完成作业后，降下平台到海面，拔起桩腿，并将其升至拖航位置，即可拖航到下一个井位作业。桩腿长度是自升式钻井平台的关键参数。当作业水深增加时，桩腿的长度、尺寸和重量迅速增加，作业和拖航状态时的稳性也变差。所以，自升式钻井平台的作业水深上限受到制约，作业水深范围一般限于大陆架 200m 以内。桩腿结构形式有柱体式和桁架式两大类。柱体式桩腿由钢板焊接成封闭式结构，其断面有圆柱形和方箱形两种，一般用于作业水深 60m 以下的自升式平台。水深增加时，波浪载荷增大，结构重量增大，宜采用桁架式桩腿。桁架由弦杆、水平撑杆和斜撑杆组成，在弦杆上装有齿条。桩腿可按地质条件需要设置桩靴，桩靴的平面形状有圆形、方形和多边形。

图 1-6　渤海 8 号自升式钻井平台

就桩腿数量而言，目前主要采用的是3根桩腿或4根桩腿，自升式平台为取得稳定支撑最少需要3根桩腿。当作业水深较深时，考虑到桩腿的尺寸和重量，宜采用3根桩腿，同时可以减少升降机构的数量。其缺点是若1根桩腿失效，平台就无法工作，甚至发生险情。

3根桩腿在预压时不能像4根桩腿那样采用对角线交叉方式，而需要用压载水，过程较烦琐。中小型的自升式钻井平台，作业水深较浅，多采用4根柱体式桩腿，平台主体平面呈矩形。大中型平台，作业水深较深，多采用3根桁架式桩腿，平台主体平面呈三角形。

六、半潜式钻井平台

半潜式钻井平台，又称立柱稳定式钻井平台，如图1-7所示。此类平台是大部分浮体在水面以下的小水线面移动式钻井平台，由坐底式钻井平台演变而来。半潜式钻井平台由平台本体、立柱和下浮体或浮箱组成。此外，在下浮体与下浮体、立柱与立柱、立柱与平台本体之间还有一些支撑与斜撑连接。在下浮体之间的连接支撑，一般都设在下浮体的上方。这样当平台移位时，可位于水线之上，以减小阻力。平台上设有钻井机械设备、器材和生活舱室等，供钻井作业使用。平台本体高出水面一定高度，可避开波浪的冲击。下浮体或浮箱沉没在水下，提供主要浮力，并减小波浪的作用力。平台本体与下浮体之间连接的立柱具有小水线面的剖面，立柱与立柱之间相隔适当距离，可以保证平台的稳性，因此又有稳定式立柱之称。半潜式钻井平台的类型有多种，主要差别在于水下浮体形状与数目的不同。

七、钻井船

钻井船从结构上说很简单，外形就是一条船，所有的钻井设备、工具、材料以及作业人员的工作间和生活区、直升机平台等都在船上。除船体外，没有任何其他浮体和立柱。

钻井船的钻井设备安装在船体上，靠锚泊系统或动力定位，在漂浮的状态下进行钻井作业。钻井船一般都有自航能力，可在几百米甚至上千米水深的海域工作，但对风浪极为敏感，当风力超过7~8级，波高超过3~4m时就要停止作业。图1-8所示为"Transocean"超深水钻井船，作业水深最深可达12000ft（1ft≈0.3m）。

图1-7 半潜式钻井平台　　　　　　图1-8 "Transocean"超深水钻井船

早期的钻井浮船，把井架及钻井设备布置在船体一侧的舷外，需要在这一侧建立一个伸出舷外的桁架，再加上钻井设备及钻柱的重量，整个船体受力很不平衡。于是要在另一侧增大压载水量，且在钻进过程中，随着钻井负荷的变化，还要不断调整压载水量，给使用带来极大的不便。后来的钻井浮船，都将井架放置在船体的纵轴线上。此类钻井船要求在船体上有一个允许钻柱通过并且可以安装井口装置的、贯通上下的开口，称为钻井井口。

钻井船在海上只能进行浮式钻井作业。作业期间，船体受到风浪的作用，会产生各种运动。这些运动有时是非常剧烈的。例如，严重的摇摆、升沉和横向漂移等，给钻井作业带来很大的影响，甚至造成钻井作业无法进行。因此，钻井浮船需要使用锚泊系统或者自动动力定位系统进行定位。定位系统不仅设备庞大，技术也相当复杂。

为了加强钻井船抵抗风浪的能力，提高稳定性，新方法不断发展。一种方法是增大吨位，用于深水钻井的浮船吨位都在 15000t 以上，吨位越大，抗风能力越强。例如，1981 年建成的"POLLYBRESTOL"钻井船排水量为 18360t，荷兰建造的"Neddrill"钻井船排水量达到 24000t。另一种方法是把吨位小的钻井船做成双体船。美国建造的"贝克号"双体船，是将 2 个长 78m、宽 13.7m 单体船的前部和后部用巨大的桁架连接起来，形成一个完整双体船。前部桁架兼作直升机平台，后部桁架兼作钻台的一部分。整个双体船的宽度达到 38m，大大提高了船体的稳定性。井架安放在尾部的纵轴线上，钻台面积达到 24m×24m，井架底面积达到 12m×12m。宽敞的直升机平台可同时停 2 架直升机。该船的主要缺点是没有自航能力，移位时需要拖航，而且在工作时需要有 1 条货船、1 条客船和 1 条日用船配合作业。该船的另一个缺点是即使在墨西哥湾这样海况不是非常糟糕的海域，由于天气原因导致的停工时间仍达到 10% 左右。该船后来在钻井时因发生井喷失火而倾翻。

我国 1972 年自主设计建成的"勘探一号"双体钻井船，是由 2 条长 99.23m、宽 14.3m、吨位 3000t 的货轮改装而成。改装步骤是先将 2 条船用巨大的桁架连接起来，成为一个整体，然后在上面铺设钻井甲板。改装后排水量达到 8000t，并可利用原船的动力自航，钻井作业期间用扩展锚系定位，该船在我国黄海水深 28~68m 的海域共打井 7 口后退役。

八、张力腿式平台

张力腿式平台（tension leg platform，TLP）是在平台本体上设置多组有预张力的、绷紧的钢质缆索，即张力腿系统将平台固定于海底锚固基础上，从而保证了平台本体与海底井口的相对位置在工作允许范围内，其结构如图 1-9 所示。从结构上一般可将其划分为五部分，即平台上体、立柱（含横撑和斜撑）、下体（含沉箱）、张力腿和锚固基础。

平台的上体、立柱和下体都是浮体，通过收紧锚固在海底的缆索使浮体的吃水深度比静平衡状态大一些，浮力大于浮体重力，剩余浮力由缆索的张力来平衡。当平台受到扰动力时，缆索会因张力改变而产生弹性变形。因此，平台只产生微量位移。

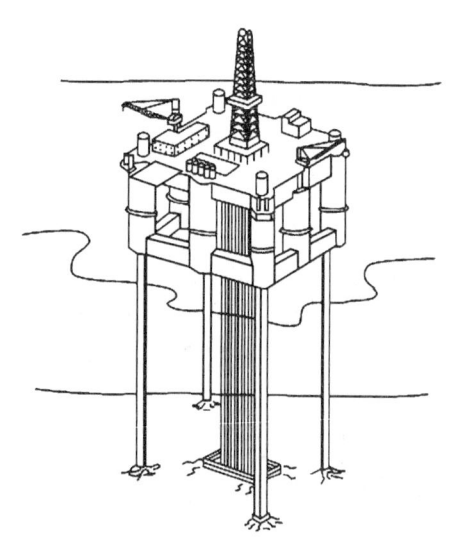

图 1-9 典型的张力腿式平台结构示意图

缆索可竖向或斜向布置。在深水海域，如果采用固定平台，则造价随水深增大而剧增，海上安装工程也趋于困难，相应配备的工程船舶均需大型化。而张力腿式平台仅需加长缆索，对造价影响不大，这种平台在工作完成后可浮运到其他地点。整座平台可在工厂建造、工作地点定位，适用于开采周期较短的小型深水油田。

与半潜式平台等同类平台相比较，TLP 结构上的特点使其具有运动性能好、抗恶劣环境能力强等优点。与固定式平台相比，除造价低以外，其抗震能力显著优于前者，且便于移位，可以重复利用，大大提高了通用性和经济性。

九、Spar 平台

Spar 平台（深水浮筒式平台）属于顺应式平台的范畴，是一种新型的浮式平台，Spar 平台的适用水深为 600~3000m，直径为 30~40m，吃水为 200m 左右。由于水线面积小，Spar 平台的垂荡运动比半潜式平台小，与张力腿平台相当。在系泊系统和主体浮力控制下，具有良好的动力稳定性，其经济性和稳定性优于其他浮式平台。目前世界建成的 Spar 平台有三种类型，分别为经典式(classic spar)、桁架式(truss spar) 和分筒集束式(cell spar)，如图 1-10 所示。

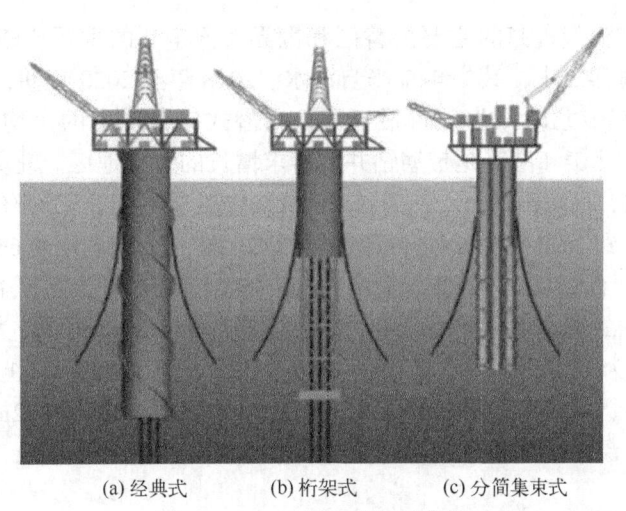

(a) 经典式　　(b) 桁架式　　(c) 分筒集束式

图 1-10　Spar 平台结构示意图

因此，可以采用干采油树和刚性立管。同时，较大的储油能力又使得 Spar 平台可与 FPSO（Floating Production Storage and Offloading，浮式生产储油船）媲美。Spar 平台的另一个特点是经济性好，其投资成本远远低于张力腿式平台。例如，用于 1372m 水深的 Spar 平台 Horn Mountain 总投资（包括平台及海底管线的建造和安装、钻探和完井）仅为 3.35 亿美元，而 910m 水深的张力腿式平台 Brutus 总投资高达 7.5 亿美元。

现代 Spar 平台的主体是单圆柱结构，垂直悬浮于水中，特别适宜于深水作业，在深水环境中运动稳定性、安全性良好。Spar 平台主体可分为几个部分，有的部分为全封闭式结构，有的部分为开放式结构，但各部分的横截面都具有相同的直径。由于主体吃水很深，平台的垂荡和纵荡运动幅度很小，使得 Spar 平台能够安装刚性的垂直立管系统，承担钻探、采油和油气输出工作，被视为下一代深水平台发展的方向之一。

第二节　世界海洋平台发展概况

海洋油气的探明储量和产量一直保持快速增长，也带动了海洋平台市场的发展。20世纪40年代驳船首次用于近海勘探钻井，1956年出现了钻井船，1961年半潜式钻井平台问世。全球钻井的重心已逐渐向海洋转移。海洋平台的发展直接受到全球油气市场的影响。根据BakeHughes公司统计，全球陆地商用钻井平台在1982年1月达到6150座的高峰，到2009年9月大约只剩3550座。除加拿大有所增加外，其他地区的陆地钻井平台都有不同幅度的下降，其中美国在这一期间减少了90%。而在同一时期，参与市场竞争的商用移动式海洋钻井平台，即自升式钻井平台、半潜式钻井平台和钻井船从499座增加到627座。

随着海上油气开发的不断发展，海洋石油工程技术发生着日新月异的变化，在深水油气田开发中，传统的导管架平台和重力式平台正逐步被深水浮式平台和水下生产系统所代替，各种类型的深水浮式平台的设计、建造技术不断完善。

一、深水浮式平台发展概况

深水是未来全球油气资源的主要接替区和世界大国争夺的重要战略区。全球超过70%的油气资源蕴藏在海洋之中，其中44%来自深水。2018年至2020年间，全球海上钻井平台数量将持续上升，其中尤以深水项目最显著，半潜式钻井平台的年均需求量增幅超过了25%。钻井船方面，北美和南美是带动钻井船需求增长的主要地区。北美主要归功于油气生产商重新开展新项目，而南美则是受到美国石油巨头埃克森美孚在圭亚那的勘探活动以及巴西盐下油项目的带动，到2020年全球钻井船数量达到79艘，较2018年的62艘增长了27%。

目前，全世界已有2300多套水下生产设施、203座深水平台活跃在全世界各大海域。就最大工作水深而言，张力腿式平台（TLP）已达到1434m，Spar平台为2383m，浮式生产储油装置（FPSO）为1900m，多功能半潜式钻井平台达到1920m以上，水下作业机器人（ROV）超过3000m。采用水下生产技术开发的油气田最大水深为2192m，最大钻探水深为3095m。与此同时，深水钻井装备和敷管作业技术也得到迅速发展。

二、半潜式钻井平台发展概况

半潜式平台的发展已有40多年的历程，成为继FPSO后深水作业的第二大平台和船体类型。当前，深水半潜式钻井平台的设计和建造已呈现前期统筹规划，配置现代化装备以提高海上作业效率，满足在最具挑战性的海域作业，多功能化以及模块化分段建造、集成合拢、小批量系列化开发等趋势。

1. 半潜式钻井平台的设计商

半潜式钻井平台的设计技术含量极高。目前国际上设计半潜式钻井平台的公司主要有：美国的Friede&Goldman公司、挪威的Akervaerner公司、新加坡的Harald Frigstad工程设计公司、挪威的GlobalMaritime公司、瑞典的GAV咨询公司、荷兰的海洋结构咨询公司、美国的J. Ray McDermot公司和新加坡的吉宝公司（Keppel FELS）等。

2. 半潜式钻井平台的建造商

半潜式钻井平台的建造工程庞大、周期长,世界上只有少数几家公司有能力承建。目前承建半潜式钻井平台的公司主要有新加坡的吉宝公司和SembCorp海洋公司,韩国的三星重工公司和大宇造船海洋工程公司,美国的Friede&Goldman近海公司和挪威的Aker集团。近年来,随着国外造船任务的日益增长,部分平台建造也转移到中国,如烟台莱佛士船业有限公司、大连新船重工公司和上海外高桥造船厂等。特别是大连船厂,2000年至今,已为挪威先后建造了宾果9000系列共4艘半潜式钻井平台,该系列平台工作水深2500m,钻深能力9144m。

3. 半潜式钻井平台建造周期

从近几年的建造情况看,半潜式钻井平台和钻井船的建造周期为2~4年,预计新的平台建造周期将会缩短。我国的FPSO建造速度和建造质量已达到国际先进水平,平均建造周期为22个月/艘,远远低于发达国家36个月/艘的平均建造周期。

4. 半潜式钻井平台的造价

随着技术含量的增加、可靠性的提高以及市场需求的增加,海上钻井装置的造价不断攀升。半潜式钻井平台的造价从20世纪70年代的平均2400万美元已上涨至2006年的3.5~6.3亿美元。2006年底,钻井船的造价一般为4.5~6.5亿美元。中国海洋石油集团有限公司委托上海外高桥造船厂建造的第六代半潜式深水平台造价约为45亿元人民币。1992—2009年海洋钻井平台建造成本变化情况见表1-1。

表1-1　1992—2009年海洋钻井平台建造成本变化情况　　单位:亿美元

作业水深	时间	1992.12	2003.12	2004.12	2005.12	2006.12	2007.12	2008.12	2009
自升式钻井平台	150ft	0.06	0.1	0.19	0.35	0.35	0.4	0.4	0.14
	200ft	0.08	0.22	0.25	0.5	0.5	0.55	0.55	0.22
	250ft	0.18	0.32	0.47	0.75	0.75	1.0	0.95	0.55
	300ft	0.2	0.5	0.6~0.65	1.0	1.0	1.5	1.45	1.1
	>350ft	—	1.05~1.45	1.15~1.45	1.5	1.5	2.1	2.05	1.6
半潜式钻井平台	第三代(>25000ft)	0.4	0.65	0.6	1.4	1.4	2.5	3.25	2.6
	第四代(>30000ft)	0.9	1.6~1.75	1.4	2.5	2.5	3.2	4.0	3.35
	第五代(>8000ft)	—	2.8~3.0	2.7	4.0	4.0	5.0	6.5	6.0
	第六代(>10000ft)						6.75	7.0	6.35
钻井船	>4000ft	0.08~0.1	0.7	0.5~0.6	1.5	1.5	2.85	3.0	2.3
	第五代(>8000ft)	—	2.8~3.0	2.5~2.7	4.0	4.0	5.0	6.5	6.05
	第六代(>10000ft)	—			5.0	5.0	6.75	7.25	6.45

5. 半潜式钻井平台的作业水深

现有的深水半潜式钻井平台的额定作业水深从 1640ft（约 500m）至 10000ft（约 3048m）不等，其中大约 45% 的平台能够从事超深水钻井作业。现有的深水钻井船的额定作业水深从 900m 至 3048m 不等。其中，额定作业水深为 10000ft（3048m）的钻井船最多，有 14 艘，其中 70% 的深水钻井船能够从事超深水钻井。在建的钻井船额定作业水深都在 3000m 以上。

6. 半潜式钻井平台的技术水平划分

半潜式钻井平台的技术水平习惯以代划分。在 20 世纪 60 年代中后期建成的半潜式钻井平台属于第一代，早已退役了。第一代和第二代半潜式钻井平台适用于浅水，采用锚泊定位。第三代可用于 450~1500m 的深水钻井，仍采用锚泊定位。第四代主要适用于 1000~2000m 的深水，以锚泊定位为主。第五代适用于超深水，以动力定位为主。2007 年及以后建成的半潜式属第六代，适用于水深为 2550~3600m 的极恶劣海洋环境，采用动力定位，其主要特点见表 1-2。

表 1-2　不同技术水平的半潜式钻井平台的主要特点

技术水平	主要建成时间	主要额定作业水深范围，m	钻井能力，ft	定位方式	备注
第一代	20 世纪 60 年代中后期	90~180	—	锚泊定位	—
第二代	20 世纪 70 年代	180~600	以 25000、20000 为主	锚泊定位	—
第三代	1980—1985 年	450~1500	以 25000 为主	锚泊定位	—
第四代	1985—1990 年 1998—2001 年	1000~2000	以 25000、30000 为主	以锚泊定位为主	—
第五代	2000—2005 年	1800~3600	主要范围 25000~37500	以动力定位为主	能适应极其恶劣的海洋环境
第六代	2007 年及以后	2550~3600，以 3048m 为主	≥30000	动力定位	能适应更加恶劣的海洋环境

7. 半潜式钻井平台设计的关键技术

当前半潜式钻井平台设计的关键技术主要有以下几个方面：

（1）高效钻井作业系统。如何配置多井口作业系统、钻杆处理系统、动力锚道等，以提高工作效率，是研制半潜式钻井平台设计的关键。

（2）升沉补偿系统。在深海钻井作业过程中为了保持钻头接触井底，必须设法补偿平台由于风浪作用而产生的升沉落差。早期的方法是使用伸缩钻杆，目前主要采用天车补偿、游车补偿以及绞车补偿等方法。

（3）定位系统。半潜式钻井平台在海中处于漂浮状态，受风、浪、流的影响要发生纵摇、横摇运动，因此必须采用可靠的定位方法对其进行定位。半潜式钻井平台的定位方式主要有锚泊定位和动力定位两种，当水深大于 1500m 时，多采用动力定位。

（4）水下设备。水下设备主要包括水下井口系统、水下井控器系统、隔水管系统、水下设备控制系统等。

(5) 平台设备集成控制。平台设备集成控制技术研究是为航行、定位、钻井、完井作业创建一个数字化、智能化的控制平台。

三、深水 Spar 平台发展概况

1. Spar 平台发展历程

1996 年 Oryx 能源公司在墨西哥湾水深 590m 的 Vioscoknol826 区块安装了第一座 Spar 油气开发平台 Neptune，标志着第一代 Classic Spar 平台的诞生。Neptune 壳体呈圆柱形，长 215m，直径 23m，重 12895t，设计吃水 198m，由 6 条系泊索定位。

2002 年 KerMcGee 油气公司在水深 1122m 的 EastBresks602 区块建成投产了 1 座 Truss Spar 平台 Nansen，标志着第二代 Spar 平台的诞生。该平台主体长 165.5m，直径 27m，硬舱长 73m，软舱长 5m，干舷高度 15m，桁架部分长 88m，被 3 个垂荡板分为 4 层，Nansen 采用 9 条系泊索定位。

Truss Spar 平台的经济性和动力稳定性比 Classic Spar 有了进一步提高，其卓越的性能使 Spar 平台的发展势头更加迅猛。仅 2002 年就先后有 3 座 Truss Spar 平台建成投产，水深达到了 1645m。2003—2005 年墨西哥湾又有 4 座 Truss Spar 平台下水，远远超过了其他浮式平台的发展速度。

2004 年 KerrMcGee 油气公司在墨西哥湾 GardenBanksBlock877 区块建成投产了 1 座 Cel Spar 平台 RedHawk，水深 1524m，这是第三代 Spar 平台。RedHawk 壳体长 171m，有效直径则只有 20m，由 6 个圆筒围绕中央圆筒组成，圆筒的直径均为 6m，其中 3 个圆筒的长度为 171m，与其他 3 个长度为 85m 的圆筒相间布置在中央圆筒周围。RedHawk 采用 6 条尼龙缆定位，该平台仅用钢 7200t，而同样尺寸的其他类型 Spar 平台需用钢 12000t，这使 Spar 平台在深水和超深水开发中更具竞争力。

2. Spar 平台设计的关键技术

1）波浪荷载及平台运动响应

Spar 平台的运动周期长，墨西哥湾典型的 Spar 平台固有周期为纵荡 160s、纵摇 60s、垂荡 28s，因此对一阶波浪荷载的响应较小。其较大的纵荡运动主要是二阶波浪荷载和涌浪引起的长周期慢漂运动，最大二阶慢漂运动幅度可达水深的 6%~10%。

在不规则波的作用下，对于具有非张紧式系泊系统的 Spar 平台，其低频纵荡和纵摇响应一般大于波频响应。浪流组合作用时，慢漂响应明显小于没有流的海况。研究认为，仅用线性波浪结构相互作用理论不能很好地预测平台响应，必须采用二阶波浪结构相互作用理论并考虑黏滞和阻尼才能可靠地预测 Spar 平台的运动。而且波流联合作用和波能的多向散布对 Spar 平台的响应预测有较大的影响。如果能够精确地预测波浪水质点的运动，则用 Morison 方程预测大直径 Spar 平台在长波和随机多向波与流作用下的波频响应及低频响应可以得到令人满意的结果。

2）垂荡、纵摇运动不稳定性及控制技术

Spar 平台的垂荡运动和纵摇运动是强烈的耦合运动，当纵摇固有频率等于 2 倍的垂荡固

有频率时，极易发生耦合的不稳定运动，被称为不稳定区。在不稳定区，即使在小波浪条件下，纵摇运动也是不稳定的。

研究表明，加装螺旋板和垂荡板可以使不稳定区最小。虽然螺旋板和垂荡板不能改变垂荡和纵摇周期，但能够通过增大阻尼而使纵摇运动稳定，防止垂荡共振。大幅度的垂荡运动将引起稳心高度（GM）的复杂变化，最终导致纵摇运动的不稳定。因此，由于黏滞阻尼增大，Truss Spar 平台的运动稳定性优于 Classic Spar 平台。

3）涡激振荡及控制技术

Spar 平台是直立漂浮在水中的，系泊系统提供其纵荡和横荡恢复力。因此，在海流的作用下，平台将发生涡激振荡（Vortex Induced Motion）。研究表明，Truss Spar 平台在剪切流和均匀流场中的涡激振荡响应没有明显差别。当流与波浪同向时，涡激振荡响应减小。当流向与波向垂直或成夹角时，波流共同作用下的横摇响应小于相同流作用下的响应与相同波浪作用下的响应之和。但流的形态对 Classic Spar 平台和 Cell Spar 平台的涡激振荡均有较大影响。

截至 2018 年 1 月，全球共有 21 座 Spar 平台服役，主要分布在美国墨西哥湾，最大作业水深 2383m（Perdido）平台。

4）系泊系统和立管系统的作用与影响

系泊系统提供 Spar 平台部分自由度的恢复力，随着水深的增加，系泊系统由悬链线锚链发展为半张紧式和张紧式系泊缆。Spar 平台的立管系统也根据水深不同有顶张力立管和钢悬链线立管等不同立管系统。顶张力立管位于 Spar 平台的中央井中，而钢悬链线立管悬挂在甲板外侧。因此，对平台的运动具有不同程度的影响。研究表明，对于波频和慢漂响应以及锚链张力，时域结果一般大于频域结果，其原因可能是随机线性化导致较大黏滞阻尼。

3. Spar 平台在中国南海的应用前景

中国南海的主要含油气构造位于 500~2000m 水深的海域，而 Spar 平台适用的水深为 600~3000m，适合南海的深水开发。Spar 平台的运动稳定性好，垂荡运动可与张力腿式平台媲美，二阶慢漂运动远远小于半潜式平台。此外，南海的海洋环境恶劣，台风频发，平台的动力稳定性显得尤为重要。国外的开发经验表明，半潜式平台和张力腿式平台均有失稳倾覆的先例，唯有 Spar 平台还没有这样的先例。中国南海的风浪周期和涌浪周期一般为 4~9s，最大为 23s 左右。典型的 Spar 平台纵荡周期为 160s，纵摇周期为 60s，与波浪的周期相差较远。因此，只要能够针对中国南海特殊的海洋环境条件开发出合理的 Spar 平台结构，Spar 平台就能够在中国南海深水海域油气资源开发中发挥积极的作用。

第三节　我国海洋平台发展概况

从 1956 年莺歌海油气调查算起，我国海洋石油工业已经走过了 50 多年的发展历程。特别是 1982 年中国海洋石油总公司成立后，我国海洋石油工业实现了从合作开发到自主开发的技术突破，已经具备了自主开发水深 200m 以内海上油气田的技术能力。我国建成投产了 45 个海上油气田，建造了 93 座固定平台，共有 13 艘 FPSO（其中 8 艘为自主研制）、1 艘

FPS（浮式生产装置）、4套水下生产设施，形成了3900×10^{4}t的石油生产能力。目前，我国已拥有15艘钻井装备和1艘蓝疆号大型海上起重铺管船，其中3艘钻井装备作业水深在300m以上，最大钻探水深达到505m，大型起重铺管装备的起重能力达到3800t。目前，我国正在启动深水钻井、铺管装备等方面的前期研究。

一、初级发展阶段（2000年以前）

2000年以前，我国凭借自主设计建造力量，先后建成"渤海1号""渤海3号""渤海5号""渤海7号""渤海9号"共5艘自升式钻井平台，建成"胜利1号""胜利2号""胜利3号"共3艘坐底式钻井平台，以及"勘探1号"双体式钻井自由式浮船、"勘探3号"半潜式钻井平台各1艘，建成了渤海友谊号海洋浮式采油生产装置（FPSO）。

这一阶段具有代表性的装备是我国第一艘半潜式钻井平台"勘探3号"。该半潜式钻井平台填补了多项国内空白，是我国造船工业的一个重要突破。勘探3号是我国自主设计和建造的第一艘半潜式钻井平台，性能优良，设备先进，安全可靠，达到当时国际上同类型钻井平台的水平。建成后立即投入到东海油气田的勘探工作中，陆续发现了平湖等许多高产油气田，并曾创造出我国海上钻井深度达5000m的纪录，为我国东海油气田的开发做出了重大贡献。

二、持续发展阶段（2000—2006年）

2000年后，我国先后又完成了"渤海长青号""渤海世纪号""渤海奋进号""海洋石油3号"等FPSO的自主设计，完成了宾果9000系列共4艘超深水半潜式钻井平台的船体建造以及15万吨、17万吨、21万吨级别FPSO的建造，初步具备30万吨级别FPSO的船体设计和建造能力。

这一阶段我国还成功设计与建造"渤海友谊号"浮式生产储油船，它对世界FPSO技术的贡献在于首次将FPSO用于有冰的海域。"渤海友谊号"浮式产储油船机动灵活，已成功用于渤海3个油田的开发。

三、高速发展阶段（2006年至今）

1. 导管架平台的发展情况

2008年4月，由中国海洋石油总公司旗下的海洋石油工程公司（以下简称海油工程）总承包的亚洲海上油气田最大平台导管架（番禺气田深水导管架）成功下水并扶正，这标志着海油工程在深水领域进行超大型海上导管架下水作业和安装方面又创造了新纪录。番禺气田深水导管架为8腿12裙桩导管架，高212.32m，质量为16216t，是中国海洋石油总公司在南海自营开发、投资最大的番禺—惠州天然气联合开发项目的一部分，这也是海油工程第一次涉足200m水深的海洋工程项目。

2022年10月，由中国海油自主设计建造的亚洲第一深水导管架平台"海基一号"投产，标志着我国成功解锁深水超大型导管架平台油气开发新模式。"海基一号"位于珠江口盆地海域，总高度达 340.5m，总重量超 4×10^4t，两项数据均刷新了我国海上单体石油生产平台纪录。"海基一号"按照百年一遇的恶劣海况设计，项目团队攻克了南海超强内波流、海底巨型沙波沙脊、超大型结构物精准下水就位等一系列世界性难题，创新应用多项首创技术，实现了从设计建造到运维管理的全方位提升。

2. 自升式钻井平台的发展情况

进入 21 世纪，海洋油气资源的勘探开发更加迫切。中国海洋石油总公司的"海洋石油 941"自升式钻井平台于 2005 年 3 月在大连船舶重工集团公司开工建造，2006 年 5 月 31 日交付使用，是目前我国国内规模最大、自动化程度最高、作业水深最深、具有当代国际先进水平的自升式钻井平台，如图 1-11 所示。

该平台实现了全自动控制，钻台可前后左右移动，一次定位最多能钻 30 多口井。平台长 70.4m，型宽 76m，型深 9.45m，钻井深度 9000m，最大作业水深 122m（400ft）。3 根桁架式桩腿，总长 167m，桩靴直径 18m，高 5.5m，选用国民油井公司 BLM 电动齿轮齿条升降机构，安装有桩腿齿条夹持装置，平台设有长 49m、高 7.5m、间距 18m 的悬臂梁，中心外伸距离可达约 23m。定员 120 人，有 24m×24m 的直升机平台。

3. 半潜式钻井平台发展情况

2007 年 10 月 18 日，中国首座深水特大型装备——"海洋石油 981"号半潜式钻井平台基本设计合同签字仪式在北京长城饭店隆重举行。该平台是由中国海洋石油总公司总体负责，美国 Friede&Goldman 公司和上海 708 所共同承担详细设计的一座海洋深水钻井平台项目，是当今最先进的第六代深水半潜式钻井平台之一。图 1-12 所示为我国最新、最先进的第六代"海洋石油 981"深水半潜式钻井平台的出坞盛况。该平台设计能够抵御 200 年一遇的台风，定位系统选用大功率推进器和 DP3 动力定位，并能够在 1500m 水深内使用锚泊定位。甲板最大可变载荷达 9000t，设计使用寿命 30 年。平台设计工作水深 3050m，钻井深度 10000m，设计质量 30670t，长度 114m，宽度 79m，从船底到钻井塔顶高度 130m，电缆总长度 800km。

图 1-11 "海洋石油 941"钻井平台

图 1-12 "海洋石油 981"深水半潜式钻井平台的出坞盛况

该平台属于国际第六代钻井平台，配有双井架，具有智能化钻井功能，代表着世界钻井平台的先进水平，具有勘探、钻井、完井与修井作业等多种功能。该钻井平台填补了中国深水油气勘探和深水装备领域的空白，成为我国首座自行设计建造并拥有自主知识产权的深水半潜式钻井平台。

4. 钻井储油平台发展情况

2009年11月，世界首座圆筒形超深水海洋钻探储油平台在中远船务启东海工地成功命名为"希望1号"，如图1-13所示。"希望1号"是南通中远船务为挪威SEVAN MARINE公司建造的第六代半潜式平台。南通中远船务在短短24个月的时间里完成了该项目的所有详细设计、生产设计、整体建造及设备安装和调试，拥有自主知识产权。在技术和建造上均达到世界领先水平，得到了船东、挪威船级社和巴西国家石油公司（用户）的高度认可。该平台的成功建造标志着中远船务具备了设计建造世界高技术难度海工项目的整体能力，成为世界海工建造领域的一支劲旅，为加速我国船舶工业进军世界海洋工程装备制造领域、提升我国海洋深水装备的设计制造能力增添了浓墨重彩的一笔。

该平台属于当今世界海洋石油钻探平台中技术水平最高、作业能力最强的高端领先产品。平台总高135m，直径84m，主甲板高度24.5m，上甲板高度36.5m，钻台高度44.5m，空船重量28180t，生活楼可容纳150人居住。其设计水深12500ft，钻井深度40000ft，配置DP3动态定位系统，可以适应英国北海-20℃的恶劣海况。平台甲板可变载荷15000t，拥有15万桶原油的存储能力。独特的圆筒形外观使其对恶劣海域环境的适应能力更强，可以适应-20℃的低温条件。平台的设计和主体建造仅用了24个月，比国际同类产品的建造周期缩短近半年时间。

5. 深水铺管船

铺管船是用于铺设海底管道专用的大型设备，多用于海底输油管道、海底输气管道、海底输水管道的铺设。"海洋石油201"深水铺管船，如图1-14所示，总长204.65m、型宽39.2m、型深14m、结构吃水11m、作业吃水7~9.5m、航速12节、载员380人、作业水深范围15~3000m、作业管径6~60in、铺管速度为5km/d，设置DP3动力定位系统、7个全旋转推进器，最大起重能力为4000t（尾部系泊工况时为4000t，回转时3500t），总投资约30亿元。

图1-13 "希望1号"圆筒形超深水钻井储油平台

图1-14 "海洋石油201"深水铺管船

该船是世界上第一艘同时具备3000m级深水铺管能力、4000t级重型起重能力和DP3级全电力推进的动力定位，并具备自航能力的船型深水铺管起重工程作业船，能在除北极以外的全球无限航区作业，集成创新了多项世界顶级装备技术。

船舶的详细设计和建造均在国内自主完成，是亚洲和中国首艘具备3000m级深水作业能力的海洋工程船舶，集成创新了多项世界顶级装备技术，进入中国船级社和美国船级社双船级。其总体技术水平和综合作业能力在国际同类工程船舶中处于领先地位，代表了国际海洋工程装备制造的最高水平。

第四节 海洋平台的发展趋势

为满足日益增长的能源需求，世界先进国家都将油气资源开发的重点投向了深海，深海石油平台已成为国际海洋工程界研发的热点，并呈现以下发展趋势。

一、向深水、超深水发展

墨西哥湾、北海等地区的勘探，带动了钻井装置的迅速发展。而钻井装置的进步又帮助人们向更深的海洋进军。到20世纪90年代，美国的墨西哥湾、非洲西海岸、南美洲东海岸，油气勘探都越过1000ft水深，甚至突破1000m。

近年海洋新增储量占比高，深水及超深水成为重点领域。从区域看，海上石油勘探开发形成三湾、两海、两湖（内海）的格局。"三湾"即波斯湾、墨西哥湾和几内亚湾，"两海"即北海和南海，"两湖（内海）"即里海和马拉开波湖。波斯湾的沙特、卡塔尔和阿联酋，墨西哥湾的美国、墨西哥，里海沿岸的哈萨克斯坦、阿塞拜疆和伊朗，北海沿岸的英国和挪威，以及巴西、委内瑞拉、尼日利亚等，都是世界重要的海上油气勘探开发国。其中，巴西近海、美国墨西哥湾、安哥拉近海和尼日利亚近海是备受关注的世界四大深海油区，几乎集中了世界全部深海探井和新发现的储量。全球深水油气勘探开发投资占海洋油气勘探开发总投资的比例将从2012年的38%增加到2017年的53%，深水勘探开发持续升温。

2012—2022年，中国海油积极践行海洋强国战略，加快推进能源强国建设，组建形成了以"海洋石油201""海洋石油720"等为代表的"深水舰队"，相继攻克了常规深水、超深水及深水高温高压等世界级技术难题，创新了深水开发模式，形成了一系列具有自主知识产权的深水技术体系，具备了从深水到超深水、从南海到极地的全方位作业能力，使我国跃升成为全球少数能够自主开展深水油气勘探开发的国家之一，跻身世界先进行列，实现了深水油气装备技术能力的重大飞跃。

中国海油已在南海北部深水海域共计勘探开发荔湾3-1、流花16-2等油气田11个，特别是2021年我国首个自营超深水大气田"深海一号"成功投产，标志着中国海洋石油工业勘探开发和生产能力实现了从300m到1500m超深水的历史性跨越，使我国海洋石油勘探开发能力全面进入"超深水时代"。

二、向大型化发展

随着海上大型油气田的勘探发现和海洋工程科技的飞速发展，深海钻采装备呈现出大型化趋势，包括甲板可变载荷、平台主尺度、载重量、物资储存能力等各项指标都向大型化发展，以增大作业的安全可靠性、全天候的工作能力（抗风暴能力）和自持能力。例如，当前世界最大的双钻井浮船，由西班牙 Astano 和赛普公司建造的 "发现者企业号（Discoverer Enterprise）"、"发现者深海号（Discoverer DeepSeas）" 和 "发现者精神号（Discoverer Spirit）" 三艘姐妹船，可变载荷为 2×10^4t，生活模块可居住 200 人，船的主尺度长 254.5m、宽 38.1m、型深 18.9m。船的储存能力为：黏土和水泥粉 906m³，液体泥浆 2448m³，燃料 3975m³，钻井用水 2178m³，饮用水 795m³。

三、采用优良设计和高强度钢

优良设计主要体现在第六代深水半潜式钻井平台、新一代自升式平台、新一代钻井浮船、新型的 FPSO 和半潜式生产系统等装备的设计进一步优化，平台（船）的可变载荷与总排水量的比值、总排水量与自重的比值、可变载荷与平台（船）自重比、总排水量与自重比、工作水深与自重比等指标值均进一步提高，装备的钻采设备更为先进，甲板可变载荷和空间加大，工作水深与钻井深度能力、采储油能力增大，安全性、抗风暴能力和自持能力增强，外形结构简单、建造费用减少、采用高强度钢。

由于高强度钢（σ_s = 420~550MPa）具有强度高、韧性好、可焊性好等特点，采用高强度钢建造海上平台（含导管架和甲板结构）和海底管线可明显节约钢材，降低造价。过去，大多数海上工程项目用钢的屈服点 σ_s 通常为 250~350MPa，最近几年来高强度钢的使用占海上工程结构用钢的 25%~50%（主要用于主导管架、上部结构、海底管线和张力腿平台）。目前，超高强度钢（σ_s = 700MPa）已用于制作导管架平台的导轨支架等，甚至使用 σ_s = 827MPa 的钢材，预计 σ_s = 1000MPa 的超高强度钢也可能投入使用。

思考题 >>>

1. 海洋平台有哪几种类型？各有哪些优缺点？
2. 根据本章介绍的平台的特点，试分析我国南海油气开发宜采用何种平台形式。
3. 分析钢筋混凝土重力式平台与钢重力式平台的优缺点。
4. 分析张力腿式平台中张力腿的功能。
5. 简述设计半潜式平台的关键技术。
6. 简述设计 Spar 平台的关键技术。
7. 简述世界海洋石油平台的发展概况。

第二章　海洋平台结构设计的一般准则

海洋平台结构设计的目的是设计出一个安全经济的平台结构，以满足在恶劣的海洋环境中开采海洋油气资源的目的。为达到此目的，设计者必须具备载荷的时空特性、材料性质、焊接技术、结构力学、结构承载机理与布置的相互关系等方面的知识。此外，设计者应须熟悉加工与装配过程。

结构设计在很大程度上是设计者的创造性、抽象思维与经验的结晶，公众应从中得到最大的经济效益，这就需要发展新的结构形式和建造技术，并用科学的解决方法去支持。因此，工程力学与经济分析必须以创造出更好的船舶、平台等为目标，广义上说的"设计"包括了创造艺术与科学分析。

结构力学理论与实验依据对结构设计来说是有效的工具，但是，对于建立一个完整的科学设计过程而言是不充分的。首先，为使一个理论分析成为可能，结构的特性被基本的工程假设大大地理想化了，以至于计算的内力与位移仅代表了结构中真实内力与位移的近似值。结构抵抗外载荷与变形的能力仅能近似确定。其次，实际结构常常处于受载状态且载荷工况不能精确确定，因此实验与判据在结构设计实践中总是起到重要作用，但它们必须以对结构理论与结构力学的全面理解与科学分析为指导。

第一节　海洋平台结构系统

海洋平台结构按其结构承载性能可以分为浮式平台与固定式平台。浮式与固定式平台的主要承载系统是大体积的钢质板壳（甲板）、刚架或桁架结构（桩腿）。

甲板是平台的重要构件，是平台结构中位于内底板以上的平面结构，用于承载钻井、采油的相关设备，并将船体水平分隔成层。主甲板以下的各层甲板从上到下依次叫二层甲板、三层甲板……在主甲板以上均为短段甲板，习惯上是按照该层甲板的舱室名称或用途来命名的。另外，深海作业的工作人员通常采用直升机运输方式，因此，深海作业平台上通常会设置直升机平台，如图 2-1 所示。

图 2-1　深海作业平台

刚架是由梁和柱组成的结构，是海洋平台上主要承受垂向载荷的结构。刚架结构的杆件两端与其他构件用焊接或铆接的连接方法固定，其他构件的变形会引起杆件发生弯曲变形。杆与杆之间能够传递弯矩。

桁架结构中的桁架指的是桁架梁，是格构化的一种梁式结构。桁架结构常用于大跨度的厂房、展览馆、体育馆和桥梁等公共建筑中。桁架结构是梁式构件，它是由多根小截面杆件组成的"空腹式的大梁"，是静定结构。由于其截面可以做得很高，就具备了大的抗弯能力而挠度小，每根杆件都是通过两端的铰与其他杆件相连接，只承受轴向应力，因而能够充分发挥材料的承载潜力。因此，相对于刚架结构，桁架结构适合更大的跨度，而且省料、自重小。因此，被广泛应用于海洋工程结构中。如现在主流的自升式钻井平台采用桁架式桩腿，在满足强度的前提下降低平台自重的同时也降低了波流对海洋平台的载荷作用。

浮式结构的壳体结构中，甲板系统除作为主要承载结构外，与外板和横、纵舱壁将海洋平台分隔成多个舱室，可以提供浮力和水密的工作空间，为达到此目的，甲板由梁系加强，该梁系可承受或不承受主要载荷，因为提供浮力需要大体积，或为在周围压力下提供工作环境，壳还被用来作为浮体（如船或大的浮体），在一些透浪型结构系统中不采用外壳板而采用钢质杆件（角钢或圆管）装配成刚架或桁架结构用以传递载荷。

第二节　平台结构构件与连接

传统的刚架结构由装配在一起的构件组成，构件可以是轧制型材，可以是焊接型材，也可以是铆接型材，如图 2-2 所示。

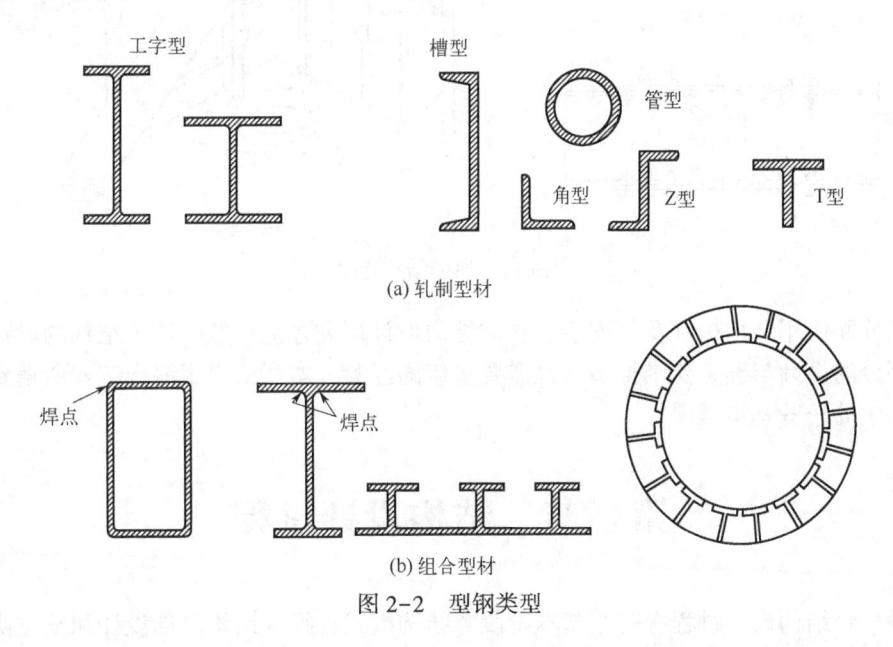

图 2-2　型钢类型

构件可传递四种载荷，分别为：（1）索，传递张力载荷；（2）柱，主要传递压力载荷，有时也传拉力载荷；（3）梁或板架，传递锁向荷；（4）轴，传递扭转载荷。

实际上一个构件很少仅传递一种载荷。即使是在拉伸时，一个铰接的水平或对角构件，受其自身的重量、浮力、波浪力或其它载荷的影响，它也要受到很小的弯矩作用。因此，多数构件传递弯曲、扭转与轴向拉压的组合载荷。对于海洋工程结构来说，一个构件很少被设计成主要抵抗扭转，而是会被设计为抵抗其它类型载荷的同时也可抵抗某些扭转。通常当一个构件承受多种联合载荷作用时，其中一种载荷是最重要的且支配此构件的设计，因此，按构件的主要载荷对其分类和研究。

在海洋工程结构中电弧焊是主要的连接手段，如图 2-3 所示。铆接可用于海面以上部分的某些构件，但现已很少采用，对每一位设计师来说，设计结构构件尺寸与连接是一经常性的工作，为此，对于结构元件的作用及其连接方式的掌握至关重要。

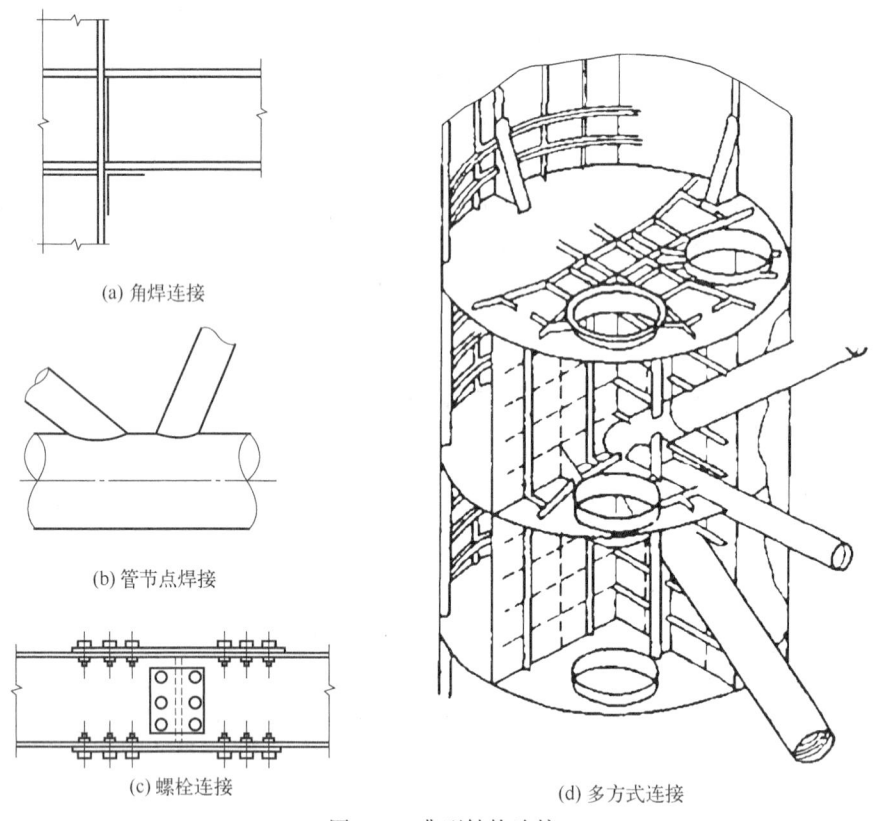

(a) 角焊连接

(b) 管节点焊接

(c) 螺栓连接

(d) 多方式连接

图 2-3　典型结构连接

合理分配使用结构构件及其连接，整体结构设计研究才能得益，整个结构的设计与布置比其各部分的设计与确定要难得多，且需要多年的经验，本章给出了海洋工程所遇到的典型结构设计中的一些基本考虑。

第三节　结构设计过程

海洋平台结构设计过程有三个基本阶段：结构型式选择、结构局部设计和整体协调。

一、结构型式选择

结构型式选择取决于其作用、安全、作业、建造、维修费用及可能的美观需要，其它诸如业主的要求、设计师的倾向或已形成的惯例都可能影响结构型式的选择，通常需要研究若干个布置方案，只有在详细地比较了各个方案之后才能做出决定。

选择结构型式中会遇到下列问题：

由结构传递的力的性质、量值、分布、频率是什么？对于选定的结构，如果分析表明结构的某些构件应力过大怎么办？改变构件的比例、布置或改变整个结构就可得到最好的补救吗？给定结构的最佳建造方法是什么？对于选定的结构，装配方法能带来何种影响？

若要回答这些问题，结构工程师包括他的同事、厂家、甲方等必须认识到结构工程师的创造作用。值得注意的是，与偶然载荷相联系的安全性越来越强调于结构系统型式选定以后，关于这一点将在后面叙述。

设计过程的不断探索可由半潜式平台 Aker 系列的设计来说明，起初该设计考虑了从 A-H 的 8 个方案，最后选定了 H 方案中的结构修改 3 型。

二、结构局部设计

局部设计在作用与安全需要之间是折中的，通常结构的安全需要居首位。设计校验的基本原则是查出结构或其构件有没有达到任何一种极限状态（破坏模式），目前各国规范中采用的实际极限状态见表 2-1。

表 2-1　海洋工程结构设计极限状态（DnV）

状态	主要特征
极限状态 （ULS）	（1）极限承载能力； （2）断面破裂或屈曲； （3）结构或单个构件的压溃或失稳
逐步破坏极限状态 （PLS）	单个构件的事故损失或超载而使结构或其主要部分进入可发生累积破坏状态
疲劳极限状态 （FLS）	（1）生存期内由循环或重复应力引起的累积效应； （2）由疲劳损伤引起的破坏； （3）剩余强度不足
耐久性极限状态 （SLS）	（1）涉及耐用性与耐久性的规定； （2）不失去平衡的过度变形（振动）； （3）腐蚀引起的损伤； （4）保养与维修的不可预见对耐久性的影响

由局部强度确定构件尺寸步骤如下：（1）确定载荷；（2）确定结构节点与构件的载荷效应；（3）确定部件与节点的强度；（4）选择材料与连接形式。

1. 确定载荷

当选定结构的一般型式或至少选出几种不同的型式后，即可作出小比例的草图，构件的布置自然取决于作用在其上的载荷，尽管这些载荷尚不确定，但依靠经验可使设计者避免考虑过多的变量，从一般的布置，可估计出作用在其上的载荷。载荷包括浮力，平台甲板载荷，波、流、风、海水、地震等环境载荷以及人为的事故载荷如碰撞爆炸及火灾载荷等。这些载荷可能是静态或动态的，暂时或永久的，偶然或经常的，载荷还要加上结构的重量，而结构重量在设计阶段是未知的，但可由类似的传统结构较准确地估算。为此目的，各种公式与表格在技术文献与结构手册中都有刊载以便利用，各国规范对载荷都有较详尽的规定。

2. 载荷效应

载荷效应分析强调的是静定与静不定效应以及静态与动态性能，静定结构承受静载，作用于构件上的力和力矩都可简单地由平衡条件获得。对于静不定结构,需要对构件尺寸作某些估算以便确定构件中的应力,有时仅需结构构件的相对刚度而不是绝对尺寸就可进行近似计算。对于静不定桁架,可先假定构件间的载荷分布。

动态载荷,如阵风、波浪、碰撞与爆炸冲击都很难确定,常用的方法是以"相当"的静载代替非静态载荷,同时作用的几种载荷的组合定义为"载荷状态"并用来确定结构中的应力,在多数情况下结构对动态载荷的响应必须以材料与结构的动态特性为基础进行分析。

规范中对载荷效应分析的规定相对较少,其原因大概是对所遇到的各种情况难以定出一个标准。

3. 强度

屈服强度、屈曲强度、破坏强度、脆裂强度及疲劳强度都由分析或实验确定,各种规范对结构构件的强度要求都有详细规定。

1) 屈服强度

屈服强度是金属材料发生屈服现象时的屈服极限,也是抵抗微量塑性变形的应力。对于无明显屈服的金属材料,规定以产生0.2%微量塑性变形的应力值为其屈服极限,称为条件屈服极限或屈服强度。大于此极限的外力作用,将会使零件永久失效,无法恢复。如低碳钢的应力应变曲线如图2-4所示,在 OA 弹性段,应力与应变成正比关系,材料符合胡克定律,外力消失后构件可以恢复原来形状。直线 OA 的斜率就是材料的弹性模量,直线部分最高点对应的应力值记作 σ_p,称为材料的比例极限。屈服强度 σ_s 为 207MPa(B 点),是材料屈服的临界应力值,当大于此极限的外力作用后,塑性应变急剧增加,应力出现微小波动;在超过其屈服强度之后继续加载,发生塑性变形直至破坏到达极限载荷(D 点),达到极限载荷后材料应力突然降低,并最终到达断裂点(E 点),此时的应力记作 σ_b,称为材料的抗拉极限强度。

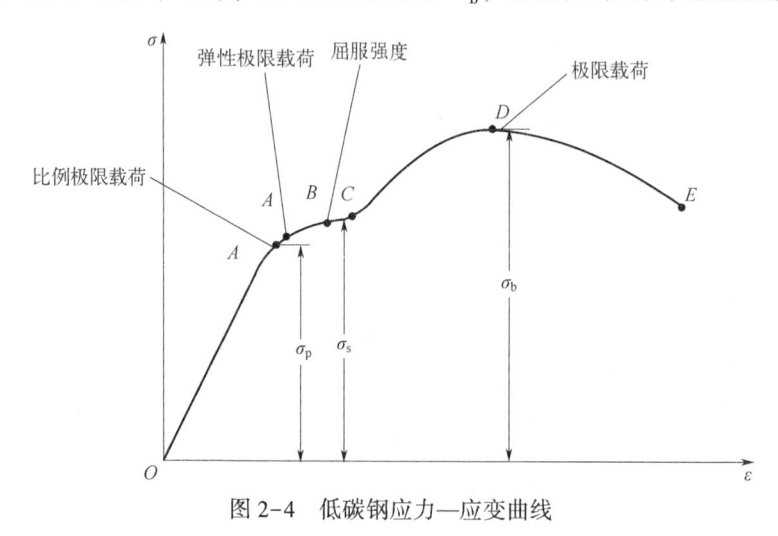

图 2-4 低碳钢应力—应变曲线

2) 屈曲强度

屈曲是工程计算中的一种失效模式,当结构受压应力时便可能会发生。屈曲的特征是结构杆件突然侧向形变并导致结构失稳。对于受压杆件,屈曲是最常见的失稳原因。图2-5所示为发生屈曲破坏的储油罐。

3) 破坏强度

破坏强度是物体在外力作用下发生破坏时出现的最大应力，也可称为强度极限或者破坏应力。材料抵抗外力破坏的最大能力总称为强度极限。

4) 脆裂强度

脆裂指构件未经明显的变形而发生的断裂。断裂时材料几乎没有发生过塑性变形，断面平齐，没有明显颈缩及变形，剪切唇极薄，是典型的脆断断口。断裂起源于表面，如图2-6所示。

图2-5　发生屈曲破坏的储油罐 　　　　图2-6　发生脆裂的金属杆件断面

5) 疲劳强度

材料在无限多次交变载荷作用而不会产生破坏的最大应力，称为疲劳强度或疲劳极限。实际上，金属材料并不可能作无限多次交变载荷试验。

4. 构件与连接型式的选择

当已知构件中的内力与强度时，即可以下列判断选择各构件的尺寸：(1) 具有适当的强度与刚度；(2) 便于连接；(3) 经济。强度适当是指载荷效应要小于其材料的能力，评价原则如图2-7所示。

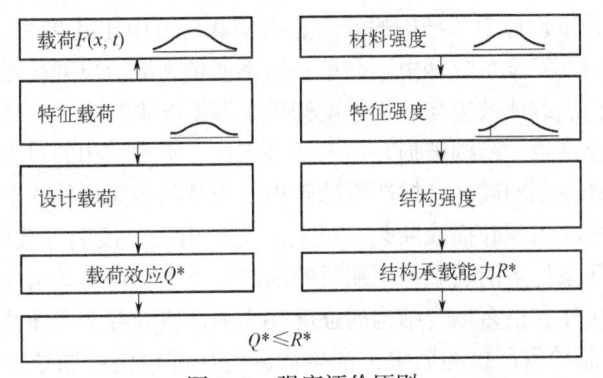

图2-7　强度评价原则

选择一个构件的尺寸与形状时，设计者必须考虑到它和相邻构件的连接，这些节点必须使偏心度最小，因为这些偏心度可引起二次弯曲与扭转。此外，节点的刚度必须与分析时假定的相一致，例如，分析一个梁时假定其端部为刚性固定，则节点必须有刚性构件支持或刚性连接。

构件的经济性取决于材料与加工费用,因此要考虑加工、处理、焊接与维修的方便。最轻的截面形状未必是最经济的,因为它需要特殊的装配连接去加工,而这将增加整个结构的费用。经济的设计要求最少的开口与加工,某些时候设计者的选择又被可提供的截面形状、加工能力与工艺水平所限制。

各构件间的比例常常确定得很保守,而不取决于其他构件,有时这种做法理论上并不正确,如当某些构件被用来约束其他构件防止其屈曲时即如此。

三、整体协调

当截面性质已知后,即可确定最初假定的结构重量与设计后的重量是否一致。对于跨度小的结构,其结构重量占总载荷的一小部分,故而如最初估计的重量不准确,即使有相当的误差,对总载荷的改变也微乎其微,不必重新设计与计算;然而对于跨度大的结构,结构重量占总载荷的主要部分,重量估算上的小误差可能对总载荷造成相当的影响。

对于静不定结构,必须校核所选定各截面的相对刚度是否与假定值一致,如果相差很小,则不必重新计算与分析。实验亦有助于确定哪些变量的值可以忽略,并无一般规则可循。当差异小但不可忽略时,可以修正设计而不必重复所有的计算,校核载荷与内力、力矩之后,对构件要限制变形后进行应力再校核;同时对其他要求,诸如使用期内可能出现的支撑沉陷效应、振动、疲劳、温度变化影响,腐蚀和抗火灾能力等方面也要再校核。

由上述考虑可以看出,任何重要构件的设计基本上是一个逐次通近的过程。对静定结构来说这个逐次逼近过程分为两步,确定结构重量,确定构件尺寸;对于静不定结构来说还要包含一个假设以及确定结构所有部件相对刚度的过程。

很显然,对每一个构件及多个节点,结构的安全性是局部地校核。对结构系统的安全考虑日益受到重视,特别是潜在的人为事故,如造成结构局部被损的碰撞载荷需要检验系统的剩余强度,以防止由局部破损而发展成的逐渐破坏。

第四节 安全要求

前面提到的局部强度设计中,结构的安全是指使载荷效应比其相对应的抗力(承载能力)在某一范围内要小,引入安全系数是由于靠单一值不能精确地给出载荷效应与材料抗力。由于缺少数据,以及对载荷、载荷效应与结构强度知识掌握不准确产生了一些不确定因素,所有潜在的破损都引入了安全系数。结构破损并不主要是破坏,常常结构的过大变形使得结构起不到合理的支持作用,而产生如同破坏一样严重的破损。当某些主要构件或节点由于剪切、屈曲或劈裂而破损时,结构中将出现破损或断裂,过大的变形出现于极端过载或适当的冲击条件下,这些变形由材料在拉压条件下的屈服与压缩时的屈曲所产生。在一些情况下,局部变形很严重可归类于结构破坏,虽然在很多场合结构的强度并不因这些局部变形而严重削弱。

局部结构破损可能导致严重的后果,产生渗漏的局部损伤可能导致没有设置足够水密舱室的浮动结构丧失稳性乃至沉没,储油轮与导管中的裂缝可引起严重的污染(图2-8),而固定式结构上的裂缝水下修补费用很高。结构的破坏结果导致生命财产的丧失及环境的破坏(图2-9),因此各船级社颁布一些设计时必须遵守的强制性规定,这些规定包括适用的载荷、强度以及安全系数。

图 2-8　油轮泄漏导致海洋污染　　　　　图 2-9　半潜式钻井平台事故

考虑到载荷与能力的随机不确定性，一般地说结构不可能设计得百分之百安全。根据目前使用的安全系数，用概率方法计算的构件年破坏概率，不确定性数值为 $10^{-6} \sim 10^{-3}$。据至今为止记录到的世界范围由于所有可能形式灾害引起的使用中移动平台整个损失的年概率为 10^{-2}，而导管架平台由于天气与超载引起的整体破坏的年概率为 $10^{-4} \sim 10^{-3}$。

新的设计在建造与使用条件下容易出现错误。新设计及其加工条件与新材料、新结构型式有关。此外，人员缺少技术与工艺知识，以及经费与政策的压力都是产生错误的客观原因，以不变的技术范围去适应更加险恶的环境与日益增大的工作水深将影响设计与建造，甚至导致设计错误。结构的某些尺寸构件更应给予特别的重视，提高设计者与操作人员的能力和整个过程的检验等级可以避免失误。设计时还应认真考虑碰撞、火灾或爆炸等事故影响，避免出现错误的设计。

第五节　海洋平台的建造过程

海洋平台的建造对设计经济性有重大影响，全部建造费用常常是钢材费用的 3~6 倍即可说明这一点。

一、基本加工过程

海洋平台的建造过程如图 2-10 所示，原材料钢板在生产车间经过切割、焊接等工艺，组合成构件或者船体分段，运送到船坞进行组装，最终下海投入使用。

工程师考虑设计的经济性时，一个不可避免的因素是加工费，即人工、工具与设备的费用。因此为减少加工费，工程师必须使设计的加工量尽量小，必须平衡由于减少材料重量而增加的加工费用。在一些设计中为减少重量或由于强度的需要使用高强度钢（ABS 规范中各型号钢材对应的许用应力见表 2-2），虽然钢材重量减少了，但加工与装配费用并无显著减少，因为大多数加工因素与部件厚度与重量相对来说关系不大，同时由于焊接过程中预防措施增加，以高强度钢代替碳素解后的加工费用未必能减少。

(a) 原材料钢板 　　(b) 切割与焊接

(c) 组合与安装 　　(d) 下海投入使用

图 2-10　海洋平台生产制造流程

表 2-2　ABS 规范中各型号钢材对应的许用应力

钢板等级	最小屈服应力 N/mm²	静载荷下 安全因子	静载荷下 等效许用应力, MPa	组合工况下 安全因子	组合工况下 等效许用应力, MPa
A-B-D-E	235	1.43	164.34	1.11	211.71
AH32-DH32-EH32	315	1.43	220.28	1.11	283.78
AH36-DH36-EH36	355	1.43	248.25	1.11	319.82
AH40-DH40-EH40	390	1.43	272.73	1.11	351.35
EQ51	490	1.43	342.66	1.11	441.44

施工中还应考虑以下因素：

（1）各构件的尺寸精度与误差。如果构件硬度过大，其切割难度就会增大（图 2-11），加工费用必然增加。

（2）大型构件的刚度。船体分段通常为较大型的组合构件，如图 2-12 所示，由于构件的尺寸大，不可能保持其准确的直线度，其直线度与拱度在允许范围内可以有偏差但不影响结构的使用，但刚度构件也就不易与相邻构件连接。

图 2-11　金属构件切割过程 　　图 2-12　海洋平台局部构件的生产加工过程

(3) 材料与成型构件的校直法。在常温下对材料施加压力的方法称为"冷压法",对于新的结构设计,需要认真地设计焊接过程以减少焊接应力与变形,在加工过程中焊接应力会大到使结构产生断裂。

根据设计者的设计图纸与说明书,一些选定的厂家准备对结构的建造投标。确定标价时必须估计下述费用:原材料的轧制费,从轧钢厂至加工厂的运费,施工设计与模型费,车间加工费,预制钢构件从车间到现场的运费、装配费、日常费用与利润。标书规定了交货日期与价格,通常与最低价格的投标者签合同,但也有为迅速交货而与较高价格的投标者约的。

合同签订后,工厂的工程人员就得到了设计图纸与说明书,为简化加工与装配,责任工程师可改变局部细节设计。完成上述工作后,就要准备结构中要加工的每一零部件的施工设计图。车间施工详图给出零部件的数量、长度、开口位置与尺寸、切口详图与节点详图。施工设计图必须与设计一致并需要有经验的工程师仔细校核,以检查所有的构件是否合适,所有的尺寸与细节是否正确标出。根据施工设计图每个构件的开口与切口位置由真实尺度的纸板模型或木型表示出来,给出材料清单并递交轧制厂,由厂主指定的船厂和轧制厂进行验收并存放待加工。船厂生产加工车间如图 2-13 所示。在车间加工的大部分工作是把材料从一个加工点运送至另一加工点。通常由吊车完成此工作,亦采用悬臂起重机承担相邻场地的运送工作。加工的经济性常常取决于车间内的运送工作量。

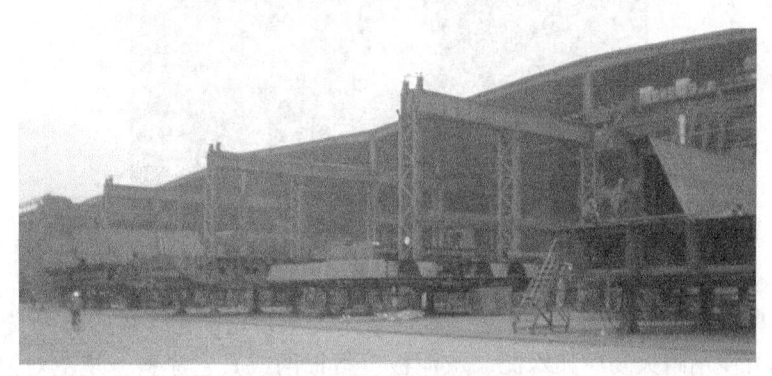

图 2-13 船厂生产加工车间

在车间,第一道工序是号料,在每个零部件上写上名称、所需数量以及加工过程的特殊说明。必要时,切割成一定长度,或割去球缘或部分翼板。当一个装配分段的主要各零部件加工完毕,就被运至装配平台上。在这里将各构件装配起来,将零部件装配起来是件重要的工作,因为修正装配中的误差费用很高。在此阶段对正确装配的检验与良好的焊接工艺是非常重要的。图 2-14 所示为海洋平台生产加工现场。

二、防腐

确定防腐措施的重要因素是材料的物理与化学环境、材料的成分及防止接触其环境

图 2-14 海洋平台生产加工现场

中有害元素的涂层或防护，薄钢构件比厚钢件更易于腐蚀。尽管这看起来不十分合理，因为只要钢铁发生腐蚀，厚度并不能制止腐蚀过程。在腐蚀存在的情况下，增加厚度只能在某种程度上增加钢结构的耐性。

腐蚀防护的主要方法包括：防腐涂层、牺牲阳极、外加电流防腐蚀和利用合金元素。常用的合金元素有铬、钢；或镀以铜、铬或铝；或使用特殊的复层，如锌或沥青。当钢构件暴露于严酷的腐蚀条件下时，必须以特殊复层防腐，且此复层或涂层必须定期更换。

三、防火

虽然钢结构建筑物被认为是不可燃的，但海上采油过程中的伴生气属于易燃易爆气体，一旦发生爆炸，船体舾装部分会迅速燃烧。图 2-15 所示为"深水地平线"平台爆炸后的火灾救援现场。防火的目的是为居住者在火灾发生时候提供安全生存条件，保证消防队员的安全，保证毗邻区域财产的安全，防止火灾蔓延，使由火灾引起的财产损失减小到最低程度。

图 2-15　海洋平台火灾事故现场

规范中以标准实验程序确立耐火能力小时数来衡量给定结构形式的防火安全性，增强制材的耐火性能可使用耐火复层如水泥、灰泥板、石棉网或其它涂料，规范对诸如底层、梁、板架、支柱、间壁所需的防火时数都有明确规定。

第六节　拖航、装配与转移

一、拖航

拖航指的是海洋钻井装置被拖船从一个位置拖往另一个位置的迁移作业，如图 2-16 所示，应用拖船通过前后拖、舷拖、顶推等方式进行作业，船体不可避免地会与海水接触，这种方式又称为湿拖；也可以应用驳船把钻井装置运送到指定位置，运送过程中船体不与海水接触，这种方式又称为干拖。拖航过程中，拖航船舶操纵性能受到限制，船舶机动性降低，应注意风浪影响、注意拖航时悬挂拖船队的号型和号灯，严格按避碰规则拖航。在这些操作过程中，人员的安全与材料的无损、建造的经济与速度都是至关重要的。

(a) 干拖　　　　　　　　　　　　(b) 湿拖

图 2-16　自升式平台的拖航施工

二、装配

为安全安装大型结构，常常需要分析在装配的各个阶段的应力与变形，在建造期间需要安装专门的临时加固系统与支持梁系。安装大型结构的方法很多，采用哪种方法取决于结构的型式与大小、现场条件、现有设备以及装配者的优先考虑等，装配过程不可能完全标准化，在制定最佳安装方案时，每个问题应予以特殊考虑。

导管架平台需要在现场以模块形式装配（图 2-17），但是重力式平台可以部分地在岸上完工，然而由于拖航需要好天气，有些平台在拖航以前不能完成至一定的程度。由于后勤供应的困难，完成近海工程非常费时与昂贵。

目前，第六代深水平台的建造主要集中在新加坡、韩国与几个欧洲国家。国内建造半潜式平台的船厂有中集来福士、中远船务及上海外高桥造船厂。

半潜式钻井平台的合拢过程如图 2-18 所示，一般总组分段合拢的原则是：分段要尽可能充分利用船厂平台的起重能力，组成大的总段，再通过大型龙门吊或者坞吊以及

图 2-17　导管架平台上部模块装配现场

顶升滑移设备总装合拢成巨型总段，大幅度减少搭载工作量，从而缩短船坞周期和建造周期。根据船厂设备的起吊能力及所需的设备资源配置，建造半潜式海洋平台船坞内总体合拢方式主要有以下几种：分段吊装合拢、巨型总段吊装合拢、提升滑移合拢、顶升滑移合拢。各种合拢方式在半潜式平台建造中均有广泛应用。

1. 分段吊装合拢

分段吊装合拢技术，是指在分段预制完成后，在船坞内利用大型起重机（如船坞龙门吊），将各分段逐一吊装至预定位置，并且焊接合拢，即所谓连续块堆积的建造方法。这是

(a) 半潜式海洋平台船坞搭建　　　　　　(b) 半潜式海洋平台海上搭建

图 2-18　半潜式钻井平台搭建模式

一种从底部到顶部顺序建造船体的方式。该方法在常规船舶的建造中应用广泛。

当船厂起吊能力有限时，可采用分段吊装合拢方案，即根据船厂船坞龙门吊起吊能力，进行分段划分，同时对分段进行总段定义，主要的分段建造、分段装配成总段的工作仍然在场地建造完成，然后采用分段/总段运输车将总段运输到船坞指定位置，采取类似"搭积木"的方式，对整体平台从下到上进行合拢装配，整个合拢装配过程在干船坞进行。

采用分段吊装合拢方案建造半潜式平台，合拢技术与船厂建造常规船舶时相同，技术相对成熟，施工风险易于控制。如果分段划分得当，对其他厂商的设计依赖性小，则建造过程中与设备厂商的协调难度相对较小。但合拢作业占用船坞周期较长，限制了船厂的产能。同时，这种建造方式涉及大量高空作业，需要搭建大量的脚手架设备，并且分段存在较大的悬臂结构，需要设置大量的临时加强结构。因此，分段吊装合拢方式总的作业周期较长，施工成本较高。

2. 巨型总段吊装合拢

巨型总段吊装合拢方式中，上部模块和船体单独建造。二者建造完成之后，将上部模块漂浮运输至巨型起重机下方。利用巨型起重机，将上部模块整体吊起，然后将船体通过漂浮方式就位于船体的正下方。将上部模块下放至船体之上，完成二者的合拢作业。

巨型总段吊装合拢方式中，所需要的关键设备为巨型起重机，其起升能力至少 10000t。烟台中集来福士船厂采用的上部壳体一次性整体吊装合拢技术降低了高空作业量，并允许主体与甲板箱体的同时建造。此合拢方法使传统的海工项目建造周期缩短近 6 个月，也是当今世界上最经济、最安全、最快捷的大合拢方式，整体合拢模式使半潜式钻井平台的建造时间节省约 200 万工时，缩短船舶建造周期 20% 以上，提高了建造质量、生产效率和施工的安全性。但这种巨型总段合拢受到船厂设备能力限制，其他船厂在不具备大型起吊设备的情况下不宜采用。

3. 提升、滑移合拢

提升、滑移合拢方法是目前使用较多的一种方法，主要通过提升装置将上部组块提升到一定高度，然后利用滑移装置将下部船体移至上部组块底部，最后通过提升装置使上部组块下降，实现半潜式平台的整体合拢，如图 2-19 所示。目前提升、滑移技术已经相对比较成熟，而使用此方法的主要限制因素在于上部组块的整体提升强度。

4. 顶升、滑移合拢

顶升、滑移合拢方法是近几年新兴的一种合拢方法，主要通过顶升装置将上部组块顶升到一定高度，然后通过滑移装置将上部组块高空滑移至下部船体的顶部，最后通过滑移装置的同步下降，实现上下模块的整体合拢，如图2-20所示。

图 2-19　提升、滑移合拢

图 2-20　顶升、滑移合拢

第七节　经济性

在实用的可行选择方案中，对于特定用途的结构选择常常取决于经济核算，要考虑基本性能诸如有效载荷能力、甲板面积、海上航道的利用及移动性，适应水深情况，投资，包括维修在内的操作费用以及对人员最低限度的安全性等。

对给定工作区域给定级别的结构，常以设备费用目录作初步估算，例如，钢结构的最初价格可以现场每吨钢的价格为基础进行估算，然而这个方法是很粗略的，因为现场单位重量的材料费用随加工的流程变化很大。

然而经济性亦与安全相关，除与结构破坏联系在一起的潜在财产损失之外，由于丧失生产能力，耽误工期等造成的非直接损失也是可观的；另外，建造较安全的设备与制定较安全的操作规程需要增加花费。根据现在正常的商业实践，只要石油开发能力继续保持，商品的世界市场价格必定超过生产这些商品所需资源的可能价格，为使预期的维修费、保险费及直接破损的费用最小，人们就应对资源利用进行优化选择，而结构的优化选择依赖于地理位置（距海岸的距离），现场环境（水深、风、浪、流及气象情况等），由于在决定建造一个结构投入使用至开工这段时间里，费用是累积起来的，因此这段时间将影响结构型式的选择。

在很多情况下，政治形势亦影响选择，特别是近年来增加的安全性需要，已对单个结构及彼此间的竞争产生了巨大的影响。

南海也称"南中国海"，是中国三大边缘海之一，是中国近海中面积最大、最深的海区。海域面积有 $358.91\times10^4 km^2$，平均水深1112m，最深达5377m，其中有超过200个无人居住的岛屿和岩礁。南海是主要的航运海域，还蕴藏着丰富的石油和天然气。

一个国家或公司的政治倾向，直接对海洋工程结构选择决策上有最后的影响。2010年2月26日，"海洋石油981"深水半潜式钻井平台（图2-21）建成。"海洋石油981"是我国首座自主设计、建造的第六代深水半潜式钻井平台，由中国海洋石油总公司全额投资建设，整合全球一流设计理念和装备，能抵御200年一遇的台风，入级CCS（中国船级社）和ABS（美国船级社）双船级。该平台的建成，标志着中国在海洋工程装备领域已经具备了自主研发能力和国际竞争能力。

中海油的专家表示，"海洋石油981"钻井平台在技术上取得重大突破，创造了6项世界第一：

（1）第一次采用南海200年一遇的环境参数作为设计条件，大大提高了平台抵御环境灾害的能力；

图2-21　"海洋石油981"深水半潜式钻井平台

（2）第一次采用3000m水深范围DP3动力定位、1500m水深范围锚泊定位的组合定位系统，节能模式优化；

（3）第一次突破半潜式平台可变载荷9000t，为世界半潜式平台之最，大大提高了远海作业能力；

（4）一次成功研发世界顶级超高强度R5级锚链，引领国际规范的制定，同时为项目节约大量的费用，也为国内供货商走向世界提供了条件；

（5）第一次在船体的关键部位安装了传感器监测系统，为研究半潜式平台的运动性能、关键结构应力分布、锚泊张力范围等，建立了系统的海上科研平台，为我国半潜式平台应用于深海的开发，提供了更宝贵和更科学的设计依据；

（6）第一次采用了最先进的本质安全型水下防喷器系统，在紧急情况下可自动关闭井口，能有效防止类似墨西哥湾漏油事故的发生。

目前，中海油以"海洋石油981"平台为核心，打造了以"五型六舰"为主体的联合舰队，开启了中国开采深海油气的时代。除"海洋石油981"外，这支舰队还有我国自主建造的第一艘深水物探船——"海洋石油720"，可拖带12条8000m电缆，进行海上三维地震采集作业；一艘"海洋石油708"，是全球首艘集钻井、水上工程、勘探功能于一体的3000m深水工程勘探船；"海洋石油681和海洋石油682"，是两艘为"海洋石油981"量身打造的深水大马力工程船；以及目前刚起航前往南海的"海洋石油201"深水管起重船，能在除北极以外的全球无限航区作业。这些海洋工程装备全部由中国海油自主研发、在中国制造，设计过程都由国内的船舶设计部门参与，制造总包商都是中国造船企业，为我国自营勘探开发南海深水油气资源打下了坚实基础。

思考题 >>>

1. 海洋平台结构构件的连接形式有哪些？分别传递哪些载荷？
2. 总结海洋平台的设计过程。
3. 海洋工程结构设计中为什么要引入安全系数？在设计过程中如何选用安全系数？
4. 海洋平台设计和建造过程中需要注意哪些问题？
5. 试分析半潜式钻井平台的价格构成。

第三章　海洋平台结构的设计载荷

第一节　载荷分类

作用在海洋平台上的载荷主要包括工作载荷、意外载荷和环境载荷。

一、工作载荷

工作载荷是指在理想的环境条件下，由于结构的存在和使用而产生的载荷，它包括在钻井、油气生产、运输、起重操作等作业中所发生的载荷，可分为静载荷和动载荷。
（1）静载荷：包括结构重量、永久压载、静水压和浮力。
（2）动载荷：包括设备和钻机工作时产生的载荷。

二、意外载荷

意外载荷是由于意外的环境条件或平台事故而产生的载荷，它包括碰撞载荷、落载爆炸和火灾产生的载荷。

三、环境载荷

环境载荷是由于自然环境作用而发生的作用在结构上的载荷，如风载荷、波浪载荷、海流载荷、冰载荷和地震载荷。环境载荷不能直接人为控制。如果结构类型不同，还必须考虑一些特殊的载荷。浮式结构要考虑系泊力和意外的搁浅产生的力；固定结构要考虑土壤的反作用力和吸附力；钢结构要考虑温度载荷和焊接残余应力。因此，在平台的整个寿命期内发生的载荷都要予以考虑。

第二节　定常工作载荷

一、平台建造、拖航和装配阶段中的载荷

海洋平台在各阶段的载荷是不同的。在建造阶段，很少出现临界载荷，但焊接应力和下水时可能出现的极值载荷。特别是当几何容许公差超过标准时，需考虑结构的附加应力，这

点在甲板的支柱插入桩腿的装配过程中特别重要。

导管架从驳船上下水时,当它的重心通过支撑点,将产生很大的载荷,大的轴向载荷必须由少数的撑杆来承受(图3-1)。即使这点在设计中作了考虑,如果导管架滑离驳船时的力不平衡并产生了外力,则仍会产生破坏。

然而主要载荷产生在海洋平台的使用阶段,在下面将概括给出该阶段各种载荷的时空特性。

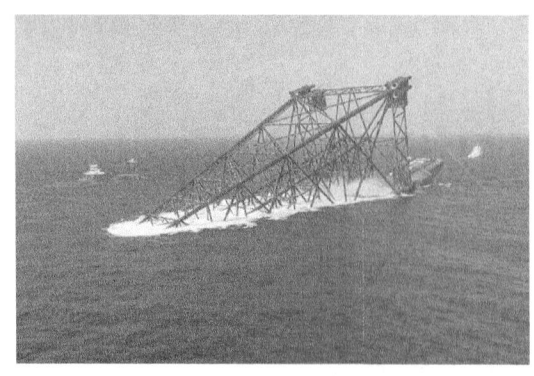

图3-1 导管架结构下水

二、使用阶段的载荷

使用阶段的载荷是由平台的所有者直接或间接规定的。由管理人员负责确认不超出所规定的设计载荷。

对于浮式平台,主要工作载荷与移位和系统作业有关。浮式平台通常要经历拖航吃水(6~10m),工作吃水(20~25m)或生存吃水(15~20m)状态。状态改变是由压载、卸载控制的,这样在一些水密舱意外进水时,也可保持其浮性和稳性。

对于固定式平台,除静水压力和浮力外,甲板载荷是平台的主要工作载荷,整个甲板重量在10~45000t的范围,较大的量级指的是巨大的重力式平台。表3-1给出了各种甲板载荷的组成。其他工作载荷(如起重载荷)是局部的。

表3-1 几个典型固定生产平台的各种甲板载荷相对值

平台名	甲板重量,%	内部设备,%	甲板模块+甲板设备,%
Brent B	0.21	0.89	0.79
Brent C	0.33	0.17	0.50
CarmorantA	0.26	0.14	0.60
Dunlin A	0.25	0.09	0.66

第三节 意外载荷

一、概述

意外载荷是引起海洋平台结构破坏的一个重要原因,它是由于实际结构自身的误操作或其他硬件系统工作中发生事故所产生的,前者的典型例子如浮式平台的压载、系泊系统的误操作和平台货油装载系统的误操作,这里的主要问题是要确定产生意外载荷的误操作设计值。设计不可能解决可能发生的最坏的操作错误。由子系统误操作产生的作用在平台结构上的意外载荷主要有：爆炸载荷、火灾载荷和碰撞载荷。碰撞载荷是由于船舶、直升机及落载与平台结构碰撞时产生的。爆炸和火灾经常是同时发生的，因为它们都需要燃料和引燃，但在处理上有区别。

二、爆炸载荷

1. 爆炸机理

爆炸可被定义为压力迅速释放或增加时产生的压力波。释放的能量是由于化学反应或状态改变所产生的。

海洋平台的主要功能是开采海洋的油气资源，采油过程中由于操作失误、机械设备失效的原因会存在油气泄漏而引发爆炸事故的风险。结构内部密闭空间内载荷作用会造成平台结构的变形和破坏，因此设计过程中需要考虑爆炸载荷。

(1) 快速氧化（通常指气体或液体）；
(2) 快速还原（通常指固体燃料）；
(3) 快速压力释放（油舱或船炸裂、状态改变）。

气体爆炸是一个氧化过程（类型1），它的机理是爆燃或爆炸，其形式取决于气体或气体混合物的类型、起爆形式和状态及湍流度。

爆炸时产生压力冲击波，随后产生强风，图3-2给出了气体爆炸的压力—时间曲线，获得的最大剩余压力是$1500kN/m^2$，焰峰的传播速度是$1700\sim1800m/s$。当压力波遇到物体时被反射，入射波和反射波间的作用导致压力增加，初始压力的持续时间以毫秒计算。完全或部分封闭空间内由于爆炸产生的载荷与许多因素有关，需要在很大程度上依赖于实验。

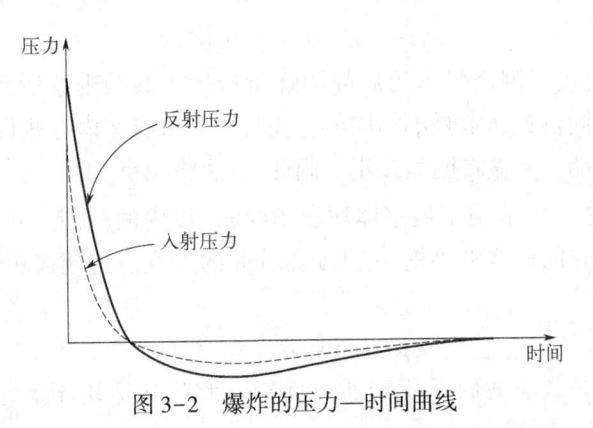

图3-2 爆炸的压力—时间曲线

以北海油田为例，其井口气体主要成分是甲烷，但重烃也同时存在，与此种气体混合的油雾比纯气体具有更多的严重爆炸的潜在危险，以这种气体所做的有限的实验表明，爆炸的可能性很小，在一个碳氢气体的大爆炸过程中只观察到很小的局部爆炸，更多出现的是爆燃。爆燃是一个放热过程，焰峰在气体中的传播速度是$1\sim20m/s$，图3-3给出了不同条件下爆燃的压力—时间关系曲线。曲线由许多参数决定，如气体的成分、油气和空气混合程度、起爆位置、舱室体积、排气率、压力、可能打开的排气数目和排气口打开前的时间等。

排气率 ψ 定义为 $\psi=A_v/V$，A_v 和 V 分别是排气面积（单位 m^2）和封闭空间体积（单位 m^3）。横坐标为时间，从初始时刻起，整个时间长度大约是 1s，因为不同的实验有不同的结果，纵坐标上压力值的范围有意省略了。随着焰峰接触面积的增加，压力以加速度上升，达到一定值 p_v，通风减弱，压力缓慢增加直到达到最大值 p_1。p_1 可表示成：

$$p_1 \approx 3.75 + 1.25 p_v \tag{3-1}$$

如果在一个密闭舱室，气体混合程度适宜，p_1 的最大绝对值可达到 $700 kN/m^2$，p_1 达到最大值的时间大约是 $0.15\sqrt[3]{V}$(s)，V 是空间的体积（m^3），如果是在通风的舱室内，t 将稍小。

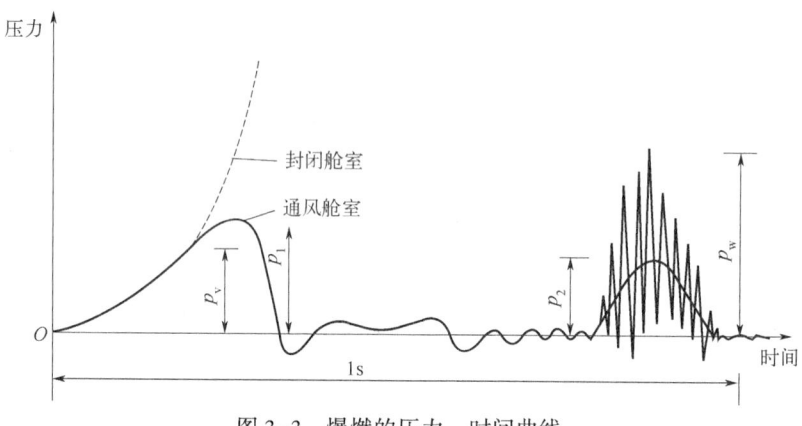

图 3-3 爆燃的压力—时间曲线

经过几个小的压力波动后，爆炸似乎停止了半秒左右。然而，可能由于剩余气体燃烧后湍流，进一步的压力波动出现了。在大多数实验中获得的压力幅值 p_w 超过了第一次压力峰值 p_1。在这里有必要区分一下平均压力峰值 p_2 和最大压力值 p_w。p_2 可表示成：

$$p_2 \approx 3.75 + 0.6 p_v + 0.05/\psi^2 \tag{3-2}$$

式中，压力 p_w 认为是由于剩余气体的局部燃烧所产生的共振现象所致，p_w 可能比 p_2 大几倍，但它在舱室的不同位置通常是不相同的。而且，如果舱室内有些设备或舱室是任意形状而不是平行六面体的话，共振将明显减小，因此 p_w 也将减小。

式(3-1) 和式(3-2) 适用于舱室体积在 $1000 m^3$ 以内的范围。对于通风面积相对小的舱室，该公式将是保守的，这里要提一下 Rashhach 的调查。他建议甲烷气体的爆燃最大压力使用下面的公式：

$$p = 1.5 p_v + 2.5 A_C / A_v \tag{3-3}$$

式中，A_C 和 A_v 分别是最小截面面积和通风面积。此公式适用于舱室尺寸比在 1/3~3 范围和 p_v 小于 $7 kN/m^2$，甲烷混合气体爆炸实验表明，压力 p 可达到式(3-3) 所表达的 80%。

压力 p_1、p_2 和 p_w 的作用时间很短，不应像常规载荷一样被简单地看作为持续载荷。碎片或抛掷物的冲击也是与爆炸有关的一种载荷。碎片主要是由于爆炸或内部超压产生的破坏所致。如果发生内部爆炸，会产生大量的小碎片，其速度可以达到每秒几百米，同时产生压力波，二次碎片是由爆炸产生的。粗略的估计表明，在油气生产中使用的船只爆炸产生的碎片可飞出 100~150m 远，由于碎片会飞溅，规范中较保守，把安全距离定为 500m。

2. 平台上发生的爆炸事故

现有 1970—1977 年世界范围的离岸结构事故统计表明,单由爆炸平台不会遭受整体破坏。爆炸可连锁引起其他的更严重事故,例如井喷和火灾,报告中两例爆炸引起的火灾导致了结构的全部破坏。至少,在墨西哥湾导致平台全部破坏的一次井喷,明显是由井口区的爆炸所致。

所记录的爆炸事故主要导致局部结构破坏和附近人员的伤亡,1970—1977 年世界范围所有离岸平台的 341 起事故中,有 21 起是由爆炸引起的,其中 12 起事故中共有 24 人丧生,而 1988 年北海油田的 Piper Alpha 平台火灾爆炸事故,死亡 167 人。这些事故多数是发生在生产油气的固定平台。依据现有的数据可以预报平台各区域爆炸和火灾发生的概率,年概率为 $(1 \sim 40) \times 10^{-4}$。很明显,由于数据量的局限性,这种预估是很不准确的,在使用它预报事故的概率时必须小心。概率的理论预报是很困难的,这是因为爆炸是由于意外的油气泄漏和偶然起爆所产生的,主要是由于设计、建造和操作失误以及探测、报警和安全工具的缺乏导致的。

考虑到爆炸的后果,应尽可能减少爆炸发生的概率。最重要的方法是提高人员的技能和操作过程的质量。气体探测设备和警报系统的配合使用。适当的通风或排水系统以及惰性气体的使用等将进一步减少爆炸发生的概率。

3. 设计载荷

对于爆炸载荷,总的设计原理是尽可能减小爆炸发生的概率和载荷对结构作用产生的后果。其方法是选择适当的布置和直接强度设计,这里仅考虑后者。

住宅楼的设计爆炸压力是 $34kN/m^2$。此压力认为与其他载荷同时作用,安全系数是 1.05。尽管在规范中还没有明确的规定,但在检查甲板结构受到平台内部爆炸的强度时已应用了 $27kN/m^2$ 的压力值。它表明,如果提供适当的通风,设计压力就不会超出。因此,这个标准取决于结构的布置。与外部爆炸有关的设计压力取为 $10.5kN/m^2$。

三、火灾载荷

1. 着火机理

着火需要氧化剂、燃烧材料和点火源。当燃料被加热到超出它的燃点温度时就会起火。只要有足够的燃料、氧化剂和一定的温度,燃烧就会持续下去。平台上有相当多数量的燃烧材料。生产的碳氢化合物处于高压下,温度在 $80 \sim 100℃$。此外,还有为柴油机和直升机储存的燃油,火可由下面渠道之一点燃,例如明火加热器,热排气口,无防护电子设备,焊接电弧等。

在碳氢化合物起火情形下,火的温度可高达 $1200 \sim 1500℃$。而且温度升高比其他火灾快。在大面积起火时,许多因素可阻止温度的升高,如未燃烧的碳氢化合物的小颗粒、烟和火焰的扰动。

热传递是起火、灭火和对周围环境的影响不可缺少的,其形式有辐射、传导和对流。热辐射是两物体间从热到冷以波传递形式的传递。单位时间传递的辐射热能 Q_{rad} 通常用 Stefan-Boltzrman 定律表示为:

$$Q_{rad} = \varepsilon \sigma A T^4 \tag{3-4}$$

式中　ε——辐射表面的辐射系数;

σ——Stefan-Boltzman 常数；

A——辐射表面的面积；

T——辐射表面的绝对温度。

因为热向四周辐射，物体受的热将与它和热源距离的平方成反比。如果辐射物体的大小与它到其它物体的距离相比很大的话，辐射密度衰减就将很小。辐射热可自由通过双原子气体（H_2、O_2、N_2 等），但能被水蒸气、一氧化碳和二氧化碳吸收，因此会产生烟。

热传导是介质间分子直接作用的一种热传递，在给定时间间隔内能量的传递与温度差分和热传导系数成正比，一维热传导公式为：

$$C\rho \frac{\partial v}{\partial t} = \frac{\partial}{\partial x}\left(\lambda_z \frac{\partial v}{\partial x}\right) \tag{3-5}$$

式中 C——比热容；

ρ——密度；

λ_z——热传导系数。

对流是流体、气体介质中的热交换。燃烧时有持续的气体交换，在一着火舱室内，传递的热能为：

$$Q_{rad} = C_p(v_i - v_0)G/3600 \quad （单位 W） \tag{3-6}$$

式中 C_p——烟气的比热容；

v_i、v_0——室内和室外的温度；

G——室内烟气量的总和。

火灾对平台结构的唯一影响是热效应。在一定时间内温度的升高取决于燃料的密度、数量、分布和可提供的氧气。载荷密度 q_f 通常被认为是室内单位面积燃料的热量（单位 J/m^2）。然而在特定情形下，例如井喷引起的火灾，将会有持续的火灾载荷。图 3-4 所示为一次火灾的温度历程。q-v 曲线可依据能量守恒定律计算，计算值与实测值吻合较好。

假设一生产平台每天以声速释放 15000t 碳氢气体，所有碳氢气体燃烧产生的热量是 0.75×10^{10} W，热量从燃烧中心辐射，热源大约高 140m，直径为 20~30m，辐射系数是 1.0，假设没有灭火系统（即温度没有上限），如图 3-5 所示。

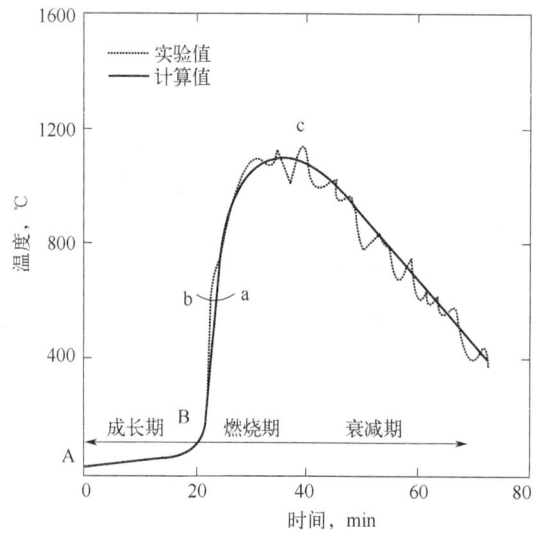

图 3-4 火灾的温度历程图

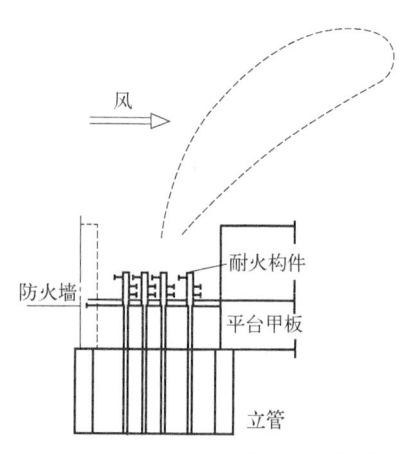

图 3-5 井口区域的井喷燃烧情况

表 3-2 给出了在不同风速下给定点的辐射热和温度。很明显，这一强烈火灾将导致耐火构件的破坏，可能会产生爆炸，如果井底安全阀不关闭的话还可能导致其它井的井喷。

表 3-2 不同风速下给定点的辐射热和温度

距井口上高度，m	风速，m/s	距井口距离，m					
^	^	50		100		150	
^	^	Q，kW/m²	T，℃	Q，kW/m²	T，℃	Q，kW/m²	T，℃
30	0	46	780	18	580	10	470
0	0	23	630	13	520	8	440
30	20	150	1200	150	1200	115	1100
0	20	130	1050	100	980	58	840

2. 平台上发生的火灾事故

火灾通常是伴随爆炸产生的。在 1970—1977 年记录的世界范围离岸结构的 341 起事故中，有 35 起是由火灾引起，其中 3 起导致 12 人死亡，这些事故都发生在固定式平台上。

2021 年 8 月 22 日，墨西哥国家石油公司 Pemex 位于墨西哥湾南部的一座海上平台发生火灾，造成 5 人死亡 6 人受伤。此次钻井平台火情或将造成整个墨西哥石油减产 1/4。事故导致至少 5 名工人身亡，6 人受伤，2 人失踪。

3. 设计载荷

防火设计遵循与防爆设计相同的原则。通过使用探测、报警、安全系统和提供适当的结构布置方案及直接强度设计方法，达到减小火灾破坏的目的。这里只讨论直接强度设计。

承受火灾载荷的构件必须有足够的强度抵抗燃烧，此外，防火墙要求阻止火焰蔓延和火势加大，特别要保证通道畅通和生活舱室的防火保护，此类构件的火灾设计载荷用温度—时间关系来表示。图 3-6 所示为各国使用的温度—时间标准曲线（楼房实验），其中碳氢气体燃烧曲线可用于平台，此曲线是由国际标准化组织（ISO）、国际海上人命安全公约（SOLAS）和美国机械师工程师学会（ASME）等建议的。ISO 建议的曲线的解析表达式为：

$$v_i - v_0 = 345 \lg(480t + 1) \tag{3-7}$$

式中 v_0——初始温度，℃；

v_i——时间 t 时刻的温度，℃；

t——时间，h。

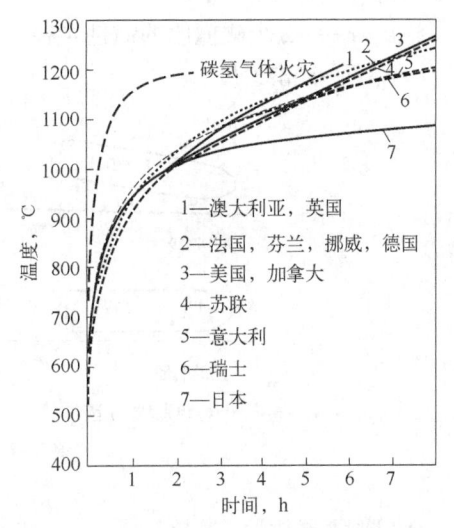

图 3-6 各国使用的标准温度—时间曲线

结构抗火的持续时间是根据救火或撤离平台所需时间确定的。例如，在挪威浅海，生产平台的主要承载构件设计抗火时间是 4h，防火墙是 1h。《海上移动平台入级规范》（2023）

规定舱壁与甲板所组成的分隔须通过 1h 的标准耐火试验。

四、碰撞载荷

1. 碰撞机理

碰撞是船与平台或船与船的撞击，它取决于船的质量和速度、两个相撞物体的相对方位和碰撞点的位置。其响应是由船与平台的载荷—变形（特别是碰撞点附近）特性确定的。

有潜在碰撞危险的船只有几类，平台的供应船、起吊船、装油船和过往船。供应船的排水量在 $1000\sim2500t$，油船的载重量在 $10000\sim100000t$，其他船在 $100\sim100000t$。

冲击速度取决于船的类型、事故的起因和发生碰撞的位置一艘 2500t 的船在特定海况下，例如，有义波高 $H_{1/3}=4m$、周期 $T=8s$ 时的有效速度和最大速度分别为 $1.1m/s$ 和 $2m/s$。此外，船还有横摇和纵摇运动。很明显，最大速度通常并不代表冲击速度，因为获得最大速度时船必须靠近平台，冲击速度的完整描述，需要已知碰撞时船的瞬时速度和位置。如果是两船相撞，冲击速度将更复杂。平台周围至少有 500m 的安全区。通常只有与平台装配有关的船经批准后才可进入这个区域。然而，当天气条件恶劣时，使船在安全区外漂浮是很困难的。碰撞时的几何形状是由两物体的相对方位和碰撞点的位置来描述的。假设船在碰撞时平动和转动的能量转换成应变能和动能。如果考虑水平面内的运动，如图 3-7(a) 所示，碰撞可分为两个阶段，首先，在接触表面产生最大变形；然后，产生一个转动角速度 ω_2。动能可写成为：

$$E_k = \frac{1}{2}mv_0^2 \frac{k^2+r^2\cos^2\gamma}{k^2+r^2} + \frac{1}{2}m\omega_0^2 r^2 \frac{k^2}{k^2+r^2} - mv_0 \cdot \omega_0 r \frac{k^2+r^2\sin\gamma}{k^2+r^2} \quad (3-8)$$

式中 m——船的质量；

k，r——2 个碰撞船的惯性半径；

v_0——冲击速度。

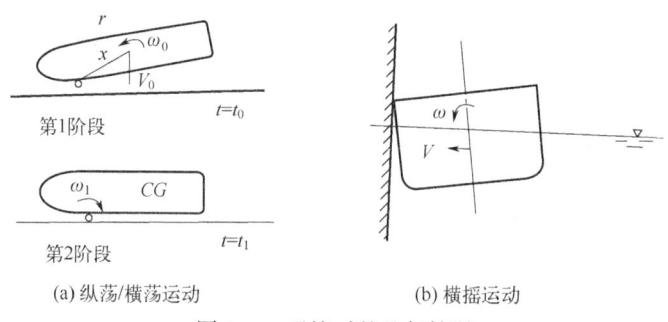

图 3-7 碰撞时的几何情况
(a) 纵荡/横荡运动　(b) 横摇运动

2. 碰撞事故

USGS 曾记录了一例油船与固定平台的碰撞事故，油船受到严重破坏，并引起火灾，6 名船员全部丧生。平台也被严重损坏，但当时平台上无人，因此平台上没有人员伤亡。1975 年 8 月，供应船"Stad Sea"与位于北海的导管架平台"Auk"碰撞，平台的四个部分损坏，没有人员受到严重伤害。1970—1977 年离岸结构碰撞事故次数见表 3-3。

表 3-3　1970—1977 年离岸结构碰撞事故次数

结构损失	无破损	轻度破损	破损	严重破损	全部损失	总计
事故次数	15	8	6	2	2	33

从表 3-3 可看出，碰撞损失通常是较小的。大多数碰撞事故发生在操作中的船舶靠近平台腿柱处，这是因为船和平台间的相对运动难以判别。

在研究报告中，采用了一个更广泛的碰撞定义：凡导致较小破损的事故都称作碰撞。依此定义，1974—1976 年间，仅在英国水域就有 43 起碰撞事故。大多数碰撞事故是由排水量在 500~1000t 的工作船、供应船和拖船等引起的。船与浮式平台发生碰撞事故的次数是与固定平台碰撞次数的 4 倍。

3. 设计载荷

抵抗碰撞的设计载荷遵循与抗爆设计的相同原则。通过使用监视、警报、防护系统和提供适当的结构布置及直接强度设计，以减小碰撞产生的后果，这里只讨论直接强度设计。挪威船级社（DNV）的研究给出设想固定平台的两个设计工况：

（1）供应船与平台的操作碰撞。假设由于更恶劣气候原因或可能的操作错误，使船靠近平台，船的排水量和冲击速度分别取为 2500t 和 0.5m/s，不产生破损。

（2）供应船与平台的偶然碰撞。假设由于最恶劣气候条件使自由漂浮的供应船靠近平台，船的排水量和冲击速度分别取为 2500t 和 1.5~2.0m/s，允许有破损，但不产生倾覆。

第四节　环境载荷

一、风载荷

1. 风速

风速表记录（图 3-8）表明，风速可理想化为一个随机高频阵风风速和缓慢变化的平均风速的叠加。

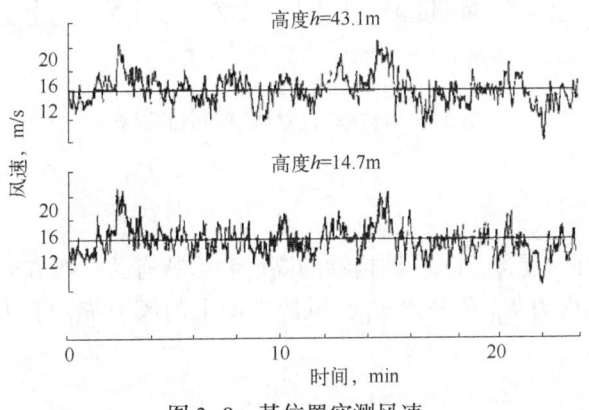

图 3-8　某位置实测风速

平均风向假设与海平面平行，而阵风风向则是三维的。持续风速一般取时距为 1~3min 的平均风速，而阵风风速取时距为 3s 的平均风速，风速随高度变化。挪威船级社规定海平面高度 z 处时距为 t 的平均风速为

$$v_i(z)^t = GF \cdot v_i(10)^{1h} \left(\frac{z}{10}\right)^\beta \tag{3-9}$$

式中 $v_i(10)^{1h}$——海面上 10m 处时距 1h 的平均风速；

GF——阵风系数，短时间周期 t 内最大观测风速与小时平均风速的比值；

β——系数，取 0.1~0.15。

如果 $t=1$min 和 $t=20$min，GF 分别为 1.18 和 1.06。

挪威船级社的设计风速采用重现期为 100 年时距为 1min 平均风速。对于北海地区，水面上 10m 处设计风速 $v_i^{1min}(10)$ 为 45~50m/s。此外，必须考虑风力的空间相互关系，即风向不同，结构受风力不同。很明显，作用在结构上的瞬时极值不会是同相的。然而，时距为几分钟的最大平均风速可假设适用于整个结构。极值风速可通过测量在一定时间周期内的风速获得，并可相应外推到一定的重现期。

我国《海上移动平台入级规范》（2023）规定最小设计风速为：

（1）自存状态：51.5m/s（100kn）；

（2）正常作业状态：36m/s（70kn）；对仅在遮蔽海域作业的平台：26m/s（50kn）。风中物体的存在会使风的流动形式受到干扰。图 3-9 显示的是在风洞中做的观察实验。

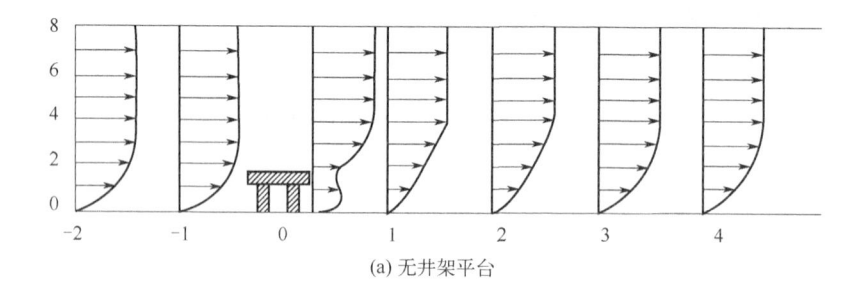

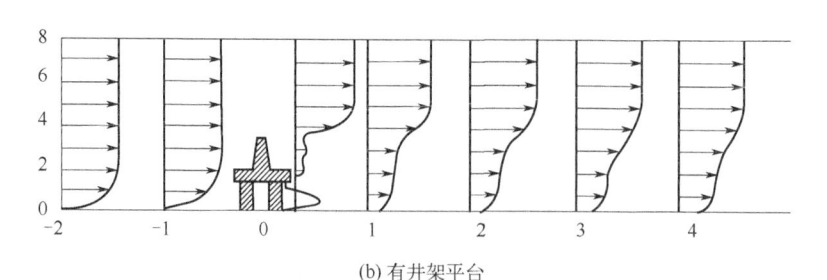

(a) 无井架平台

(b) 有井架平台

图 3-9 物体存在对风速剖面的影响

2. 风力

风力的大小与风压、受风面积、结构物的高度和形状有关，按方向风力可分为与风速方向一致的风力 F_0、横向力 F_D 和升力 F_L，风速方向上的风力 F_D 可用以下曳力形式的公式计算：

$$F_D(z) = \frac{1}{2}\rho v_i^2(z) C_D A_p \tag{3-10}$$

式中 C_D——阻力系数；

A_p——受风物体面积在风向垂直面上的投影值；

$\frac{1}{2}\rho v^2$——风速压（驻点压力）；

ρ——空气密度，kg/m^3；

$v_{i(z)}$——风速，m/s。

式(3-10)中的系数 $\rho/2$ 大约为 1/1600，然而由于海水向空气中的喷溅作用，海面 20~30m 高度以上 ρ 值将增大。

C_D 值与雷诺数 Re 有关，图 3-10 所示为不同的类型构建其 C_D 值随 Re 变化的曲线。C_D 值通常由风洞实验获得。对一些形状复杂、比较重要的结构，为确定其所受风载荷，常将其按相似定律缩小，然后将模型置于风洞中，测量模型所受风作用力及相应风速，从而换算得到该结构的 C_D 值。例如甲板为方形的自升式平台的风洞实验，求得整个平台的等效 C_D 系数为 0.9。

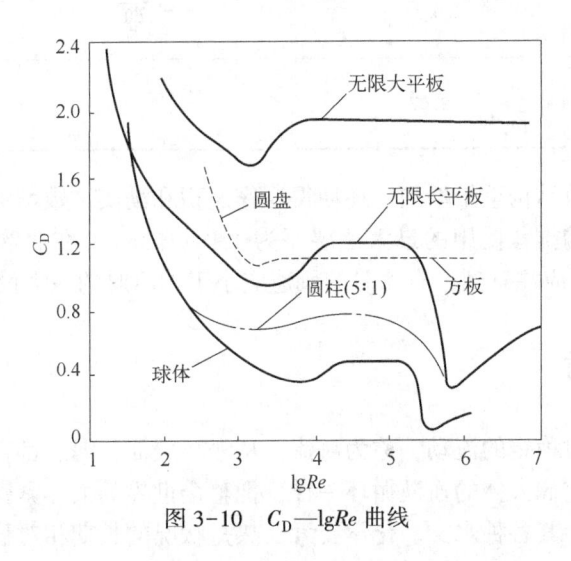

图 3-10 C_D—$\lg Re$ 曲线

此外，当气流绕过结构物，在施加拖曳力 F_D 的同时，因气流在物体尾部形成旋涡。该旋涡左右交替发放，将对物体施加拖曳力 F_D 和垂直的升力 F_L。在稳定流中，由旋涡发放所引起的升力频率，随流速增加而增加，在流速大到一定值，将使升力的频率与弹性结构的固有频率一致。此时的临界风速为

$$v_i(z) = D/(St \cdot T_n)$$

式中 D——结构横断面尺寸；

St——Strouhal 数；

T_n——结构的第 n 个固有周期。

对于结构中的水平构件，因构件上下的流速差而形成对构件的升力 F_L。F_L 用下式计算：

$$F_L = \frac{1}{2}\rho C_L A_p v_i^2(z) \tag{3-11}$$

式中，C_L 为升力系数，不同结构构件的升力系数见表 3-4，其他符号同式（3-10）。结冰是影响风力的另一个因素，海洋结构受到冰作用的原因有两个，一是由于溅到甲板上的水结冰，另一是温度达到冰点结雾冰。对于船来说，冰的厚度和密度研究已有了一些经验，在北纬 50 度温度零度以下时情况最严重，但两种情况不会同时发生，冰形成的厚度可观测到。冰的密度变化范围较大。

表 3-4 升力系数 C_L

风向与形状	C_L	风向与形状	C_L
→ ∣	0	→ ⌐	-0.09
→ ⊥	0	→ ⌐	-0.48
→ ⊢⊣	0	→ ⊨	0
→ ⌐	0.3	→ ⊤	-1.19
→ ⌐	2.07		

积冰除了直接导致结构重量增加，还使得浮露面积和满实系数增加，对细长体结构的作用尤其明显。陆上结构推荐使用的最大冰层厚为 1.0~1.3cm。在北欧，观测到的结构上的最大冰厚为 15~20m。应注意到，有冰时的风速应小于无冰时的最大设计风速。

二、海流载荷

海水作大规模相对稳定的流动，称为海流。从海洋表面至海底都存在着海流，其空间和时间尺度是连续的。它像人体的血液循环一样，把整个世界的大洋紧密地联系在一起，使整个世界的大洋得以保持其各种水文、化学要素及热盐状况的长期相对稳定。海洋工程中，海流的确定对于建筑物的选址规划、结构物的受力稳定性、泥沙的运移等影响很大，是工程设计需要考虑的主要载荷之一。

海流对海洋工程结构物的强度和稳定性都有较大影响。由于海流（近岸主要是风海流和潮流）的流速随时间的变化很缓慢，故在工程设计中常常将海流看作是稳定的流动。因此，海流作用于结构或其基础上的力仅考虑拖曳力（阻力）。

1. 流速

海流速度沿垂向分布。挪威船级社推荐的潮流和风海流的合成流速在垂向上分布满足公式

$$U_C = U_T + U_W = U_{T0}\left(\frac{z}{d}\right)^{1/7} + U_{W0}\frac{z}{d} \tag{3-12}$$

式中 U_C——海底以上高度为 z 处的海流流速，m/s；

U_T——潮流流速，m/s；
U_W——风海流流速，m/s；
U_{T0}——表面潮流流速，m/s；
U_{W0}——表面风海流流速，m/s；
d——水深，m。

我国船级社《海上移动平台入级》（2023）建议的海流设计流速 U_C 计算公式为：

$$U_C = \begin{cases} U_T + U_S + U_W\left(\dfrac{D-z}{D}\right), & z \leq D \\ U_T + U_S, & z > D \end{cases} \tag{3-13}$$

式中　U_S——风暴涌流速，m/s；
　　　D——风海流的影响深度，m；
　　　z——静水面以下距离，m。

2. 只考虑海流作用时的海流力

单位长度结构物上的海流力 f_D 为：

$$f_D = \frac{1}{2} C_D \rho A U_{Cz}^2 \tag{3-14}$$

式中　f_D——单位长度结构物上的海流力（拖曳力），N/m；
　　　ρ——海水的质量密度，kg/m³；
　　　C_D——阻力系数，可根据实验测试确定，若缺乏试验数据，雷诺数 $Re \leq 2\times10^5$ 时，圆柱体取 1.2；雷诺数 $Re > 2\times10^5$ 时，光滑圆柱体取 0.65，粗糙圆柱体取 1.05；
　　　A——单位长度构件垂直于海流方向的投影面积，m²/m，若为圆形截面构件，则等于其直径；
　　　U_{Cz}——海流速度，m/s，取对应深度实测流速，或根据上述设计公式计算。

若构件贯穿整个海水垂向深度，则整个构件上的海流力为：

$$F_D = \frac{1}{2}\int_0^d C_D \rho A U_{Cz}^2 \mathrm{d}z \tag{3-15}$$

式中　F_D——整个构件上的海流力（拖曳力），N；
　　　d——海水深度，m；
　　　z——自海底至所取微元 $\mathrm{d}z$ 处的高度（注意挪威船级社和中国船级社公式中的 z 意义不同），m。

实际上，海流力应与波浪力恰当叠加计算相应的水动力。因此，海流力的计算详见后面的波浪载荷部分。

3. 考虑浪、流联合作用时

单位长度结构物上的浪、流联合作用力为：

$$f_{DU} = \frac{1}{2}\rho C_D A (U_{Cz} + U)^2 \tag{3-16}$$

式中　f_{DU}——单位长度结构物上的浪、流联合作用力，N/m；

U——波浪水质点的水平速度，m/s。

若构件贯穿整个海水垂向深度，则作用在整个构件上的浪、流联合作用力（图3-11）为：

$$F_{DU} = \int_0^{d+\eta} \frac{1}{2}\rho C_D A (U_{Cz} + U)^2 dz \tag{3-17}$$

式中 F_{DU}——作用在整个构件上的浪、流联合作用力，N；

η——波浪波面距静水面的高度，m。

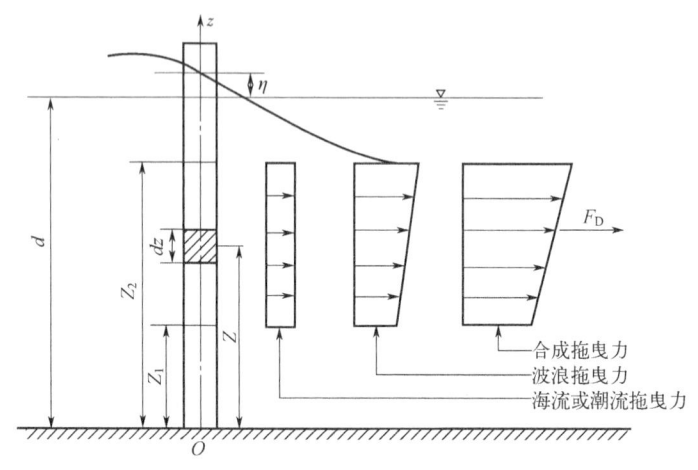

图3-11 海流与波浪联合作用于构件上的力

三、波浪载荷

1. 波浪理论

波浪的运动是用海面的位移通过各种波浪理论来描述的。常用的波浪理论有：微幅波、斯托克斯波、椭圆余弦波和孤立波理论。微幅波（艾里波）理论是假定波高与水深相比为无限小量，适用线性理论，计算比较简单。斯托克斯波理论是用有限个简单的、频率成比例的余弦波逼近单一周期的有限振幅波。根据所取的余弦波数目的多少。又可分为二、三、四、五阶斯托克斯波等，用于非线性理论，适用范围较广。椭圆余弦波理论适用于浅水波，在波高趋于很小时是微幅波，而在水深趋于很小时就是孤立波。孤立波理论用来解释近岸浅水域的波浪现象，它是当周期趋于无限大和水深趋于很小时的椭圆余弦波，在浅海平台设计中常用。

对于规则波，常用微幅波理论，用设计波法求其响应。设计波法是基于在给定重现期（经常取为100年）的一种海况下，推算出一个设计波高和相应的周期，作为一设想的规则波。再根据一种恰当的波浪理论来描述波浪的相应特征，如波浪的剖面，水质点的速度和加速度等，利用一般流体动力学的方法计算波浪力。设计波法虽不能完全反决不规则波对平台的作用，但该方法较为简便，常被海洋工程设计采用，是海上平台规范中规定的波浪力计算方法之一。

中国船级社（CCS）规定固定式平台的设计波高标准为：（1）设计波浪重现期采用工

100 年；（2）特征波高采用最大波高 H_{max} 的可能值 μH_{max}。最大波高 H_{max} 的可能值 μH_{max} 可按下述标准选取：

（1）对深水东海、南海：

$$H_{max}=2.0H_{1/3} \quad （波数 N=2000）$$

（2）对浅水黄海、渤海：

$$H_{max}=(1.53 \sim 2.0)H_{1/3} \quad （波数 N 介于 100 \sim 2000）$$

式中 $H_{1/3}$——波列的有义波高，m。

H_{max} 与深水相应的波数从表 3-5 中选取。

表 3-5 H_{max} 与深水相应的波数表

N	H/d										
	0.00	0.05	0.10	0.15	0.20	0.25	0.30	0.35	0.40	0.45	0.50
10	1.780	1.745	1.705	1.670	1.635	1.600	1.565	1.530	1.495	1.460	1.420
20	2.010	1.955	1.900	1.845	1.795	1.745	1.690	1.640	1.590	1.540	1.490
50	2.270	2.195	2.120	2.050	1.980	1.920	1.850	1.780	1.715	1.650	1.580
100	2.450	2.360	2.270	2.190	2.110	2.030	1.950	1.870	1.795	1.720	1.630
200	2.620	2.520	2.415	2.320	2.220	2.130	2.035	1.950	1.860	1.770	1.690
500	2.830	2.710	2.595	2.480	2.370	2.260	2.155	2.050	1.955	1.860	1.770
1000	2.980	2.850	2.720	2.590	2.470	2.350	2.235	2.125	2.015	1.910	1.810
2000	3.120	2.902	2.820	2.685	2.555	2.425	2.305	2.190	2.075	2.075	1.850
5000	3.300	3.140	2.980	2.830	2.685	2.545	2.410	2.280	2.552	2.030	1.900

注：N—波数；d—水深，m；H—波高平均值，m。

如果设计波高达到 30m，波高与水深（70~150m）的比是有限的，与微幅波的假设不符，为保持它的线性关系，对此使用修正的微幅波经验公式：

$$\eta_i = \eta_{i0}\sin(\omega_i t + k_i x) \tag{3-18}$$

简谐波的水平方向波速 u 和加速度 a 场分别为：

$$u = \eta_{i0}\omega_i^2 \frac{\mathrm{ch}\left[k(z-d)\dfrac{d}{d+\eta_i}\right]}{\mathrm{sh}(k_i d)}\sin(\omega_i t + k_i x) \tag{3-19}$$

$$a = \eta_{i0}\omega_i^2 \frac{\mathrm{ch}\left[k(z+d)\dfrac{d}{d+\eta_i}\right]}{\mathrm{sh}(k_i d)}\cos(\omega_i t - k_i x) \tag{3-20}$$

其中 $k_i = 2\pi/\lambda_i, \omega = 2\pi/T$

式中 η_{i0}——波幅；

k_i——波数；

ω——波的频率；

d——静水深度。

波长 λ_i 为：

$$\lambda_i = \frac{g}{2\pi} T_i^2 \text{th}(kd) \tag{3-21}$$

由于各种波浪理论的假设与简化不同，理论计算结果有差异，适用范围也不相同。为确定各种波浪理论的适用范围，不少研究者针对波面形状、波速、水质点的运动速度和加速度、水质点的运动轨迹线形状、波浪的极限波陡等波浪特性，进行了理论分析或实验观测，其适用范围如图 3-12 所示。

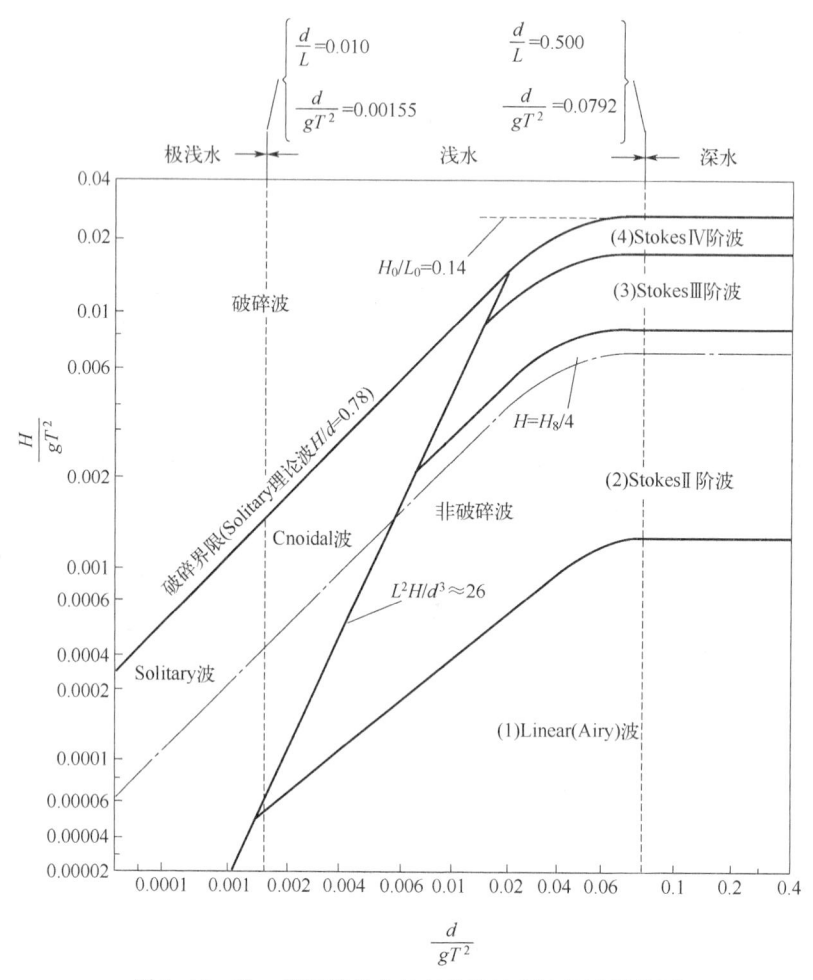

图 3-12 勒·梅沃特提出的各种波浪理论的适用范围

2. 随机波浪理论

真实的海洋波浪是随机的，其描述是用统计方法获得的。在短波浪周期（0.5~6h），海浪通常假定具有零平均值。平稳的各态历经的正态过程用海浪谱描述。短期海况受到风区长度、风的历时长短和可能存在的涌和流的影响。对不规则波常用波谱法求其响应。波浪谱法是建立在海况的统计特征上的，它将实际海面上的不规则波浪认为是由许多具有随机相位的简单波叠加而成，各个简单波动的能量在相应波频上的分布就构成一个海浪谱。波谱法利用了描述海浪内部结构的谱的概念，比较全面地反映了海浪运动的全过程。用波谱法分析不规则海浪对海上平台的作用，已是海上平台规范中规定的主要方法之一。在海面某一固定点观测一长峰波浪随时间的变化，在不同时刻 t，波面垂直位移具有不同的值，此位移可视为由 n 个振幅不等、频率不同、相位不同的简单正弦波叠加而成，即：

$$\eta(t) = \sum_{n=1}^{\infty} a_n \cos(\overline{\omega}_n t + \varepsilon_n) \tag{3-22}$$

式中　a_n——第 n 个余弦组成波的振幅；
　　　ω_n——第 n 个余弦组成波的圆频率；
　　　ε_n——第 n 个余弦组成波的相位。

这些组成波就构成了海浪谱，海浪的能量由各组成波所提供。海浪谱是研究随机波浪的一种有效手段，可分为频谱 $S(\overline{\omega})$ 和方向谱 $S(\overline{\omega}, \theta)$，$\theta$ 为海浪传播方向与 x 轴的夹角。频谱是某点海浪能量相对于某组成频率分布的谱，又称能谱。

波动过程为外界输入能量所致，因此，波动过程本身是能量演变的过程。单个组成波在单位面积的铅直水柱内的平均能量为

$$E = \frac{1}{2} \rho g A^2$$

将系数去掉，则在随机过程 t 时刻，频率 $\omega_n + \Delta \omega$ 单位区间内，波动的能量可以表示为 $A^2(t, \omega_n + \Delta \omega)$。这样，波浪在整个测量周期 T 内的平均波动能量的大小为 $\lim\limits_{T \to \infty} \frac{1}{T} \int_0^T A^2(t, \omega_n + \Delta \omega) \mathrm{d}t$。

短期高斯过程完全用波谱密度的二阶统计值定义。长期海浪可近似由平稳高斯过程合成。忽略瞬态效应，它可处理为一系列波谱参数已知均值为零的高斯平稳过程。

3. 海浪谱

海浪谱是描述复杂海浪的有效手段，获得海浪谱的方法有以下三种：

（1）利用仪器定点观测波面的一段记录，计算波面高度的自相关函数，然后经傅里叶变换求频谱 $S(\omega)$ 的。

（2）用目测波高相对于周期的分布，导出能量相对于频率的分布，从而得到海浪谱。

（3）依据风浪资料和风浪生成模型回推统计预报，由能量平衡方程导出频谱。

海浪谱是研究随机波浪的一种有效手段，可分为频谱 $S(\overline{\omega})$ 和方向谱 $S(\overline{\omega}, \theta)$，$\theta$ 为海浪传播方向与 x 轴的夹角。频谱是某点海浪能量相对于某组成频率分布的谱，又称能谱。Neumann 给出的频谱一般经验公式为：

$$S(\overline{\omega}) = \frac{A}{\overline{\omega}^p} \exp\left[\frac{B}{\overline{\omega}^q}\right] \tag{3-23}$$

式中　A、B、p、q——系数，与当地海况及地理位置有关，可利用观测资料拟合计算得到。

谱的形状受到风的历时长短、风区长度和涌或流存在等的很大影响，现已有一系列适合真实海浪的解析谱的形式，如劳曼谱、P-M 谱等。应当注意的是，固定平台对频率在 1rad/s 以上的谱成分相当敏感，因为它的特征频率在此范围。

一般来说，波浪条件的不确定性可归因于波浪观测数据的固有可变性、不充分性和不可靠性或数据内插外推的不准确性。一个不可避免的事实是，世界范围的气候变化速度之快足以影响一些正在设计的平台结构。假定长期统计值是正确的，则其固有可变性就大于短期统计值。工程中常用的海浪频谱见表 3-6。

表 3-6 海浪频谱表达式

名称	表达式	备注
劳曼谱	$S(\bar{\omega}) = \dfrac{2.4}{\bar{\omega}^6} \exp\left[-\dfrac{2g^2}{U^2 \bar{\omega}^2}\right]$	U 为海面上 7.5m 高处风速
P-M 谱	$S(\bar{\omega}) = 0.0081 \dfrac{g^2}{\bar{\omega}^5} \exp\left[-0.74\left(\dfrac{g}{U\bar{\omega}}\right)^4\right]$	U 为海面上 19.5m 高处风速；该谱被第 11 届 ITTC 会议列为标准单参数谱
会战谱	$S(\bar{\omega}) = \dfrac{1.48}{\bar{\omega}^5} \exp\left[-\left(\dfrac{\bar{\bar{\omega}}}{\bar{\omega}}\right)^2\right]$	$\bar{\bar{\omega}} = \dfrac{2\pi}{\bar{T}}$，$\bar{T}$ 为波浪的平均周期
JONSWAP 谱	$S(\bar{\omega}) = \dfrac{\alpha g^2}{\bar{\omega}^5} \exp\left[-1.25\left(\dfrac{\bar{\omega}_m}{\bar{\omega}}\right)^4\right]$ $\cdot \gamma \exp\left[-\dfrac{(\bar{\omega}-\bar{\omega}_m)^2}{2\sigma^2 \bar{\omega}_m^2}\right]$	γ 是相对于 P-M 谱的谱峰升高因子，平均取值 3.3；$\bar{\omega}_m$ 为谱峰频率；$\alpha = 0.076\left(\dfrac{gF}{U_{10}^2}\right)^{-0.22}$，$F$ 为风区长度，U_{10} 为海面上 10m 高处风速；σ 为峰形参数，$\sigma = 0.07$ ($\bar{\omega} \leq \bar{\omega}_m$)，$\sigma = 0.09$ ($\bar{\omega} > \bar{\omega}_m$)
布氏谱	$S(\bar{\omega}) = 0.4304 (2\pi)^4 \left(\dfrac{\bar{H}}{\bar{T}^2}\right)^2$ $\cdot \dfrac{1}{\bar{\omega}^5} \exp\left[-0.675\left(\dfrac{2\pi}{\bar{T}\bar{\omega}}\right)^4\right]$	$\bar{H}$ 为平均波高，$\bar{H} = 0.625H$；$\bar{T}$ 为平均周期，$\bar{T} = 0.9T$

方向谱反映能量相对于各个方向的分布，可表示为：

$$S(\bar{\omega}, \theta) = S(\bar{\omega}) G(\bar{\omega}, \theta) \tag{3-24}$$

式中 $G(\bar{\omega}, \theta)$ ——方向分布函数，满足 $\int_{-\pi}^{\pi} G(\bar{\omega}, \theta) \mathrm{d}\theta = 1$。

4. 作用在单一构件上的波浪力

高斯波浪过程是一系列具有随机均匀分布相位角、相互间独立的规则波的线性组合。对应于每一规则波，质点的速度和加速度通常用微幅波理论或修正的微幅波理论来描述，其水动力通过力与波浪运动间的关系来确定。波浪力计算中常根据结构物的尺度与波长比值，分成小尺度波浪力计算和大尺度波浪力计算。当比值 $D/L \leq 0.2$ 时称为小尺度物体，当 $D/L > 2$ 时称为大尺度物体。其中 D 是物体的特征长度，对圆柱来讲，D 为直径，L 为波长。

1) 小尺度构件上的波浪力

取图 3-12 所示的坐标系，波速为 C、水深为 d、波高为 H 时，对于小尺度细长主体（如圆柱体 $D/L \leq 0.2$），可用莫里森（Morison）方程计算任意高度 z 处单位长度上的水平波浪力：

$$f_H = f_D + f_I = \dfrac{1}{2} C_D \rho A_p u |u| + C_M \rho V_p \dfrac{\mathrm{d}u}{\mathrm{d}t} \tag{3-25}$$

式中 f_D——单位长度的拖曳力，N/m；

f_I——单位长度的惯性力，N/m；

C_D——拖曳力系数；

C_M——惯性力系数；
ρ——海水密度；
A_p——单位长度柱体垂直于波向的投影面积，m^2，对于圆柱体，等于直径 D；
V_p——单位长度的柱体排开体积，m^3，等于柱体的横剖面面积；
u——柱体轴中心位置波浪水平方向的速度，m/s。

这里假设流动方向沿 x 轴，由于波浪水质点作周期性的往复振荡运动，水平速度 u 时正时负，因而对柱体的拖曳力也时正时负，故式中取 $u|u|$ 以保持拖曳力的正负性质。

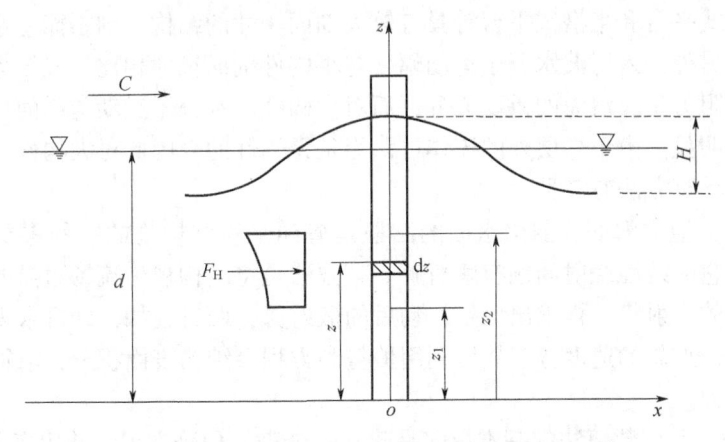

图 3-13 小尺度直立柱体波浪力计算的坐标系统

整个柱体上的总水平波浪力为：

$$F_H = \int_0^{d+\eta} \frac{1}{2} C_D \rho D u |u| dz + \int_0^{d+\eta} C_M \rho \frac{\pi D^2}{4} \frac{\partial u}{\partial t} dz \tag{3-26}$$

于是，整个柱体上的总水平波浪力力矩（对海底求矩）为：

$$M_H = \int_0^{d+\eta} z f_H dz = \int_0^{d+\eta} \frac{1}{2} C_D \rho D u |u| z dz + \int_0^{d+\eta} C_M \rho \frac{\pi D^2}{4} \frac{\partial u}{\partial t} z dz \tag{3-27}$$

要解上述各式，需要根据所有在海域的水深和设计波的波高 H、周期 T 等条件选用一种适宜的波浪理论来计算波浪的 η、u 和 $\frac{\partial u}{\partial t}$，并选取合理的阻力系数 C_D 和惯性力系数 C_M。

中国船级社（CCS）移动式平台规范给出各种形状物体的 C_D 和 C_M 值见表3-7。世界上设计导管架平台时，一般取 $C_D = 0.6$。我国海上固定平台入级规范建议，在试验资料不足时，对于圆形构件，取 C_D 值为 0.6~1.0，C_M 值为 2.0。

表 3-7 C_D 和 C_M（CCS 规范）

物体形状	C_D	C_M
圆柱	1.0	2.0
正方形	2.0	2.19
平板	2.0	2.0
球体	0.5	1.5

当构件为倾斜状态时，可将速度和加速度向水平和垂向分解，然后适当选择两个方向上的 C_D、C_M 系数，用莫里森公式计算。

当海上结构物的立柱数量较多，且各柱中心轴之间的距离 l 小于 4 倍管径 $D(l \leq 4D)$ 时，柱群中某一立柱的受力将不同于单柱的情形，计算中要考虑柱群对波动水体的遮蔽效应和干扰效应。

2) 大尺度构件上的波浪力

计算小构件波浪载荷时，由于圆柱直径远小于入射波波长，认为圆柱的存在不改变波浪的流场。对重力式平台和半潜式平台等具有较大剖面尺寸的结构，则不能忽略结构物产生的波浪绕射作用。另外，入射波水分子运动幅度与小构件剖面尺寸相比一般较大，此时边界层分离明显，黏性阻力是波浪力的重要成分；而对大构件，水分子运动与剖面尺寸比降低，边界层分离现象不明显。由于界层外的流体可认为是无黏性的，因此对大构件可应用理想流体的计算方法，其计算方法有三种：

（1）解析法。直立海底，露出水面的圆柱是海洋工程结构物的一种重要形式。由于圆柱的几何特点，它的线性绕射问题有解析解。其方法是将结构视为流场边界的一部分，先求出结构物界面上的入射势，再求出该处扰动后的散射势，两者叠加，即可求得受结构物扰动后的波动场中任一点总的速度势，然后利用伯努利方程沿结构表面积分，求得物体表面上的波浪压强和波浪力。

（2）数值法。常用数值法的基本思路是建立一个表面积分方程，并用离散方法求解。

（3）F-K 法。它是一种半理论半经验的方法。根据绕射理论，先算出未扰动时入射波在结构物上的作用力 F_k，然后再乘以绕射系数 C，即为大尺度结构上的总波浪力。

5. 作用在单一构件的波流力

对于 $D/L>0.2$ 的大尺度海工结构物，如重力式平台、大型石油储罐等，需要考虑入射波浪的散射效应以及自由表面效应。此时莫里森方程依据的基本假定即结构物存在对入射波动场无显著影响不再有效，所以计算大尺度结构物上的波浪力时，莫里森方程不再适用。

计算大尺度结构物上的波浪力可基于绕射理论计算，而忽略黏滞效应。黏滞效应主要取决于 H/l（H 为波高，l 为结构物的特征长度），如图 3-14 所示，当 $H/l \leq 1$ 时，可忽略黏滞

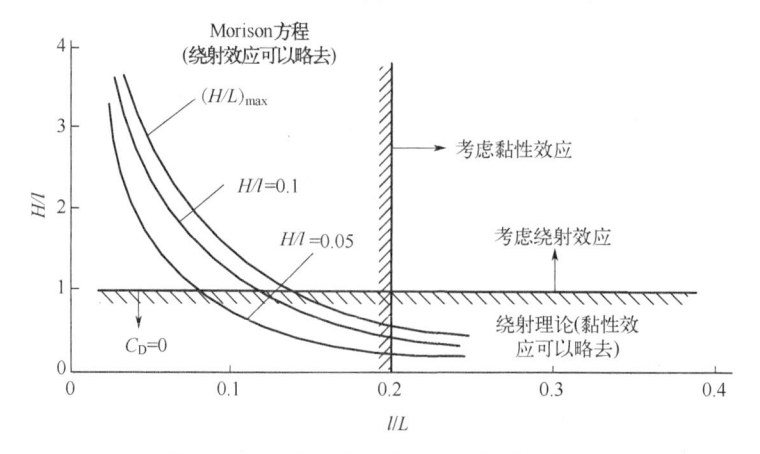

图 3-14 两种计算波浪力方法的适用范围

效应,以绕射理论为基础的波浪力计算方法适用于全部 l/L 值。而当 $l/L \leqslant 0.2$ 时,可忽略绕射效应,以绕流理论为基础的莫里森方程适用于全部 H/l 值,当 $H/l \leqslant 1$ 且 $l/L \leqslant 0.2$ 时,则为两种计算方法都适用的范围。在这一范围内,当 $C_D \rightarrow 0$,只需计算惯性波浪力。当 $H/l > 1$ 且 $l/L > 0.2$ 时,黏滞效应和绕射效应都较大,因此这两种方法都不适用。但在实际计算中,基本上不会出现 $H/l > 1$ 且 $l/L > 0.2$ 的情况。

利用线性波浪理论,按照前述步骤可求得作用在大直径圆柱上的波浪力为:

$$F_H = \frac{2\rho g H}{k^2} \cdot \frac{\text{sh}[k(d+\eta)]}{\text{ch}(kd)} \cdot f_A \cdot \cos(\overline{\omega}t - \alpha) \tag{3-28}$$

其中
$$f_A = \frac{1}{\sqrt{\left[J_1'\left(\frac{\pi D}{L}\right)\right]^2 + \left[Y_1'\left(\frac{\pi D}{L}\right)\right]^2}}, \alpha = \arctan\left[\frac{J_1'\left(\frac{\pi D}{L}\right)}{Y_1'\left(\frac{\pi D}{L}\right)}\right]$$

式中 k ——波数;

d ——水深;

ρ ——海水密度;

η ——瞬时波高;

$J_1'(\ )$ ——1 阶贝塞尔函数的导数;

$Y_1'(\ )$ ——1 阶第二类贝塞尔函数的导数。

对于作用在任意形状大尺度结构物上的波浪,由于其散射波速度势不可能取得解析解,目前只能通过数值计算的方法来取得数值解。

四、冰载荷

以直立桩柱为主的海洋工程结构物在设计和建造时应考虑的海冰作用力,包括海冰的挤压力 F_H、海冰的撞击力 F_I、海冰的垂向附着力 F_U。如图 3-15 所示,当海冰已固结在桩柱周围时,风或海流将迫使海冰向构筑物挤压,形成一个水平力,也就是海冰的挤压力 F_H;而海水潮位的变化则使得原固结于桩柱周围的海冰对桩柱施加一个垂向附着力 F_U。海冰的撞击力 F_I 则是浮冰在风或海流的推动下作用于构筑物之上的撞击力,它在垂直桩柱的潮差段都可能出现,但不会与 F_H 同时出现。另外,图中 F_G 为结构物平台上因雨、雪冰化而施加的冰的重力,F_V 为海冰垂向移动施加于结构物中倾斜构件上的垂向力。

由于海冰对构筑物作用力与海冰和构筑物之间的作用状况有关,所以构筑物的自振特性直接影响其所受冰压的大小,且海冰的抗压强度随海冰应变率(或加载率)的变化而变化,故严格的海冰作用力应是冰与构筑物共同作用下的动力。

依据海冰动力分析中的自激振动理论,如图 3-16 所示,当加载率超过某一临界数值后,加载率与海冰抗压强度的大小成反比关系,这说明结构振动过程中出现了负阻尼效应。此时,仅在不大的外力激发下,结构都可能由于非线性负阻尼的影响而出现较大振幅的动态响应。

下面给出工程设计中常用的海冰作用在直立桩柱上的水平挤压力 F_H 的计算公式。

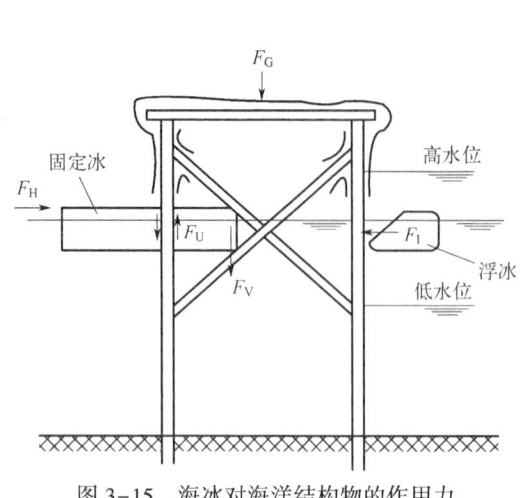

图 3-15　海冰对海洋结构物的作用力 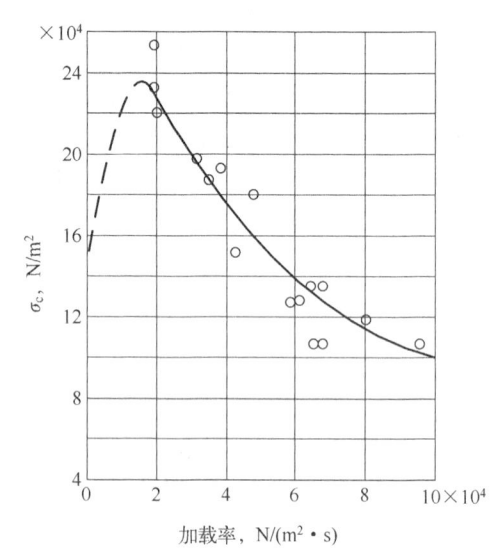　　　　图 3-16　加载率与 σ_c 的关系（Peyton）

（1）美国 API，RP-2A（1979）：
$$F_H = C\sigma_c hB \tag{3-29}$$
式中　σ_c——海冰的抗压强度，N/m²；
　　　h——冰厚，m；
　　　B——桩柱构件在海冰上的投影宽度，m；
　　　C——系数，与加载率等因素有关，取值范围为 0.3~0.7。

（2）苏联 CH-76（1959）：
$$F_H = mAK_1\sigma_c hK_2 b \tag{3-30}$$
式中　m——桩柱结构迎冰面的形状系数；
　　　A——温度系数，当解冰期的最低温度为 0℃时，$A=1.0$，若解冰温度低于 0℃，且解冰期最低温度低于 -10℃时，$A=2.0$；
　　　K_2——冰层与建筑物迎冰面之间的接触系数；
　　　b——冰与桩柱接触面的投影宽度，m；
　　　K_1——局部挤压系数，即局部挤压强度与标准试块挤压强度之比值，一般为 2.0~3.0；
　　　σ_c——海冰的抗压强度，N/m²。

若桩柱存有棱角（图 3-17），系数 m 随棱角 2α 的变化规律见表 3-8。K_2 与冰的硬度、构筑物迎冰面的平整度有关，当冰层接触面凹凸不平时，冰层与建筑物非完全接触，一般可取值 0.2~0.4；当冰层硬度大，建筑物接触表面不平整时，取较小值。

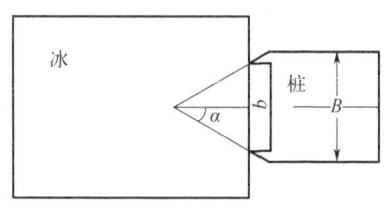

图 3-17　冰对桩柱三角形端部的挤压

表 3-8　形状系数 m

建筑物形状	半圆形	尖角形夹角为 2α					
		45°	60°	75°	90°	120°	180°
形状系数 m	0.90	0.60	0.65	0.69	0.73	0.81	1.00

除此以外，为了合理确定系数 K_1，有学者以渤海地区的海冰为研究对象，对该地区的海冰实测资料进行了论证分析，得出结论：在海流和风等因素的作用下，海上桩柱形构筑物周围的固定海冰挤压桩柱时的挤压强度 R_J 为：

$$R_J = K_1 \sigma_c \tag{3-31}$$

式中　σ_c——标准样本的抗压强度，单位为 N/m^2。

渤海湾冰样的 σ_c 为 $(5\sim19)\times10^4 N/m^2$。提取冰样的同时，在同一地点海上钻井平台的直立圆柱构件上用刻痕压力计测得的原体冰挤压强度为 $(10\sim30)\times10^4 N/m^2$，最大为 $45\times10^4 N/m^2$，由此可得 K_1 的值介于 2.0~3.0。

（3）我国海上固定平台设计规范的推荐公式：

$$F_H = m K_1 K_2 \sigma_c bh \tag{3-32}$$

式中符号的意义与式(3-30)相同，且建议 K_1、K_2 的取值分别为 2.5 和 0.45。

应按国家主管部门提供的实测资料判断取值。以上没有考虑冰的速度影响，因为最大作用力在速度相对较低时产生。此外，需要考虑冰载荷的振荡性，如果产生共振，大块浮冰群产生的水平作用力将是式(3-32)的 2~2.5 倍。为减轻冰载荷对平台的作用，提高平台防冰和抗冰能力，在设计中应尽量采用能减小冰载荷并能较好吸收冰的冲击能量的结构形式。例如，在流冰作用高度范圈内，尽量不设置或少设置撑杆，或采用破冰棱的桩柱，使海冰接触桩柱时容易破裂，以减小冰压力。

在考虑平台方向时，应使平台抗倾能力强的方向与冰的移动方向一致。

第五节　载荷状态

至此，本章已描述了作用在离岸结构上的几类载荷，这些载荷以不同程度作用在结构上。因此，作用在结构上的载荷应是各种载荷的组合形式。然而，结构设计中，要想包括所有的载荷组合状态，将使分析工作量剧增。因此，规范通常只规定计算相对少的几个典型载荷状态作为设计状态，例如最大工作载荷状态、最大环境载荷和最大工作载荷组合状态、最大环境载荷和最小工作载荷组合状态。假设风和波浪作用在相同的方向，并取响应值的最严重方向，其载荷对应于具有重现期的波浪和风速，但瞬态极值风速和极值波高不可能同时发生。

中国船级社（CCS）关于海上固定平台入级与建造规范规定，平台结构承受载荷为由风、浪、流、冰、地震引起的环境载荷；使用期间除环境载荷之外的其他使用载荷；施工期间受到的施工载荷。

固定平台的载荷组合原则规定为：

（1）针对设计环境条件，对实际有可能同时作用于平台上的各种载荷，应按其最不利的情况进行组合，地震载荷除外。

（2）对同一平台的不同设计项目（如结构的局部构件或总体）或不同阶段（如施工或使用阶段），应按实际可能同时出现的最不利情况进行载荷组合，且应考虑水位的影响。

思考题 >>>

1. 表3-9为我国某海区20年的10m高处5min时距年最大风速资料，试按50年重现期的设计风速要求确定该海区50年一遇的最大风速值。

表3-9 我国某海区风速资料

年份	1	2	3	4	5	6	7	8	9	10
风速，m/s	25.8	25.6	29.8	32.2	34.4	33.5	28.9	31.3	28.8	31.4
年份	11	12	13	14	15	16	17	18	19	20
风速，m/s	37.2	29.1	27.9	29.5	34.7	33.8	27.2	29.6	30.1	26.9

2. 若某自升式钻井平台桩腿为直径1.25m的圆柱形，拖航时桩腿露出海面105m，经过某海区时海面平均风速为10m/s，试利用我国海上移动式平台规范公式分段计算作用在其中一条桩腿上的总风载荷。

3. 介绍微幅波理论、斯托克斯波浪理论、椭圆余弦波浪理论、孤立波浪理论的异同点，阐述它们的适用范围并作简要解释。

4. 一直径为0.102m的桩柱，处于水深0.35m的海水中，桩柱伸出水面，海水表面波浪的波高为0.066m，波浪周期为2.11s，按微幅波计算作用在桩柱上的最大水平波浪力。

5. 某海域水深50m，表面潮流流速为2.5m/s，表面风海流流速为2m/s，表面波浪水质点的水平速度为4m/s。平台上一直径为0.508m的圆柱立管垂直贯穿海水并连接水下井口，某一瞬时，波浪与立管相遇处的波面高度（相对静水面）为0.5m，海水密度取1025kg/m³，运动黏度取1.062×10^{-6}m²/s，试求作用在整个立管上的浪、流联合作用力。

6. 求图3-18中所示我国鲅鱼圈固定冰区的平整冰作用在平台直立圆柱桩腿上的水平挤压力，平整冰厚为0.2m，盐水体积占4%，圆柱直径为20.16m（利用我国规范公式计算）。

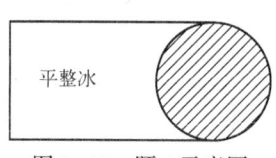

图3-18 题6示意图

第四章 底撑式平台的着底稳性

移动平台可分为底撑式平台和浮式平台两大类。底撑式平台又可分为坐底式平台和自升式平台两类。在钻井作业过程中，底撑式平台依靠海底支撑整个平台的重量并将平台与海底牢牢地连接在一起，使平台不随海水的剧烈运动而运动，平台与海底之间也没有相对运动。浮式平台依靠锚泊定位或动力定位限制平台的位置，平台与海底之间有相对运动，不存在着底稳性问题。因此，本章仅讨论坐底式平台和自升式平台的着底稳性问题。

第一节 平台着底稳性标准

坐底式平台和沉垫自升式平台都是坐底作业，平台的下部结构常做成沉垫基础直接坐在海底地基上。插桩自升式平台作业时，桩腿作为桩基础直接插入海底地基中。沉垫基础和插桩自升式平台均要求有足够的着底稳性，即要求地基稳定和平台本身稳定，防止在外载荷作用下造成平台倾翻、滑移、过大的沉陷、冲刷淘空等事故。

一、平台基础

平台着底后会使海底地层一定范围内的应力状态发生变化，这一范围的地层称为地基。地基是承担平台荷重的土体或岩体。底撑式平台在近海作业，下面的地基大部分是土层，也有少量岩石。地基按其是否经过人工处理可分成天然地基与人工地基两类。底撑式平台的地基一般是天然地基。

基础是指与地基接触的海工结构物的下部结构。它将结构物的上部与地基连接起来。插桩自升式平台的基础为桩腿，属桩基础；带沉垫的自升式平台和坐底式平台的基础为沉垫，属于沉箱基础。桩基础的桩尖要达到持力层，支承桩的桩尖支承于硬土层或岩层上。

二、平台基础型式选择

海底土质直接影响平台的结构型式选择，特别对自升式平台，是用沉垫自升式还是用插桩自升式，地基起着重要作用。对于承载力较低的软地基，常采用沉垫自升式，为防止滑移，需加抗滑装置，如加抗滑桩。对于较硬的海底，常采用锥形桩腿底部结构，如图 4-1（b）所示。对于坚硬的岩基，桩腿底部常用较尖的锥形或格形结构，如图 4-1（d）所示。

为防止桩腿插入海底过深，可用封闭形桩腿，在距桩腿底端一定高度设置封板。"渤海1号"桩腿底部采用在距桩端 4m 处设置半球形倒锅底的型式，球半径为 1.53m，如图 4-1（a）所示。桁架式桩腿底部，常用大直径锥形结构，如图 4-1（c）所示，既可适应较硬地

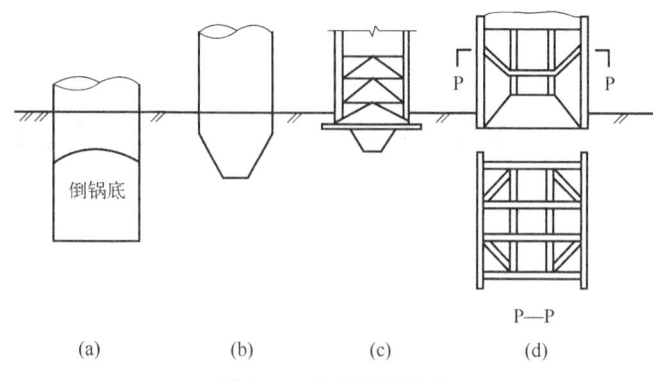

图 4-1 桩腿底部形式

(a) 半球形倒锅底型式；(b) 锥形桩腿底部结构；(c) 大直径锥形结构；(d) 锥形或格形结构

基，又可适应较软地基。对于较硬地基，由于桩腿底部是锥形体，便于插入土中；对于较软地基，因为锥形体直径大，一般 10m 左右。此外，有的桩腿底部还带独立的小沉垫。为保证平台正常作业和安全，活动式平台规范中都规定了平台着底稳性的设计标准。

三、平台抗倾稳性标准

抗倾稳性是指平台在设计载荷作用下所具有的抗倾覆的能力。平台应具有足移的向下的重力载荷所形成的扶正力矩（也称稳定力矩），以抵抗最不利的风、浪、流合成的倾覆力矩。抗倾稳性用抗倾安全系数 K_q 衡量，有

$$K_q = M_p / M_q \tag{4-1}$$

式中 M_p——扶正力矩的总和，kN·m；

M_q——倾覆力矩的总和，kN·m。

在计算扶正力矩 M_p 时，应考虑最小装载的不利情况，还应考虑偏心矩等不利情况。

抗倾安全系数 K_q 应根据平台的类型和工况分别考虑。风暴自存状态的 K_q 比满载作业状态的 K_q 要小。我国 CCS 规范分别规定了自升式和坐底式平台的 K_q，法国 BV 和德国 GL 与我国类似，美国 ABS、日本 NK 和挪威船级社 DNV 只原则上规定 K_q 应大于 1，见表 4-1。

表 4-1 平台抗倾安全系数 K_q

工况	CCS	BV, GL	ABS, NK	DNV
满载作业 K_q	1.5（自升式） 1.6（坐底式）	1.5	>1	1.5
风暴自存 K_q	1.3（自升式） 1.4（坐底式）	1.3	>1	1.5

四、平台抗滑稳性标准

抗滑稳性是指平台在设计载荷作用下所具有的抵抗水平滑动的能力。平台抗滑稳性用抗滑安全系数 n_H 衡量，有

$$n_H = F_K / F_H \tag{4-2}$$

式中　F_K——平台抗滑力总和，包括抗滑装置产生的抗滑力，N；

　　　F_H——使平台滑动的外力总和，包括作用于平台所有的水平力，N。

CCS、BV、GL 等船级社规范中规定了平台抗滑稳定性安全系数，见表4-2，其他国家规范未作具体规定。

表4-2　平台抗滑安全系数 n_H

工况	CCS	BV	GL
满载作业	1.4	2.0	1.3
风暴自存	1.2	1.4	1.2

五、地基应力

活动式平台在着底状态时，其下部海底地基的应力必须小于地基容许应力，并应有一定的安全系数，以防止过大的不均匀沉陷导致平台倾翻。

平台基础将载荷传给地基，地基应力状态便发生变化。当载荷增大到使地基中某点的剪应力等于抗剪强度时，这点就达到极限平衡，如果剪应力再稍增加，该点就被剪坏。载荷继续增大，地基中剪切破坏的区域也逐渐增大，当地基出现和地面连通的滑动面时，地基土会沿该滑动面向外挤出，地基发生整体破坏，这时地基便失去稳定。

地基破坏过程中，开始在地基土中某一局部范围内出现剪切破坏区（或称为塑性变形区），这时的载荷称为临界载荷 P_{cr}；当载荷增加到某一极限数值时，地基变形突然增大，发生地基整体剪切破坏，这时的载荷称为极限载荷 P_u，也称为地基的极限承载力。平台下面的地基不容许达到极限载荷，必须有一定的安全度。这种具有一定安全度的载荷所对应的地基承载力称为容许承载力 $[P]$，可表示为

$$[P] = P_u / n \tag{4-3}$$

式中　P_u——极限载荷；

　　　n——安全系数。

关于地基容许承载力，可用求解极限载荷 P_u 的理论计算，也可通过现场载荷试验或根据工程经验确定，或选用有关地基规范中规定的土壤容许承载力。

活动式平台规范中原则上一般只规定平台下部的地基应力应小于地基容许应力。德国 GL 规定对于重力式平台，地基应力的安全系数在满载作业时，$n \geq 2$；风暴自存时，$n \geq 1.5$。

六、平台坐底面积丧失率

对于沉垫自升式、坐底式和半潜式平台坐底时，应考虑冲刷使其坐底面积有一定丧失率后，再按有效的坐底面积计算地基应力、抗倾稳性和抗滑稳性。各国规范对坐底面积丧失率的规定基本相同。对于带整体沉垫的平台，坐底面积丧失率为 20%；对于有独立桩靴或独立小沉垫的平台，短个桩靴或小沉垫的坐底面积丧失率为 50%。对于有防冲设施的平台，可根据其防冲的有效性，考虑减少或不考虑坐底面积丧失率。

第二节　平台的抗倾与抗滑稳定性计算

一、平台抗倾稳定性计算

在平台设计中，当风、浪、流等条件给定后，平台抗倾稳定性主要取决于平台的总重量和尺度。平台的总重量主要随平台的可变载荷大小而变化。平台主尺度，对于沉垫自升式平台主要取决于沉垫的尺度，对于插桩自升式平台主要取决于桩腿之间的间距。

现以 3 条腿插桩自升式平台为例说明整体抗倾计算，如图 4-2 所示，正力矩计算式为

$$M_p = Wl_0 + wl \quad (4-4)$$

式中　W——平台总重量，kN；

　　　l_0——平台重心到 z 轴的距离，m；

　　　ω——桩腿在水中的重量，kN；

　　　l——桩腿距 z 轴距离，m。

当平台重心位于 3 条腿组成的三角形重心时，$l_0 = l/3$ 则

$$M_p = l(W/3 + w) \quad (4-5)$$

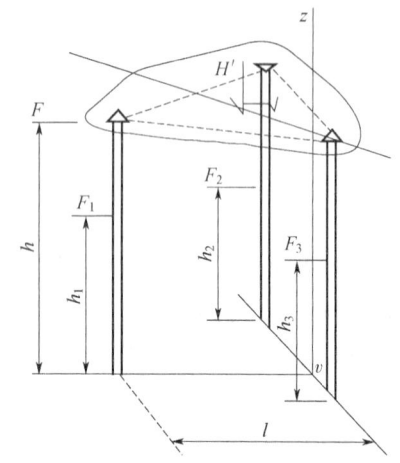

图 4-2　平台着底稳定性计算示意图

当平台重量有偏心 e 时，$l_0 = l/3 - e$，则

$$M_p = W(l/3 - e) + wl \quad (4-6)$$

从式(4-6) 可看出，当平台有重量偏心时，扶正力矩减小，所以钻井作业时应注意调整重心。对于已造好的平台，其抗倾稳定性主要随平台的可变载荷的大小而变化。

倾覆力矩 M_q 可用下式计算：

$$M_q = M + M_1 + M_2 + M_3 \quad (4-7)$$

式中　M——风力矩，kN·m；

　　　M_1, M_2, M_3——各桩腿的波浪力矩（包括海流力矩），kN·m。

将算得的 M_p、M_q 代入式(4-1) 即可计算整体抗倾安全系数 K_q。表 4-3 给出了"南海 1 号"自升式平台两种风暴状态下抗倾安全系数随可变载荷大小变化的数值。

表 4-3　"南海 1 号"抗倾安全系数

工况	可变载荷，kN						
	0	1000	8000	12000	16000	20000
第一暴风状态	1.44	1.52	1.60	1.68	1.76	1.84
第二暴风状态	1.67	1.76	1.85	1.95	2.04	2.13

二、平台抗滑稳性计算

平台的抗滑力包括土壤的黏结力、摩擦力、被动土压力和抗滑装置所产生的抗滑力。对于带沉垫的自升式和坐底式平台，抗滑力主要包括沉垫前的土抗力 P_1，沉垫底部的摩擦力 P_2 和黏结力 P_3 以及沉垫各侧面的摩擦力 P_4，如图4-3(a) 所示。对于插桩自升式平台的抗滑力主要包括桩腿前的土抗力 P_1 和桩腿底面摩擦力 P_2，如图4-3(b) 所示。促使平台滑动的力是风力 F_1、波浪力（包括流力）F_2 和 F_2'。

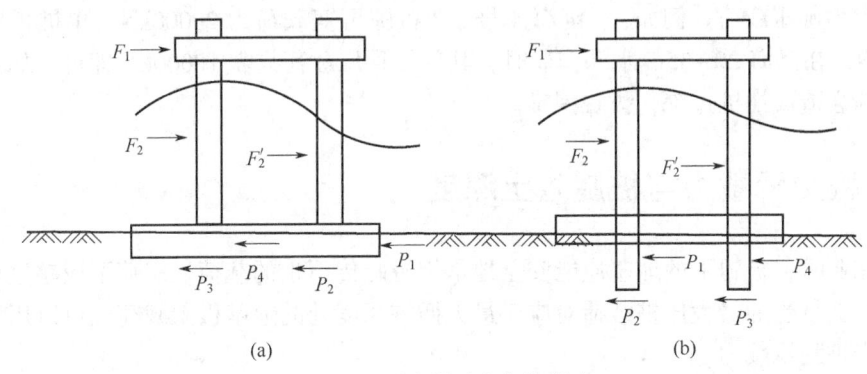

图 4-3 平台滑动力与抗滑力

插桩自升式平台一般不易发生滑移，沉垫自升式和坐底式平台较易发生滑移。因此，抗滑稳性很重要，特别是对于淤泥地基，应采取适当的防滑措施。

对于沉垫自升式和坐底式平台，法国 BV 规定：平台抗滑力主要考虑沉垫底部摩擦力和土壤黏结力，忽略侧面摩擦力和沉垫前的土抗力。抗滑力 F_K 计算公式为：

$$F_K = W\tan\phi + AC \tag{4-8}$$

式中　W——平台总重力，kN；
　　　ϕ——沉垫底部与土壤的摩擦角，(°)；
　　　A——沉垫底部与土的接触面积，m^2；
　　　C——土壤黏结力系数，kN/m^2。

将计算出总的滑动力 F_H 与 F_K 代入式(4-2) 即可求出整体抗滑安全系数 n_H。

第三节　平台的桩基稳性

平台的桩基稳性是讨论插桩自升式平台的可靠性问题。要求在风暴载荷增大时，平台不会突然下沉或造成过大的不均匀沉陷，保持平台的稳定性。通常采用对平台桩腿底部地基进行预压的方法保证平台的桩基稳性。作用在平台上的载荷，通过桩腿或沉垫传给地基。平台的桩腿都有一定的入土深度，其大小与地基承载力和平台载荷大小有关。因此，本节主要讨论桩腿的最大预压载荷、桩腿承载力和桩腿入土深度。

一、桩腿最大预压载荷

插桩自升式平台单个桩腿的最大预压载荷，应是风暴时平台重量对单个桩腿轴向压力与

风、浪、流载荷对单个桩腿产生的最大轴向压力之和,可用下式计算:

$$P_M = P_1 + P_2 \tag{4-9}$$

式中 P_M——单个桩腿最大预压载荷,kN;

P_1——风暴时,平台总重量对单个桩腿产生的最大轴向压力,kN;

P_2——风暴时,风、浪、流载荷对单个桩腿产生的最大轴向压力,kN。

对于4桩腿自升式平台可采用对角线预压的方法,即每次用对角线上2个桩腿来承受整个平台的重量,以达到预压的目的。对于其他型式的平台可采用加压载水方法预压。预压载荷应根据实际工作水深和可能遇到的风、浪条件确定。如果作业水深和风、浪条件比设计值小时,可减小预压载荷。例如,"渤海4号"3桩腿可变载荷为20000kN,单桩预压载荷应为19800kN,在渤海20~35m水深作业时,其单桩顶压载荷只需10000kN即可。如果预压载荷过大,则会造成插桩过深,拔桩困难。

二、桩腿承载力与桩腿入土深度

平台作业时,桩腿下的地基应能安全地承担桩腿传下来的载荷。载荷不应超过地基容许承载力。桩腿承受的最大压桩载荷对应于最大插桩深度处的地基极限载荷,可以用压桩时的压力来确定桩腿承载力。

桩腿入土深度与桩腿承载力有密切关系,当知道桩腿承载力,即可求出桩腿入土深度,计算公式常以计算桩腿承载力公式的形式给出。

1. 桩腿承载力

求桩腿承载力的方法较多。在实际工程设计中,当海底地基资料不全时,往往用以下几种方法计算,而后进行比较,选择较适宜的计算结果。

1)用理论公式计算桩腿承载力

当桩腿本身的强度足够时,桩腿下面的地基破坏则是土的剪切破坏造成的,其破坏形式如图4-4所示。桩周边的土以桩腿摩阻力抵抗桩腿下沉,当载荷加至极限载荷,桩腿下沉,桩尖以下的土被剪切破坏,桩腿周围土壤也发生剪切破坏,两者形成连续的剪切破坏面。对于桩腿入土较浅的情况,可用公式计算桩腿承载力和桩腿入土深度:

$$N = N_\sigma + N_\tau = \sigma A + \tau u l \tag{4-10}$$

$$l = (N - \sigma A)/\tau u \tag{4-11}$$

式中 N——桩腿的极限承载力,kN;

N_σ——桩底处地基抵抗力,kN;

N_τ——桩周与土壤摩擦力,kN;

σ——桩底处单位面积的地基极限承载力,kN/m^2;

A——桩底处的横截面积,m^2;

τ——桩周与土壤之间单位面积的极限摩擦力,kN/m^2;

u——桩腿的周长,m;

l——桩腿入土深度,m。

从式(4-10)可看出:桩腿的极限承载力由 N_σ 和 N_τ 两部分组成,如图4-5所示。当

给出桩腿入土深度 L，则可根据土的强度指标 σ 和 τ 算出对应于 l 处的桩腿承载力 N_σ。对于成层土，由于各土层的 τ 值不同，应分别计算各土层的 N_τ 值后进行叠加。

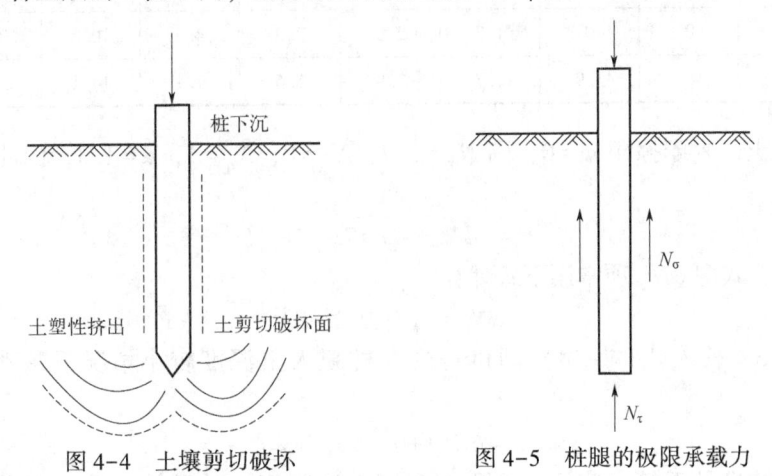

图 4-4　土壤剪切破坏

图 4-5　桩腿的极限承载力

（1）桩周极限摩擦力 τ 可用下述公式计算。

对于沙土，有：

$$\tau = \sigma_\tau \tan\phi \qquad (4\text{-}12)$$

式中　ϕ——桩腿与土之间的摩擦角，（°）；

　　　σ_τ——垂直于桩腿表面的正应力，kN/m^2。

对于黏土，有：

$$\tau = \sigma_\tau \tan\phi + C \qquad (4\text{-}13)$$

式中　C——土的黏结力系数，kN/m^2。

（2）桩底处单位面积的地基极限承载力 σ 可用下式计算：

$$\sigma = \alpha C N_\sigma + \beta \gamma_1 B N_\tau + \gamma_2 l N_q \qquad (4\text{-}14)$$

式中　α, β——基础底面形状系数，见表 4-4；

　　　N_σ, N_τ, N_q——无因次承载力系数，见表 4-5；

　　　C——土的黏结力系数，kN/m^2；

　　　l——桩腿入土深度，m；

　　　B——基础底面最小宽度（对圆形桩腿即为直径），m；

　　　γ_1——桩底以下水中土的单位体积重量，kN/m^3；

　　　γ_2——桩底以上水中土的单位体积重量，kN/m^3。

表 4-4　形状系数 α, β

系数	连续形	正方形，圆形	长方形，椭圆形
α	1.0	1.3	1+（0.3B/L）
β	0.5	0.3	0.5-（0.2B/L）

表 4-5　承载力系数

ϕ	0°	5°	10°	15°	20°	25°	30°	35°	40°	40°以上
N_σ	0.7	5.7	5.7	6.5	7.9	9.9	11.4	20.9	42.2	95.7

续表

ϕ	0°	5°	10°	15°	20°	25°	30°	35°	40°	40°以上
N_τ	0	0	0	1.2	2.0	3.3	4.4	10.8	30.5	114.0
N_q	1.0	1.4	1.9	2.7	3.9	5.6	7.1	14.1	31.6	81.2

对于软黏土，内摩擦角 $\phi=0$，则 $N_\sigma=5.7$，$N_\tau=0$，$N_q=1$，$\alpha=1.3$，因此，式(4-14)可写成：

$$\sigma = \alpha C N_\sigma + \gamma_2 l = 7.4C + \gamma_2 l \tag{4-15}$$

实践经验，式中 αN_σ 项常用下式计算：

$$\alpha N_\sigma = 6(1 + 0.2l/B) \tag{4-16}$$

将式(4-16)代入式(4-14)即可得到在桩腿入土深度较小情况下黏性土的计算公式为：

$$\sigma = 6C(1 + 0.2l/B) + \gamma_2 l \tag{4-17}$$

上述计算结果是否符合实际，在很大程度上取决于土的黏结力系数 C 值的选取是否合理。

2) 用半经验公式计算桩腿承载力

半经验公式适用于桩腿入土较浅且无资料的情况。根据已有的载荷试验资料和工程经验，经过土层对比分析运用到无试验资料的海域，半经验计算公式为：

$$N = N_\sigma + N_\tau = \sigma A + \tau u l \tag{4-18}$$

式(4-18)和式(4-10)理论计算公式的形式完全相同，只是式中的 σ 和 τ 是用近似的海域静载荷试验资料和工程经验分析对比而确定的。

3) 用静载荷试验方法求桩腿承载力

静载荷试验是在桩顶上一级一级地施加静载荷，测量每级载荷作用下的桩顶下沉曲线。图4-6(a) 所示为渤海1井土层剖面图，图4-6(b) 所示为钢管桩在渤海1井试桩试验成果。桩径 d 为0.529m，桩入土深度为17.5m，从试验得到的载荷—下沉量曲线，可以确定转折点 A 处对应的载荷为极限载荷，如再加载则桩急剧下沉，到 B 点，载荷回升到 C 点，C 点处对应的载荷为桩底抵抗力 N_σ。根据此关系曲线可得到 $N=1800\text{kN}$，$N_\sigma=400\text{kN}$，桩底截面积 $A=0.2198\text{m}^2$，桩入土深 $l=17.5\text{m}$，桩周长 $u=1.662\text{m}$，从而可算出桩底端单位面积的极限承载力 σ 和桩周极限摩擦力 τ：

$$\sigma = N_\sigma / A = 1820(\text{kN/m}^2)$$

$$N_\tau = N - N_\sigma = 1800 - 400 = 1400(\text{kN})$$

$$\tau = N_\tau / ul = 1400/(1.662 \times 17.5) = 48.1(\text{kN/m}^2)$$

将静载荷试验所得到的 σ 和 τ 值代入式(4-18)，即可计算桩腿承载力。

2. 桩腿入土深度

以上求桩腿承载力的公式中都包括桩腿入土深度 l，所求出的桩腿承载力是对应桩腿某一入土深度情况下的桩腿承载力。插桩自升式平台的桩腿预压载荷是已知的，即知道所需要的桩腿承载力，用式(4-11)即可求出桩腿入土深度 l，它由土壤强度指标 σ、τ，桩腿截面参数 A、u 和桩腿承载力 N 所决定。

(a) 土层剖面　　　　　(b) 载荷—下沉量曲线

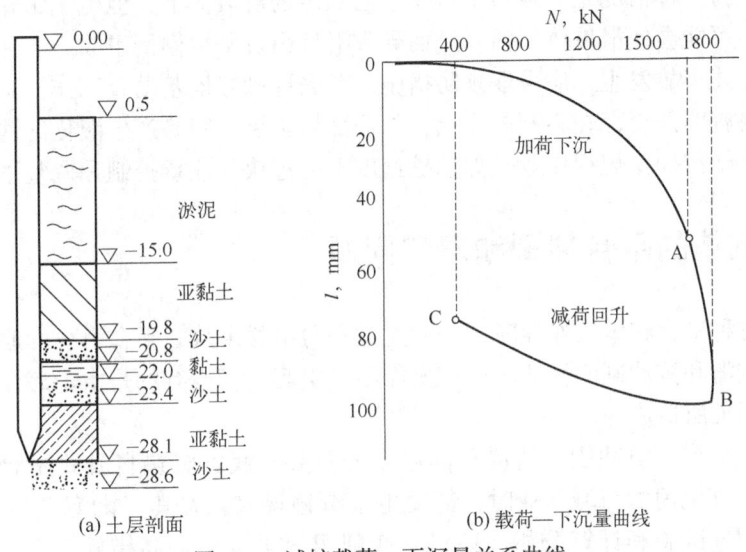

图 4-6　试桩载荷—下沉量关系曲线

第四节　影响平台着底稳性的因素

影响平台着底稳性的因素很多，也比较复杂。有结构形式方面的原因，也有地基方面的原因。此外，意外载荷，如地震引起沙土液化、水流冲刷使平台底部淘空等，都会使平台失去稳定。

一、平台突然下沉的原因分析

1. 预压状态

预压状态时平台突然下沉可能有以下几种原因：

（1）由于在较好的土层中夹有软土层，当载荷远远大于软土层极限承载力时，桩腿快速插入软土层而引起平台倾斜，甚至倾倒。

（2）由于在深厚的软土层上加荷过快，压桩过程应当是在压桩载荷稍大于桩腿极限承载力的情况下进行。桩插入一定深度后，因桩腿承载力增大而缓缓停止插入，然后增加压桩载荷，桩再插入一些。这样反复插桩，直至达到所需要的最大预压载荷。但是，如果加载过快，土壤强度随深度增加较慢，而把桩腿很快插入很深，就会使平台失稳。

（3）由于海底存在天然的滑坡体，因预压而造成天然滑坡体的突然滑动致使平台倾倒。

2. 钻井作业状态

通常，经过预压，地基的承载力大于钻井作业时加在地基上的载荷，有一定的安全度。地基极限承载力随时间增长而逐渐提高，一般情况下在钻井过程中不会发生突然下沉现象。但是，由于地震或其他振动而发生沙土液化时，地基强度突然降低，将会发生平台突然下沉或倾倒的情况。另一种情况是，虽然平台位于已稳定的滑坡体上，但由于钻井过程中各种动力因素的作用，可能会使滑坡体复活，进而导致滑坡引发平台倾倒事故。

为了防止上述事故发生，应采取预防措施。首先要做好地基勘查工作，了解地基各土层的情况，特别要查明是否存在不利的土层，如局部软土层、容易产生液化的沙土层和天然滑坡体等。还要严格按操作规程作业，如插桩速度不应过快、注意控制和调整平台不平度等。

二、带沉垫的平台冲刷和滑移问题

带沉垫的各种平台在坐底作业时，均发生过平台滑移事故。平台滑移的原因较多，主要是由于平台的抗滑和抗冲刷的性能不好或操作不当引起的，也有的是由于海洋环境条件超过了平台的设计标准所造成的。

带沉垫式的平台，防冲刷、防滑移问题十分重要。我国沉垫自升式平台"渤海2号"和"渤海6号"在渤海湾海域作业时，都发生过滑移现象，尤其"渤海2号"发生过多次滑移。对此曾做过试验和计算分析，还对其底部裙板采取了加高措施，由原来30cm改成70cm，但修改后仍发生过滑移。

"渤海2号"的沉垫长48.5m、宽38m、高3.3m，沉垫中心留有翻泥孔，尺寸为14m×14m，尾部缺口为18m×11m，沉垫底面积为1475m²。对"渤海2号"曾做过试验分析，认为滑移是由以下原因造成的：

（1）该平台本身对淤泥地基抗滑性能差，不适于渤海淤泥地基作业，虽然加了抗滑裙板，仍未达到抗滑稳性的要求。

（2）在周期性波浪载荷作用下，平台反复晃动，地基应力具有一定的变化幅度。随着时间的增长，晃动次数的增加，淤泥中的孔隙水被挤出，在沉垫与地基之间形成一水层，导致平台易于滑移。从滑移过程记录看出，滑移大都发生在大风浪骤起之后的6~7h内，也说明地基变化有一个过程，不是简单的静滑动力使平台滑移，而是由于动载荷的影响使地基特性发生了变化。滑移首先是由于不均匀下沉破坏了原来的承载面，进而引起反复晃动而产生的。该平台在满载作业时，如不考虑水平载荷，沉垫底部地基应力为33kN/m²；如考虑水平载荷，则由水平外力引起倾覆力矩，使地基产生附加应力，首部为±20kN/m²，尾部为±22kN/m²，横向为±14kN/m²。这样，沉垫首、尾地基应力变化较大，下沉量较大，而中间地基应力变化较小，下沉量也较小。实际承载面变成弧形，为滑移创造了条件。由于风、波等动力载荷的作用，使土壤指标发生了变化，抗滑力减小，因而容易产生滑移。

（3）该平台预压载荷较小，顶压状态的地基应力没有达到风暴时所需要的地基应力。遇到较大的风、浪时，沉垫发生不均匀沉陷，随之产生较严重的摇摆，因而产生滑移。从10次大的滑移记录分析，纵向滑移大于横向滑移，如图4-7所示。这是由于纵向外载荷较大，容易产生纵向摇动造成的。

沉垫自升式平台在淤泥地基上产生滑移原因比较复杂，滑移机理还有待进一步深入研究。

对于沉垫坐底式平台在淤泥地基上作业，采用抗滑桩是有效的抗滑措施。将抗滑桩插入硬土层可防止平台滑

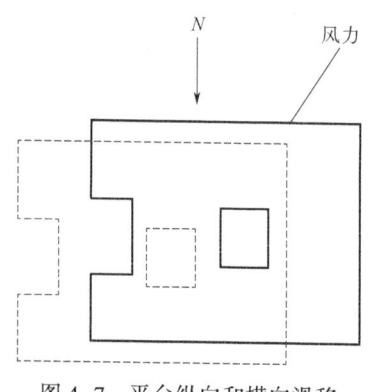

图4-7 平台纵向和横向滑移

移。例如,"胜利1号"坐底式平台,下部沉垫结构长45m、宽24m、型深2.5m,设置4个抗滑桩,其截面为矩形1.88m×0.9m,桩长20.5m,插入海底7.0m,在淤泥地基上作业,未发生过滑移现象。

三、沙土液化影响平台的稳定性

由于地震或其他振动使饱和沙土地基产生液化,地基强度突然降低,将导致平台突然下沉或倾倒。饱和松散沙土地基在振动作用下稳定结构受到破坏,沙土变成一种容重等于土的饱和容重的重液,这一现象称为液化。这时,沙土颗粒互不接触,处于悬浮状态,不能传递应力,其抗剪强度变为零。可见沙土饱和与振动是产生液化的必要条件。只有饱和的沙土中的孔隙完全被水充满时,孔隙水应力才会升高,使孔隙水的应力达到原来由沙土骨架传递的全部应力的数值。另外,也只有振动的强度达到一定数值时才可使原来处于稳定的颗粒发生运动,离开稳定位置,挤压孔隙水,使孔隙水应力升高,液化才会发生。

事实证明,并非一切沙土地基在振动条件下都会发生液化,是否发生液化,主要与土的性质、振动前土的应力状态及振动的特性有关。

四、淤泥地基吸附力

处于淤泥地基上的带沉垫的平台,在起浮时需克服淤泥的吸附力,才能平稳起浮,吸附力的形成是由于淤泥受压后,其颗粒表层形成一层水膜,这个水膜很薄,即所谓薄膜水。沿这层水膜水平方向可以传递压力,而垂直方向不能传递压力,这不符合帕斯卡定律,即流体以同样大小向各个方向传递压力。这就使得沉垫底部形成了部分水头损失,丧失了部分浮力。吸附力与浮力方向相反。图4-8(a)表明了风力 F_1、波浪力 F_2、重力 F_3、浮力 P_1、地基反力 P_2 和吸附力 P_3 的方向和分布状态。

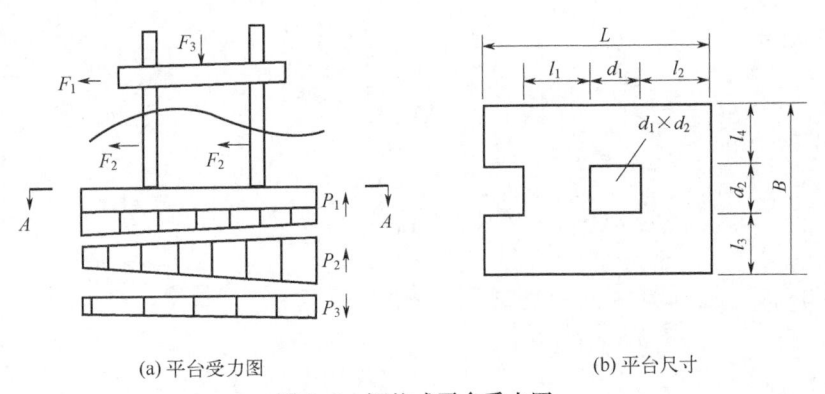

(a) 平台受力图 (b) 平台尺寸

图4-8 沉垫式平台受力图

吸附力大小与土壤特性及受压载荷的大小、受压载荷持续时间长短等因素有关。受压载荷越大,吸附力越大;受压载荷持续时间越长,吸附力越大。带沉垫的平台一般可按预压状态时平台垂直载荷的30%估算吸附力,沉垫底部吸附力分布是不均匀的,在结构分析时,应按最不利的情况确定其位置。着底稳性计算中不考虑吸附力对增大稳性有利的作用。由于淤泥地基可产生吸附力,所以要求带沉垫的平台应有足够的储备浮力,以便克服吸附力,否则可能浮不起来。同时，在沉垫结构设计中还应考虑克服吸附力的措施。大部分沉垫结构设有翻泥孔，图4-8(b)为图4-8(a)中A—A剖面图，$d_1 \times d_2$即为翻泥孔的平面尺寸，L、B为底部的尺寸，l_1、l_2、l_3、l_4表示翻泥孔的位置。设置翻泥孔，可减小吸附力。此外，可在沉垫底部设置高压喷冲装置，当平台起浮时，用高压水喷冲，破坏薄膜水层，使其与海水连通，破坏吸附力。例如，"胜利1号"坐底式平台，在沉垫底部设置了10套喷冲装置。还可在沉垫底部设置低压灌水孔，在平台起浮前，向孔内灌水，破坏薄膜水层，将灌入的水逐步与海水连通，以克服吸附力。采取上述克服吸附力的措施后，可使吸附力大大减小，如措施得当，吸附力可减小94%。平台起浮时，应避免采用简单的加大浮力强行起浮的方法，以免吸附力突然消失影响平台起浮稳性。

活动式平台在漂浮、半潜、沉浮状态时，在风、浪、流作用下产生摇荡运动，此时应保证平台漂浮稳性；而在平台着底时，要保证其着底稳性，例如抗倾、抗滑等稳性。

思考题 >>>

1. 简述平台着底稳性设计标准。
2. 桩腿承载力计算的主要方法有哪些？
3. 平台突然下沉的原因主要有哪些？
4. 简述3腿自升式平台和4腿自升式平台如何完成预压。
5. 简述土壤液化的原理及对海洋工程结构的危害。

第五章 浮动式钻井平台的漂浮稳性

浮动式钻井平台在漂浮、半潜、沉浮状态下，因风、浪、流的作用而产生摇荡运动，此时应保证平台漂浮稳性。而在平台着底时，要保证其抗倾、抗滑等着底稳性。

第一节 浮体的稳性

一、浮动式钻井平台的运动

本节以浮动式钻井平台为例，说明浮体的稳性。在浮态下，平台有 6 个自由度方向的运动，即纵荡、横荡和垂荡 3 个沿坐标轴方向的直线运动，以及纵摇、横摇和平摇 3 个绕坐标轴的旋转运动，如图 5-1 所示。

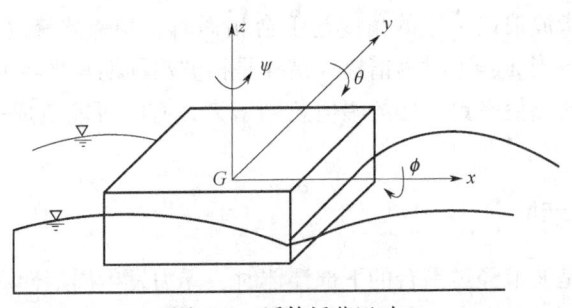

图 5-1 浮体摇荡运动

取以重心为原点的直角坐标系研究浮体摇荡运动，摇荡运动的名称见表 5-1。在平台设计中垂荡常称为升沉，纵荡称为纵漂，横荡称为横漂。

表 5-1 摇荡运动的名称

坐标轴	沿坐标轴平移运动		绕坐标轴旋转运动	
x	纵漂（纵荡）	x	横摇	ϕ
y	横漂（横荡）	y	纵摇	θ
z	升沉（垂荡）	z	平摇	ψ

平台的纵摇、横摇和升沉 3 种运动，均发生在铅垂平面内，都受到重力作用。当平台在平衡位置附近发生某个位移时，它具有恢复到平衡位置的能力，即具有恢复力。这 3 种运动各有其固有周期，而平摇、纵漂、横漂不具有恢复力，需靠锚泊系统对它们进行约束。

作用在摇荡浮体上的力有激励力、恢复力、阻尼力和惯性力。激励力与其他 3 个力的方向相反。浮体摇荡运动方程可写为：

$$M_x = J_x d^2\phi/t^2 \text{（横摇）} \tag{5-1}$$

$$M_y = J_y d^2\theta/t^2 \text{（纵摇）} \tag{5-2}$$

$$M_z = J_z d^2\psi/t^2 \text{（平摇）} \tag{5-3}$$

$$F_y = m_y d^2y/dt^2 \text{（横漂）} \tag{5-4}$$

$$F_x = m_x d^2x/dt^2 \text{（纵漂）} \tag{5-5}$$

$$F_z = m_z d^2z/dt^2 \text{（升沉）} \tag{5-6}$$

式中　M_x，M_y，M_z——作用于浮体 x，y，z 轴上的分力矩，$kN·m$；

　　　F_x，F_y，F_z——作用于浮体 x，y，z 轴上的分力，kN；

　　　ϕ，θ，Ψ——绕 x，y，z 轴的转角。

1. 平台的摇摆运动

平台从平衡状态到摆幅最大状态的路程 ϕ_A 称为摆程。完成一个全摆程 ϕ_A 所需要的时间称为摇摆周期 T_ϕ。平台横摇固有周期与激励周期的比值，称为横摇调谐因素 λ_ϕ，可表示为：

$$\lambda_\phi = T_\phi/T_\varepsilon \tag{5-7}$$

式中　T_ϕ——平台横摇固有周期，s；

　　　T_ε——波浪激励周期，s。

波浪激励周期是指波浪以一定的角度与平台相遇时，相邻波峰（或波谷）经过平台某一固定点的时间间隔。当 $\lambda_\phi = 1$ 时为谐摇，谐摇是指波浪周期与平台的固有摇摆周期相等或接近时的同步摇摆。谐摇使平台摇摆的幅值急剧增大，有时可能造成平台丧失稳定而倾覆，所以应防止谐摇发生。

2. 平台的升沉运动

平台的升沉通常是波浪经过平台的下部浮体时，浮力发生周期性变化而引起的。平台升沉运动要考虑升沉幅值 Z_A 和升沉周期 T_q。

3. 平台的漂移运动

平台漂移包括纵漂移和横漂移（常简称纵漂和横漂），即平台沿纵轴周期性的前后平移和沿横轴周期性的左右平移。漂移运动要考虑其漂移幅值和漂移周期。

4. 钻井作业对平台摇荡运动的要求

由于钻井作业的要求，浮动式平台的运动应受到严格的限制。在钻井时，钻杆和方钻杆除受自重的拉力和旋转的扭矩外，如果平台摇摆，靠近水面的钻杆还要产生弯曲。如果平台漂移，水面和井口处的钻杆也要产生弯曲。平台摇摆和漂移的数值越大，钻杆的弯曲越大，受力越大，且钻井作业时钻杆在不断旋转，此应力为交变应力，会造成钻杆疲劳破坏。据统计，当平台摇摆角小于 2° 时，对钻杆寿命无影响；而当摇摆角为 5° 时，钻杆工作 1~2h 就有 10% 遭到不同程度的破坏。除此之外，摇摆角过大会使钻井工艺操作（如卸扣、打钳等）

极其不方便，使油井测试、造斜等作业不易进行。

平台摇摆角大小对钻井作业的影响如下：平台摇摆角在±1°以内时，对钻井无影响，与陆地钻井基本相似；摇摆角在±2°~±3°时，可以正常钻井；摇摆角在±3°~±5°时，钻井工作困难，钻杆寿命减小；摇摆角在超过±5°时，不能作业。图5-2和图5-3所示分别为半潜式平台横摇和横漂的示意图。

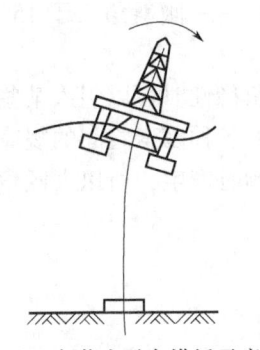

图 5-2　半潜式平台横摇示意图 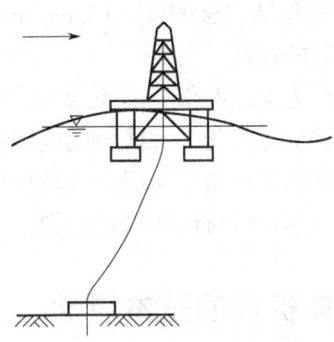　　　　图 5-3　半潜式平台横漂示意图

钻井作业规范规定浮动式平台运动设计值为：升沉不大于1m，摇摆不大于3°，漂移不大于工作水深的5%。对于这些要求，漂移值一般容易保证，设计中主要设法保证摇摆角和升沉值不超过规定值。

二、浮体的稳性

海洋平台在海洋中作业会遇到的问题有：(1) 受外力干扰倾斜后会不会倾翻？(2) 外力消失后是否能恢复到平衡位置？

浮体的稳性是指浮体受外力作用而发生倾斜，当外力消失以后，浮体所具有的恢复至原来平衡位置的能力。

能够引起浮体稳性发生变化的外部因素被称为扰动力矩，扰动力矩包括：风浪的作用；甲板上货物的移动；人员集中于某一侧；拖船的急牵。能够帮助浮体恢复到平衡位置的外部因素叫复原力矩，复原力矩取决于浮体的排水量、重心高度及浮心移动距离等因素。

三、稳性的分类

1. 按倾斜方向分类

（1）横稳性——浮体在横倾力矩作用下所表现的稳性。
（2）纵稳性——浮体在纵倾力矩作用下所表现的稳性。
（3）任意方向倾斜的稳性。

2. 按外力矩的作用效果分类

（1）静稳性（Statical stability）——假设浮体受外力矩作用只发生角位移，而不产生角速度、角加速度时的稳性。在静态外力作用下，不计及倾斜的角速度的稳性。

（2）动稳性（Dynamical stability）——考虑到浮体受外力矩作用不仅产生角位移，而且产生角速度、角加速度时的稳性。在动态外力作用下，计及倾斜的角速度的稳性。

3. 按倾斜角大小分类

（1）初稳性（Inital stability）——倾斜角小于15°且干舷甲板边缘开始入水前的稳性。

（2）大倾角稳性（Stability at large angle of inclination）——倾斜角大于15°或干舷甲板边缘开始入水后的稳性。

把稳性划分为上述两部分的原因是，在研究船舶小倾角稳性时可以引入某些假定，既使浮态的计算过程变得简化，又能较明确地获得影响初稳性的各种因素之间的规律。此外，船舶的纵倾一般都属于小角度情况。大角度倾斜一般只在横倾时产生，所以大倾角稳性也称为大倾角横稳性。本章将讨论初稳性问题。

四、浮体稳性的基本概念

1. 浮心

浮心也可以看作是浮力作用点。完全浸在液体里的物体，浮心就是其重心。如果物体没有完全浸在液体里，浮心是浸在液体里那一部分物体的重心（图5-4）。

2. 浮心的移动和稳性高度

浮动式钻井平台在外力作用下产生倾斜以后，其水下部分体积的形状发生了变化，因此体积形心（即浮心）必然向倾斜的一侧移动。如图5-5所示，稳心 M 是浮体在正浮时和微倾后两位置的浮力作用线交点，浮心与稳心之间的距离称为稳心半径，稳心 M 与船的重心 G 的距离称稳性高度。

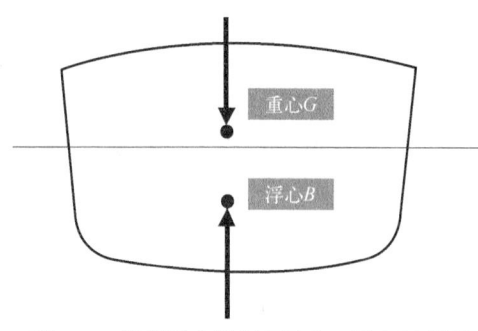

图5-4 海洋平台横剖面重心、浮心示意图

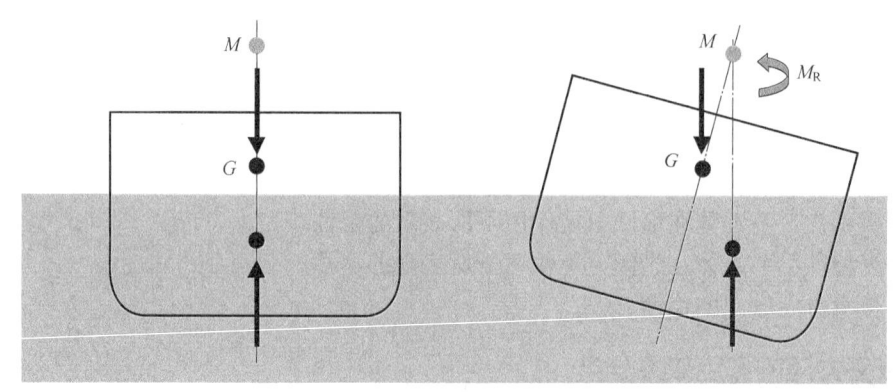

图5-5 浮心移动示意图

在讨论稳性问题时，首先需要确定倾斜水线的位置，其次找出浮力作用线的位置，然后

才能分析复原力矩的大小及方向。

3. 浮体的平衡状态

如图 5-6 所示，当一个圆球体放在一个凸起的圆盘上，或是一个圆锥体，以其尖端竖立在一个平面上，这些物体都处于不稳定平衡状态。翻倒后，一直要等到它们的重心相对地取得最低位置时，这些物体才会静止不动。任何微小的运动都能使其重心降低的物体，一定处于不稳定平衡状态之下。处于平衡状态的物体，在受到某种外界微小的作用时，如果物体稍有偏离就不能恢复到原来的平衡状态，这种情况叫"不稳定平衡"。圆球体在一个凹进的圆盘中时、一圆锥体以其底面竖立时，都属于不稳定平衡状态。物体在被移动离开其平衡位置后，仍试图回复其原来位置（此时其重心比较低）进而恢复到原来的平衡状态时，物体所处的原来的平衡状态叫"稳定平衡"。物体处于平衡时，受到微扰后势能不变，可以在任意位置继续保持平衡，这种平衡状态叫"随遇稳定平衡"。

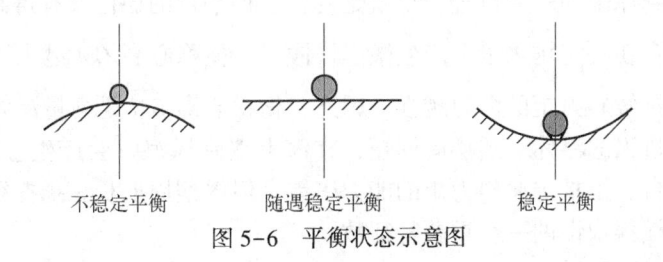

不稳定平衡　　随遇稳定平衡　　稳定平衡

图 5-6 平衡状态示意图

浮动式钻井平台横倾某一小角时，如假设平台上的货物和人员未移动，其重心位置 G 仍保持不变，而浮心则自 B 点移至 B_1 点，如图 5-7(a) 所示。此时重力 W 的作用点 G 和浮力 Δ 的作用点 B_1 不在同一铅垂线上，因而产生了一个复原力矩 M_R，即初稳性公式：

$$M_R = \Delta \cdot \overline{GM} \cdot \sin\phi \tag{5-8}$$

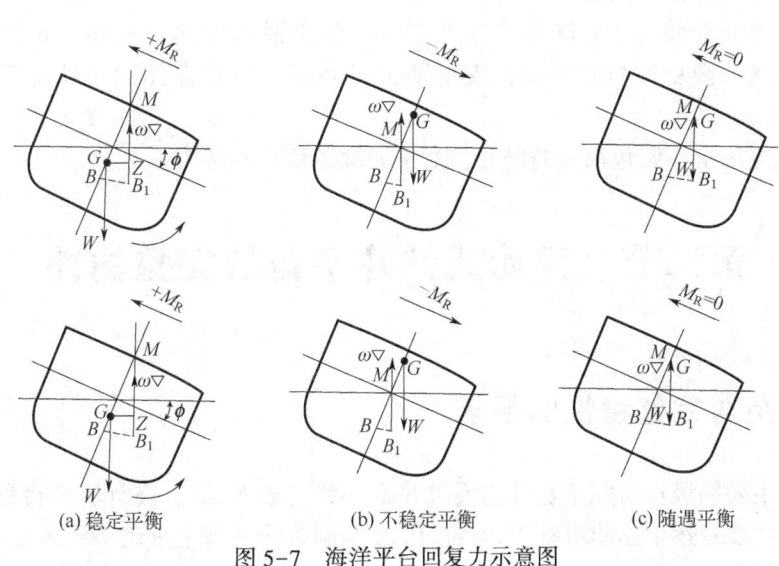

(a) 稳定平衡　　(b) 不稳定平衡　　(c) 随遇平衡

图 5-7 海洋平台回复力示意图

从复原力矩 M_R 和横倾方向（或从稳心 M 和重心 G 的位置）之间的关系，可以判断船舶原平衡状态的稳定性能。

(1) 稳定平衡：重心 G 在稳心 M 之下，M_R 的方向与横倾方向相反，当外力消失后，复原力矩能使船舶恢复至原来的平衡状态，凡具有这种稳性的船舶，其原平衡状态是稳定的，所以称为稳定平衡 [图5-7(a)]。此时，此时 $\overline{GM}$ 和 M_R 都为正值。

(2) 不稳定平衡：重心 G 在稳心 M 之上，M_R 的方向与横倾方向相同，它使船舶继续倾斜，对于它的原平衡状态来说是不稳定的，所以称为不稳定平衡 [图5-7(b)]。此时 $\overline{GM}$ 和 M_R 都为负值。

(3) 随遇平衡：重心 G 与稳心 M 重合，$\overline{GM}=0$ 和 $M_R=0$，当外力消失后，海洋平台不会恢复到原来位置，也不会继续倾斜，对于它的原平衡位置来说是中性的，称为中性平衡，或称随遇平衡 [图5-7(c)]。

浮动式钻井平台在水面上的平衡状态不外乎上述三种情况，它们由横倾后所形成的复原力矩性质所决定。其中 (2)、(3) 两种情况在造平台中是不允许出现的，因为这种平台在倾斜后不可能恢复到原来的平衡位置，也就是说，这种平台的稳性没有得到保证。

浮动式钻井平台在一定排水量下产生微小横倾时，横稳心高 $\overline{GM}$ 越大，复原力矩 $M_R=0$ 也越大，也就是抵抗倾斜力矩的能力越强。因此，横稳心高 $\overline{GM}$ 是衡量浮体初稳性的主要指标。但是横稳心高过大的浮体，摇摆周期短，在海上遇到风浪时会产生急剧的摇摆；反之，横稳心高较小的平台，虽抵抗倾斜力矩的能力稍差，但摇摆周期长，摇摆缓和。所以，横稳心高亦是决定平台横摇快慢的一个重要特征数。

初稳性公式的主要用途是：

(1) 判别水面浮体能否稳定平衡，其衡准条件是 $\overline{GM}>0$；

(2) 浮动式钻井平台在营运过程中，应用初稳性方程式处理船内重物移动以及装卸重物后，调整平台的浮态，确定新的初稳性高。

初稳性公式也存在一定的局限性：

(1) 对于水面浮体，当它满足稳定平衡时，仅能说明浮体在倾斜力矩消失后，具有能自行从微倾状态恢复到初始平衡位置的能力，并不标志着浮体同时满足不至于倾覆的条件；

(2) 只能应用于小倾角稳性的研究，对于大倾角稳性不适用。

第二节　浮动式钻井平台的完整稳性

一、规范对完整稳性的要求

世界上各主要船级社对完整稳性的要求并不一致（表5-2），在计算平台稳性时应注意这一点。下面主要叙述中国船级社（CCS）1992年颁布的《海上移动平台入级与建造规范》对完整稳性的要求。

(1) 初稳性。平台在其吃水范围内的作业时，经过自由液面修正的初稳性高度应不小于0.15m。

表 5-2 完整稳性规范要求比照表

序号	平台类型	要求		U.S.C.G	D.O.E	NMD 修改前	NMD 修改后	ABS	DNV	BV	IMCO	CCS
1	所有类型	在限定风速产生的风力作用下,平台的静倾角必须符合(a)项和(b)项的要求	(a) 静倾角的大小,(°)	—	—	≤12°	≤15°	—	≤15°	—	—	—
			(b) 干舷减额=倾侧时的干舷无倾侧时的干舷	—	—	—	—	—	—	—	—	—
2		第二交点角,(°)		—	—	≥0.5°	≥30°	—	≥30°	—	—	—
3		各种荷载状态的初稳性高 GM, m		≥0.05	>0	—	≥0.3	>0	≥0.5	≥0.3	—	≥0.15
4	钻井船钻井驳自升式(漂浮状态)	平台在拖航或转移状态具有的稳性范围(不考虑风倾力矩),(°)	(a) 油田转移,即转移预期可在良好天气下12h内完成,或在良好天气预报期限内完成的情况	0°~第二交点角	0°~20°	对自升式 0°~30°	—	—	—	复原力臂曲线下面积≥0.1m;弧度,钻井船还应满足稳矩≥35°	0°~第二交点角	—
			(b) 不符合(a)的情况中限制条件的情况	0°~35°	—	—	—	—	—	—	—
5		面积比 $K=\dfrac{A+B}{B+C}$	自存状态	≥1.4	≥1.4	≥1.4	≥1.4	≥1.4	≥1.4	≥1.4	≥1.4	≥1.4
			其他状态	≥1.4	≥1.4	≥1.4	≥1.4	≥1.4	≥1.4	≥1.4	≥1.4	≥1.4
6	立柱稳定式	各种荷载状态的初稳性高 GM, m		≥0.05	>0	—	≥1, ≥0.3(临状)	>0	≥1, ≥0.3(临状)	≥0.3	—	≥0.15
7		面积比 $K=\dfrac{A+B}{B+C}$	自存状态	≥1.3	≥1.3	≥1.3	≥1.3	≥1.3	≥1.3	≥1.3	≥1.3	≥1.3
			其他状态	≥1.3	≥1.3	—	≥1.3	≥1.3	≥1.3	≥1.3	≥1.3	≥1.3

（2）大倾角稳性。浮动式钻井平台的复原力矩曲线至第二交点角或进水角（取较小者）以下的面积，应比倾侧力矩曲线至同一限定角以下的面积大，对于半潜式平台需大 30%，对于钻井船、自升式平台和坐底式平台需大 40%，如图 5-8 所示。

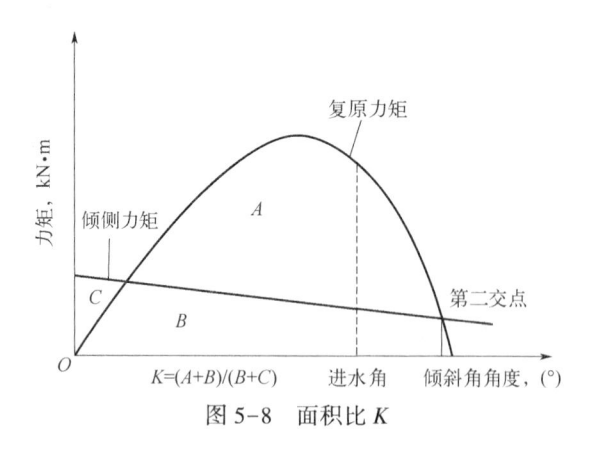

图 5-8　面积比 K

二、完整稳性计算

1. 坐标系

浮动式钻井平台稳性计算的坐标系可以沿用船舶稳性计算的坐标系。由于移动式平台的结构形式各不相同，且与船有较大差别，故应根据平台的具体结构型式确定坐标系。图 5-9 和图 5-10 所示分别为自升式平台和半潜式平台的坐标系。从图中可以看出，坐标原点 O 在平台纵中剖面、横中剖面及基面的交点处。x 轴指向首部为正，y 轴指向左舷为正（不同于船的坐标系），z 轴向上为正。为了计算平台在不同风向角下的稳性，图中也画出了另一坐标系，原点仍在 O 处，但 X_ω 与风向一致，它与 x 轴的夹角即为风向角 ω。

图 5-9　自升式平台坐标系

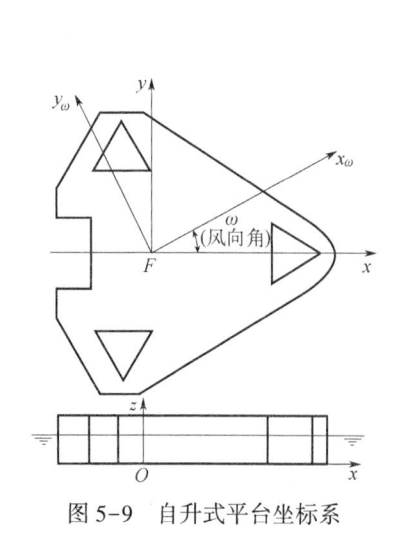

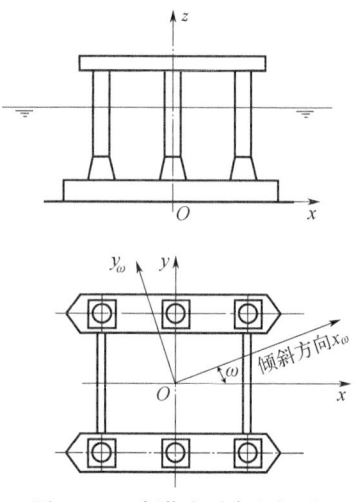

图 5-10　半潜式平台坐标系

两种坐标系的关系为:

$$\left.\begin{array}{l} x_\omega = x\cos\omega + y\sin\omega \\ y_\omega = -x\sin\omega + y\cos\omega \end{array}\right\} \quad (5-9)$$

2. 静水力要素的计算

由于一般浮动式钻井平台的水下形状都是由不同几何体组合而成,因此,对于某一水线,可以先分别计算单个几何体的各要素,然后再计算整个平台的静水力要素。

静水力要素主要包括:排水体积和排水量;浮心坐标;浮面面积和漂心坐标;每厘米吃水吨数;横稳心半径和纵稳心半径。

(1) 排水体积 ∇ 和排水量 Δ 为:

$$\left.\begin{array}{l} \nabla = \sum_{i=1}^{n} V_i \\ \Delta = \rho g \end{array}\right\} \quad (5-10)$$

(2) 浮心坐标 (X_B, Y_B, Z_B) 为:

$$X_B = \frac{\sum_{i=1}^{n} V_i X_i}{\nabla}; Y_B = \frac{\sum_{i=1}^{n} V_i Y_i}{\nabla}; Z_B = \frac{\sum_{i=1}^{n} V_i Z_i}{\nabla} \quad (5-11)$$

(3) 浮面面积 A_w 及漂心坐标 (X_F, Y_F) 为:

$$A_w = \sum_{i=1}^{n} A_{wi}; X_F = \frac{\sum_{i=1}^{n} A_{wi} X_{Fi}}{A_w}; Y_F = \frac{\sum_{i=1}^{n} A_{wi} Y_{Fi}}{A_w} \quad (5-12)$$

式中 A_{wi} ——第 i 个几何体的浮面面积,m^2;

X_{Fi}, Y_{Fi} —— A_{wi} 的漂心坐标。

(4) 每厘米吃水吨数为:

$$[TPC]_j = \frac{\rho g [A_w]_j}{100} \quad (5-13)$$

(5) 横稳心半径 BM 及纵稳心半径 BM_L 为:

$$\left.\begin{array}{l} BM = \dfrac{I_{Ox}}{\nabla} \\ BM_L = \dfrac{I_{Oy}}{\nabla} \end{array}\right\} \quad (5-14)$$

式中 I_{Ox}, I_{Oy} ——水线面积对 x 轴和 y 轴的惯性矩。

将静水力要素值绘成静水力曲线,这是反映平台性能的技术文件之一。只要给出了平台某一工况的排水量 Δ、重心高 Z_G 和自由液面修正 δh,就可以得出该工况的初稳性高:

$$h = BM + Z_B - Z_G \quad (5-15)$$

经自由液面修正后的初稳性高为:

$$h' = h - \delta h \quad (5-16)$$

式(5-14)中的 BM 和式(5-15)中的 Z_B 根据静水力曲线上得到。

3. 稳性横截面曲线计算

按上述坐标系，如浮动式钻井平台顺着风向倾斜，则水线面方程表示为：

$$Z = x_\omega \cdot \tan\alpha + B \tag{5-17}$$

式中　α——水线面相对于水平面的倾角，(°)；
　　　B——水线面的截距。

如坐标原点为假定重心，则在求得排水体积及其对假定重心的体积矩后，即可得到以假定重心为基准的复原力臂。只要进一步修正重心位置对复原力臂的影响，就可得到对实际重心的复原力臂。

对应某一风向角 ω，以水线面倾角 α、水线面截距 B 为变量，可得到一系列的水线面方程。求出任一水线面下各几何体的排水体积及其对假定重心的体积矩，累加后可求得平台的排水体积及其复原力臂：

$$\left. \begin{array}{l} \nabla_k = \sum\limits_{i=1}^{n} V_i \\ l_k = \dfrac{\sum\limits_{i=1}^{n} l_i V_i}{\nabla} \end{array} \right\} \tag{5-18}$$

式中　k——水线面倾角 α 的编号。

将上述计算结果绘成对应该风向的稳性横截曲线。图 5-11 所示为半潜式平台"勘探 3 号"的稳性横截曲线（$\omega = 90°$）。

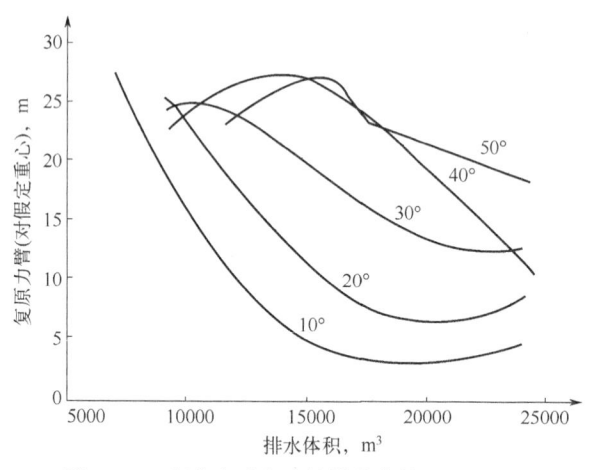

图 5-11　半潜式平台稳性横截曲线（$\omega = 90°$）

一定的风向角 ω 及水线面倾角 α，必与平台一定的横倾角 ϕ 及纵倾角 θ 有以下关系：

$$\left. \begin{array}{l} \tan\alpha = \pm\sqrt{\tan^2\phi + \tan^2\theta} \\ \tan\omega = \dfrac{\tan\phi}{\tan\theta} \end{array} \right\} \tag{5-19}$$

在校核平台稳性时，一般至少要计算平台沿横向、纵向和对角线方向倾斜的 3 组横截曲线。对于长宽比较大的平台，如能确定横向稳性最小，也可只校核横向稳性。

如已知平台某一工况的排水量 Δ 和重心位置 (X_G, Y_G, Z_G)，就可利用横截曲线求得该工况的复原力臂曲线。

4. 进水角曲线计算

设平台上某一进水口的坐标为 (x_J, y_J, z_J)。通过该进水口的倾斜水面方程为：

$$z = (x_\omega - x_{J\omega})\tan\alpha + z_J \tag{5-20}$$

对应某一倾斜方向角，给出一组 α（如 α = 10°, 20°, 60°）便可得出如图 5-12 所示的一组水线。按照前面计算排水体积的方法，便可得到各水线下的排水体积，绘出进水角曲线。平台上往往有几个进水口，而且在平台向不定方向倾斜时，先进水的进水口也往往是不同的，应该先算出各进水口在各倾斜方向的进水角曲线，如图 5-13 所示，以确定平台的进水角。从前述的稳性计算中，知道平台的稳性和进水角有很大关系，因此在考虑平台开口的水密封闭性时应充分注意。

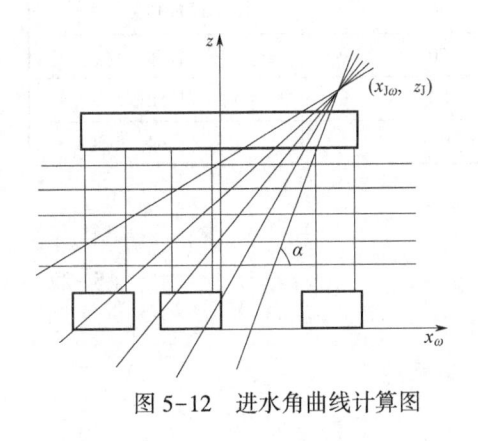

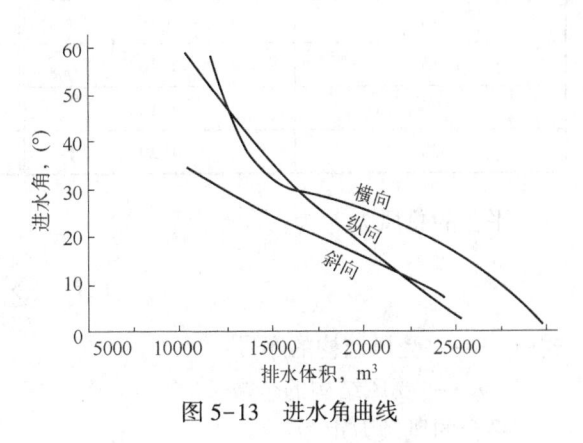

图 5-12 进水角曲线计算图

图 5-13 进水角曲线

三、风倾力矩曲线计算

在计算浮动式钻井平台风载荷时只要根据总布置图，即可确定平台在不同风向时的受风面积。根据受风结构的形状和距水面高度，按下式可求得风力及风倾力矩：

$$\begin{gathered} F = C_h C_s S p \\ A_i = F_i \cdot h_i \\ p = 0.613 v^2 \end{gathered} \tag{5-21}$$

式中 C_h——暴露在风中构件的高度系数，其值可根据构件高度（即构件中心至设计水面的垂直距离），由表 5-4 选取；

C_s——暴露在风中构件的形状系数，其值可根据构件形状由表 5-3 选取，也可根据风洞试验选取；

A_i——受风结构在风向上的投影面积，m^2；

p——风压，Pa；

v——设计风速，m/s；

h_i——受风结构沿风向投影面的形心距水面的高度，m。

表 5-3　形状系数 C_s

构件形状	C_s	构件形状	C_s
球形	0.4	甲板下面积（暴露的梁及架）	1.3
圆柱形	0.5	钻机井架的每一面	1.25
船身	1.0	甲板室群或类似结构	1.1
甲板	1.0	钢索	1.2
孤立的结构形状（起重机、角钢、梁）	1.5	甲板下裸露的梁和桁材	1.30

表 5-4　高度系数 C_h

高度 h, m	C_h	高度 h, m	C_h
≤2	0.64	40	1.37
5	0.84	50	1.43
10	1.0	60	1.49
15	1.10	70	1.54
20	1.18	80	1.58
30	1.29	100	1.64

平台的总风力 F 为：

$$F = \sum_{i=1}^{n} F_i \tag{5-22}$$

式中　i——受风结构的序号；

n——受风结构的个数。

平台的风倾力矩为：

$$M = \sum_{i=1}^{n} M_i \tag{5-23}$$

根据平台的不同倾角算出相应的风倾力矩，即可绘制出风倾力矩曲线。

在浮动式钻井平台设计初期为提高设计速度，可假定风倾力矩不随倾角变化，其值为平台正浮时的风载荷值。

平台规范规定，可以用风洞试验得出的风倾力矩曲线代替计算所得的曲线，但一般不推荐使用该方法。因为按照常规的风洞尺度，试验模型尺寸与实际平台相比缩小了 50~100 倍，比例效应使风洞试验结果与实际情况有不可避免的误差，该误差使昂贵的风洞试验的性价比降低。

四、完整稳性校核及浮态计算

前面叙述了浮动式钻井平台的静水力曲线、稳性横截曲线、进水角曲线及风倾力矩曲线的计算问题。在稳性校核中还要根据不同工况得出平台的重量和重心。

有了整个平台的重量和重心，利用静水力曲线就可以得出平台在该工况下的初稳性，具体计算可按表 5-5 进行。此外，值得注意的是，在一些特殊情况下，横向初稳性高并不是最小的初稳性高，如 3 立柱或 5 立柱型半潜式平台。这时需找出初稳性高与倾斜方向的关系，从而找出最小的初稳性高。

表 5-5 浮态及初稳性计算

序号	项目	单位	符号及公式	数值
1	排水量	t	Δ	
2	排水体积	m³	∇	
3	平均吃水	m	T	
4	重心纵坐标	m	X_G	
5	浮心纵坐标	m	X_B	
6	每厘米纵倾力矩	kN·m	MTC	
7	纵倾值	m	$t = \dfrac{\Delta(X_G - X_B)}{100 MTC}$	
8	漂心纵坐标	m	X_F	
9	首吃水变化	m	$\delta T_F = \left(\dfrac{L}{2} - X_F\right)\dfrac{t}{L}$	
10	尾吃水变化	m	$\delta T_A = -\left(\dfrac{L}{2} + X_F\right)\dfrac{t}{L}$	
11	首吃水	m	$T_F = T + \delta T_F$	
12	尾吃水	m	$T_A = T + \delta T_A$	
13	重心距基线	m	Z_G	
14	横稳心距基线	m	$Z_M = (Z_B + BM)$	
15	自由液面惯性矩	kN·m	$\sum r_i i_i$	
16	自由液面修正值	m	$\overline{\delta GM} = \dfrac{1}{\Delta}\sum r_i i_i$	
17	初稳性高	m	$\overline{GM} = Z_M - Z_G$	
18	修正后初稳性高	m	$\overline{GM}_i = \overline{GM} - \overline{\delta GM}$	

船检法规定：移动式平台拖航时应保持适当的尾倾，自升式平台的尾倾应不小于 0.3m，半潜式平台的尾倾应不小于 0.4m。在确定移动式平台拖航工况的装载时，对此规定必须遵守。

根据平台的重量重心、稳性横截曲线、进水角曲线及风倾力矩曲线可以校核平台的完整稳性。图 5-14 所示为坐底式平台拖航出港状态下对角线方向的稳性复原力臂曲线。根据该图可以算出稳性衡准数 K，校核该状态的稳性。

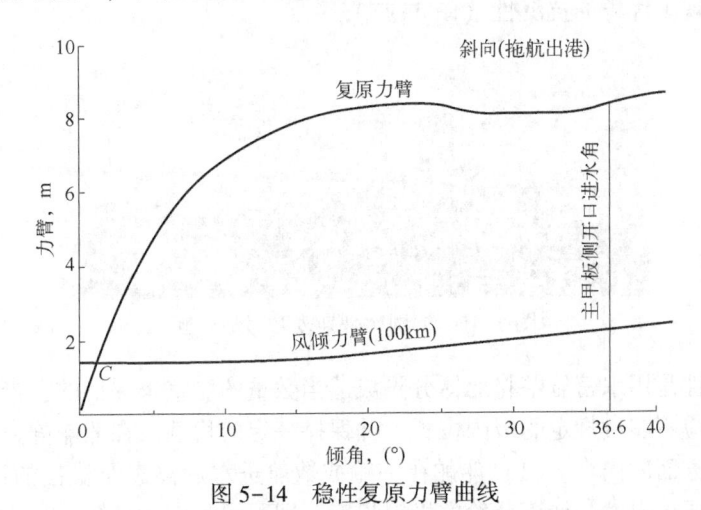

图 5-14 稳性复原力臂曲线

稳性衡准数 K 与平台的复原力臂、风倾力臂及进水角有关，而复原力臂、风倾力臂及进水角又随着倾斜方向而变化。为了全面校核完整稳性，应给出各倾斜方向的稳性衡准数 K。

第三节　浮动式钻井平台的破舱稳性

1989 年，美国埃克森石油公司的"EXXON VALDEZ"号油轮，在阿拉斯加海域为避让冰山而触礁搁浅，导致 11.5 万立方米的石油泄漏，石油污染波及 1900 千米长的海岸线，参与清污的人数最多时超过 11000 人，船只达 1000 艘，整个事故损失超过 50 亿美元。

在浮动式钻井平台设计中必须根据规范要求计算破舱稳性。平台的破舱稳性与舱室划分密切相关，在总布置设计时就应予以充分考虑。世界各国在总结了海洋移动平台的海难事故经验教训后，修改了破舱稳性要求。

一、破舱稳性的定义

1. 抗沉性

浮动式钻井平台在使用过程中有可能发生海损事故，造成船体破损，海水进入船体内。这种海损事故虽然是偶然性事件，但它会造成严重的后果，甚至会使生命财产遭到重大损失。因此，在平台设计阶段，就需要考虑抗沉性问题。

所谓抗沉性，是指浮动式钻井平台在一舱或数舱破损进水后仍能保持一定浮性和稳性的能力。各类船舶对于抗沉性的要求是不同的。军舰在战斗中受损伤的机会较多，同时又要求它在遭到某种程度损伤后仍能保持一定的作战能力或返回基地的能力，所以对军舰的抗沉性要求要比民用船舶高得多。在民用船舶中，对客船的要求又要比货船高些。

德国"俾斯麦"号战列舰于 1940 年服役，排水量 5.2 万吨，航速 30 节。在最后一战中，经受了 719 发大口径炮弹和 2000 余发小口径炮弹的打击，同时还有 8 枚鱼雷的攻击之后才被击沉，展现了优秀的抗沉性（图 5-15）。

图 5-15　德国"俾斯麦"号战列舰

浮体的抗沉性是用水密舱壁将船体分隔成适当数量的舱室来保证的，当一舱或数舱进水后，船舶的下沉应不超过规定的极限位置，并保持一定的稳性。在船舶静力学中，抗沉性问题包括下列两个方面的内容：（1）船舶在一舱或数舱进水后浮态及稳性的计算；（2）从保证船舶抗沉性的要求出发，计算分舱的极限长度，即可浸长度的计算。

2. 储备浮力

海洋平台在水面的漂浮能力是由储备浮力（reserved buoyancy）来保证的。所谓储备浮力，是指满载水线以上的主体水密部分的体积具有的浮力，它对稳性、抗沉性等有很大的影响（图5-16）。平台损坏后，海水进入舱室，必然增加吃水，如果船舶具有足够的储备浮力，则仍能浮于水面而不致沉没。因此，储备浮力是确保浮体安全的一个重要指标。

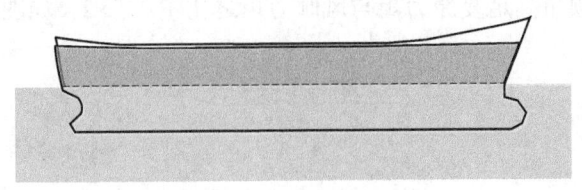

图 5-16　储备浮力示意图

3. 破舱稳性

船舶破舱进水后仍然保留的剩余稳性。

在抗沉性计算中，根据船舱进水情况，可将船舱分为下列三类。

第一类舱：舱的顶部位于水线以下，船体破损后海水灌满整个舱室，但舱顶未破损，因此舱内没有自由液面。双层底和顶盖在水线以下的船舱等属于这种情况。

第二类舱：进水舱未被灌满，舱内的水与船外的海水不相联通，有自由液面。为调整船舶浮态而灌水的舱以及船体破洞已被堵塞但水还没有抽干的舱室都属于这类情况。

第三类舱：舱的顶盖在水线以上，舱内的水与船外海水相通，因此舱内水面与海水保持同一水平面。这在船体破损时较普遍存在，也是很典型的情况。

船舶破损进水后，如进水量不超过排水量的10%~15%，则可以应用初稳性公式来计算船舱进水后的浮态和稳性，其结果误差甚小。计算船舱进水后船舶浮态和稳性的基本方法有两种：

（1）增加重量法。把破舱后进入船内的水看成是增加的液体载荷。

（2）损失浮力法。把破舱后的进水区域看成是不属于船的，即该部分的浮力已经损失。损失的浮力借增加吃水来补偿。这样，对于整个船舶来说，其排水量不变。故此法又称为固定排水量法。

用上述两种方法计算所得的最后结果（如复原力矩、横倾角、纵倾角、船舶的首尾吃水等）是完全一致的，但算出的稳心高数值是不同的，这是因为稳心高是对应于一定的排水量的缘故。

二、破舱稳性要求

1. 自升式平台和浮动式平台

破舱后的平台应有足够的干舷、储备浮力和稳性，以使任一舱室受到规范规定的破损后，并在来自任何方向、速度为25.8m/s（50kn）的风倾力矩作用下，以及下沉、纵倾和横倾的联合影响后，最终水线得以保持在可能发生继续浸水的任何开口的下缘之下。

2. 半潜式平台

(1) 破损后平台倾角不大于 17°。

(2) 在最终平衡水线以下的开口应保持水密，在最终平衡水线以上 4m 范围之内的开口应保持风雨密。

(3) 第一交点角与第二交点角风雨密完整范围（取其小者）之间最小值应有 7°，且在此范围内至少应有一倾角满足复原力矩与风倾力矩之比不小于 2，如图 5-17 所示。

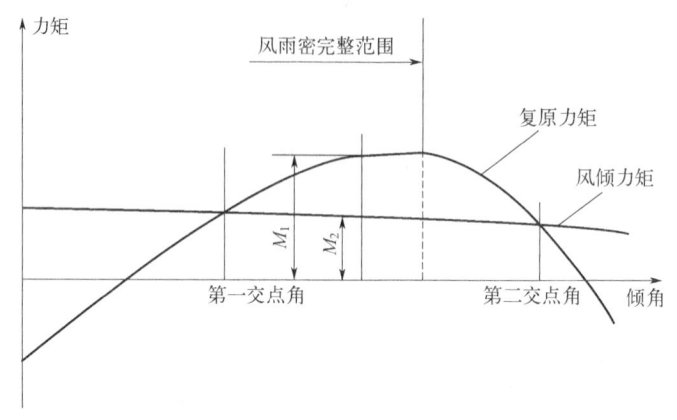

图 5-17 复原力矩与风倾力矩

(4) 平台不论处在拖航还是何种作业工况都应有足够的浮力和稳性，使任何一个全部或部分位于所考虑水线以下的水密舱室淹水后仍能符合倾角不大于 25°；位于最终水线以下的任何开口都应是水密的；超出计算倾角至少 7° 范围内的稳性为正值。

三、破损范围

1. 自升式平台和浮动式平台

(1) 水密舱壁间：水平透入为 1.5m；垂向高度为自底部向上无限制。

(2) 水密舱壁间的距离应不小于 3m，间距在 3m 以内的一个或多个舱壁应不予考虑。

2. 半潜式平台

(1) 作业状态下只有下壳体、斜撑和外围立柱暴露部分才会发生破损。立柱和斜撑破损的垂直范围为操作手册规定的各吃水线以下 3m 到该吃水线以上 5m。破口的水平透入为 1.5m，垂直高度为 3m。

(2) 立柱的破损范围内有水密的水平分隔时，应假定破口出现在该水密分隔上、下两个舱中。

(3) 立柱内有垂直水密舱壁分隔，而舱壁间距大于该吃水处立柱外缘周长 1/8 时，可假定舱壁为不破损，否则将视为一个或多个舱壁破损。

(4) 拖航时，假定只有下壳体或柱靴受到破坏，其破损范围与上述 (1)~(3) 相同。

在校核平台破舱稳性时，应根据平台的浮态、舱室位置及大小和规范的规定先确定若干较危险的破损状态,然后进行计算。

四、破舱稳性计算

破舱稳性计算包括 3 个内容:平台破损后的复原力臂曲线、风倾力臂曲线、平台破损后在静水平衡时的浮态。

1. 平台破损后的复原力臂曲线

平台破损进水后,可以看作是浮力损失或者重量增加。如果破舱进水不随平台倾角而变,如图 5-18(a) 所示,则可求得平台的进水量 $W_p = V\mu_o \rho g$(V 为破舱体积;μ_o 为破损舱体的渗透率,规范规定,空舱渗透率为 0.98,机舱和泵舱渗透率为 0.85;ρ 为水的密度)。

如采用增加重量法,可知平台的排水量为:

$$\Delta_N = \Delta_o + W_p \tag{5-24}$$

式中 Δ_N——破损后平台的排水量,t;
Δ_o——破损前平台的排水量,t。

平台破损后的重心位置为:

$$\left. \begin{array}{l} Z_{gN} = \dfrac{Z_{g0} \cdot \Delta_0 + W_p \cdot Z_p}{\Delta_N} \\[2mm] X_{gN} = \dfrac{X_{g0} \cdot \Delta_0 + W_p \cdot X_p}{\Delta_N} \\[2mm] Y_{gN} = \dfrac{Y_{g0} \cdot \Delta_0 + W_p \cdot Y_p}{\Delta_N} \end{array} \right\} \tag{5-25}$$

式中 X_{gN},Y_{gN},Z_{gN}——平台破损后的重心坐标;
X_{g0},Y_{g0},Z_{g0}——平台破损前的重心坐标;
X_p,Y_p,Z_p——平台进水重量的重心坐标。

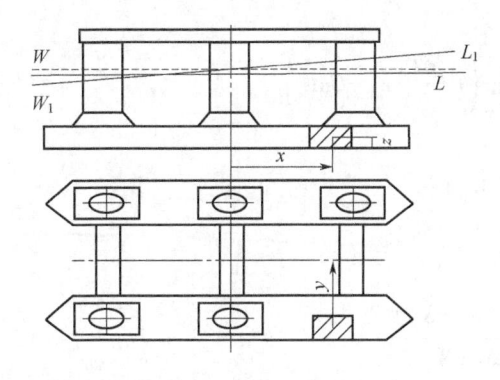

(a) 破舱进水不随平台倾角变化　　　　　(b) 损失的浮力随平台的倾斜而变化

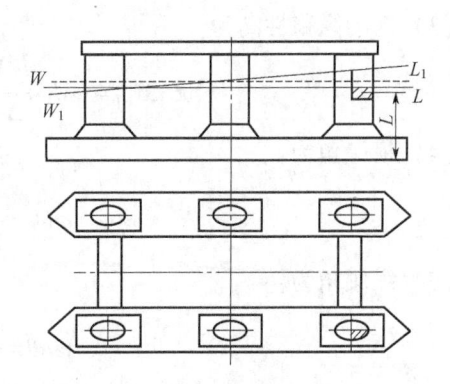

图 5-18　平台破损状态

有了 Δ_N 和 (X_{g0},Y_{g0},Z_{g0}),就可用前述的平台完整稳性横截曲线,得出破舱后的复原力臂曲线。

如果破舱在水线附近,损失的浮力将随着平台的倾斜而变化,如图 5-18(b) 所示。这种情况可先求得破舱后的平台稳性横截曲线,再根据平台的排水量和重心位置得出复原力臂曲线。计算破损状态的平台稳性横截曲线与完整平台的原理一样,只要另外算出破舱的体积 V_d 及对假定重心的力矩 $l_d V_d$,即可按下式得出:

$$\left.\begin{array}{l} \nabla_k = \sum_{i=1}^{n} V_i - V_d \\ l_k = \dfrac{\sum_{i=1}^{n} l_i V_i - l_d V_d}{\nabla_k} \end{array}\right\} \tag{5-26}$$

式中 ∇——平台破损后的排水体积,m^3;

l_k——平台破损后的复原力臂,m。

2. 平台破损后平衡浮态的风倾力臂计算

在前述风倾力臂曲线的基础上考虑浮态的变化,即可得出。

3. 平台破损后平衡浮态及初稳性高的计算

对于破损舱在水线面以下情况,如图 5-18(a) 所示,平台在舱室进水前浮于水线 WL 处,吃水为 T,排水量为 Δ,横稳性高为 GM,纵稳性高为 GM_L,水线面积为 A_w,漂心纵向坐标为 X_F,进水量为 W_p,重心为 (X_p, Y_p, Z_p),则其浮态及初稳性高可按下列步骤进行计算:

(1) 平均吃水增量为:

$$\delta T = \frac{W_p}{\rho g A_w} \tag{5-27}$$

(2) 新的横稳性高为:

$$GM_1 = GM + \frac{W_p}{\Delta + W_p} \left(T + \frac{\delta T}{2} - Z_p - GM \right) \tag{5-28}$$

(3) 新的纵稳性高为:

$$G_1 M_{L1} = GM_L + \frac{W_p}{\Delta + W_p} \left(T + \frac{\delta T}{2} - Z_p - GM_L \right) \tag{5-29}$$

(4) 横倾角为:

$$\tan\phi = \frac{W_p Y_p}{(\Delta + W_p) GM_1} \tag{5-30}$$

(5) 纵倾角为:

$$\tan\theta = \frac{W_p (X_p - X_F)}{\Delta_0 + W_p} \tag{5-31}$$

(6) 平台前后吃水为:

$$\left.\begin{array}{l} T_F = T + \delta T - \left(\dfrac{L}{2} - X_F\right) \dfrac{W_p (X_p - X_F)}{(\Delta + W_p) \cdot GM_{L1}} \\ T_A = T + \delta T + \left(\dfrac{L}{2} + X_F\right) \dfrac{W_p (X_p - X_F)}{(\Delta + W_p) \cdot GM_{L1}} \end{array}\right\} \tag{5-32}$$

(7) 平台左右吃水为：

$$\left.\begin{array}{l}T_F = T + \delta T - \dfrac{B}{2} \dfrac{W_p Y_p}{(\Delta + W_p) \cdot GM_1} \\ T_A = T + \delta T + \dfrac{B}{2} \dfrac{W_p Y_p}{(\Delta + W_p) \cdot GM_1}\end{array}\right\} \tag{5-33}$$

平台的初稳性高，一般随着倾斜的方向而变，因此必须找出最小的初稳性高，并校核其是否满足规范要求。

对于图 5-18(b) 所示的平台破损情况，最后的平衡浮态必须是破舱内的水面与平台外海面保持在同一水平面上。但由于进水量在破损前难以确定，因此认为该舱室浮力有损失，而平台的排水量和重心位置保持不变。

平台破损前的要素如前所述，平台损失的体积先定为 V，其形心为 C_V (X_V, Y_V, Z_V)，损失的水线面积为 A_a，其形心在 C_a (X_a, Y_a, Z_a)。

平台损失的排水量 γV 由平台下沉至 $W_1 L_1$ 处获得补偿，这样平台方能保持平衡。计算步骤如下：

(1) 平均吃水的增量为：

$$\delta T = \frac{V}{A_W - A_a} \tag{5-34}$$

式中 $A_W - A_a$——剩余水线面积。

(2) 剩余水线面积的漂心位置 $F'(X'_F, Y'_F)$ 为：

$$X'_F = \frac{A_W X_F - a X_a}{A_W - A_a} \tag{5-35}$$

$$Y'_F = \frac{-a Y_a}{A_W - A_a} \tag{5-36}$$

(3) 剩余水线面积 $A_W - A_a$ 对通过其漂心 F' 的纵、横惯性矩分别为：

$$I'_T = I_T - (I_X + A_a Y_a^2) - (A_W - A_a) \cdot Y'^2_F \tag{5-37}$$

$$I'_L = I_L - [I_Y + A_a (X_a - X_F)^2] - (A_W - A_a) \cdot (X'_F - X_F)^2 \tag{5-38}$$

式中 I_T 和 I_L——原水线面积 A_W 对通过其漂心 F' 的纵、横惯性矩；

I_X 和 I_Y——损失水线面积 A_a 对通过其本身形心的纵、横惯性矩。

(4) 浮心位置的变化为：

$$\left.\begin{array}{l}\delta X_B = \dfrac{V \cdot (X_\Delta - X'_F)}{\nabla} \\ \delta Y_B = \dfrac{V \cdot (Y_\Delta - Y'_F)}{\nabla} \\ \delta Z_B = \dfrac{V \cdot [Z_V - (T + T/2)]}{\nabla}\end{array}\right\} \tag{5-39}$$

(5) 新的纵、横稳心半径的变化为：

$$\delta BM_L = \frac{I'_L}{\nabla} - \frac{I_L}{\nabla} \tag{5-40}$$

$$\delta BM = \frac{I'_T}{\nabla} - \frac{I_T}{\nabla} \tag{5-41}$$

(6) 新的纵、横稳性高为：

$$GM_{L1} = GM_L + \delta Z_B + \delta BM_L \tag{5-42}$$

$$GM_1 = GM + \delta Z_B + \delta BM \tag{5-43}$$

(7) 横倾角为：

$$\tan\phi = \frac{V(Y_V - Y_F')}{\nabla GM_1} \tag{5-44}$$

(8) 纵倾角为：

$$\tan\theta = \frac{V(X_V - X_F')}{\nabla GM_{L1}} \tag{5-45}$$

(9) 平台首尾吃水量为：

$$\left. \begin{aligned} T_F' &= T + \delta T - \left(\frac{L}{2} - X_F'\right) \frac{V \cdot (X_V - X_F')}{\nabla GM_{L1}} \\ T_A' &= T + \delta T + \left(\frac{L}{2} + X_F'\right) \frac{V \cdot (X_V - X_F')}{\nabla GM_{L1}} \end{aligned} \right\} \tag{5-46}$$

(10) 平台左右吃水量为：

$$\left. \begin{aligned} T_P &= T + \delta T - \left(\frac{B}{2} - Y_F'\right) \frac{V \cdot (Y_V - Y_F')}{\nabla GM_{L1}} \\ T_s &= T + \delta T + \left(\frac{L}{2} + Y_F'\right) \frac{V \cdot (Y_V - Y_F')}{\nabla GM_{L1}} \end{aligned} \right\} \tag{5-47}$$

根据平台4个角的吃水可以得出平台的倾斜水线面，并且可以算出破损舱室在该水线面下的体积 V_1 和该舱室损失水线面 A_{a1} 和形心 C_{a1}（X_{a1}，Y_{a1}，Z_{a1}）。如果 V_1 和 V 差别不大，且 C_{a1} 在倾斜水面上，则由上述得出的倾斜水面即为平台的静水平衡状态。如果不满足要求，则用 V_1 及 A_{a1} 等有关破舱要素再按上述步骤计算，直至得到平台破损后的平衡浮态。

计算平台破损后静水平衡浮态的方法有多种，对于上述求平衡浮态的方法，如平衡条件不满足就必须进行重复计算。手工计算工作量较大，可用计算机程序完成该工作。确定了平衡浮态，则可用前述方法得到相应的初稳性高。

有了平衡浮态，再根据规范要求加上风倾力矩（50kn，即50节的风速对结构物产生的风倾力矩）引起的平台倾斜，就可以确定在此情况下，平台是否会进一步进水（即是否有进水口在水线面以下），以判断该平台破舱稳性是否满足要求。

第四节　浮动式钻井平台的沉浮稳性

一、沉浮方式

沉浮工况是坐底式平台到达井位后，由漂浮向坐底转变的状态，或者是离开井位时由坐底向漂浮转变的状态。典型的坐底式平台的结构形式是由沉垫、立柱、作业甲板三大部分组成。平台可采取2种不同方式进行沉浮作业，如图5-19所示。第一种方式是在整个沉浮过程中平台没有或仅会出现很小的纵倾，这种方式称为均匀下沉；第二种方式是在沉浮过程中，人为地使平台纵倾，因而在下沉时平台一端先接触地面，另一端再以接地端为支点慢慢下降直至平台坐底。在起浮时，也是先让一端绕着另一端回转，然后再让着地端抬起，调平平台。因为这种沉浮方式使平台有明显的纵倾，所以称为倾斜沉浮。

由于坐底式平台支撑结构截面积尺寸不大，若在均匀下沉的过程中出现如图 5-19(a) 所示情况，平台就会因为水线面惯性矩较小而出现不稳定状态，这对平台的操作及安全都是极为不利的。因此，常用倾斜沉浮方式，以保证平台有足够的稳性，如图 5-19(b) 所示。

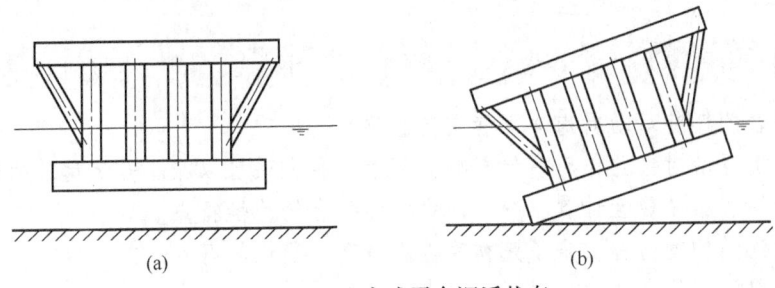

图 5-19　坐底式平台沉浮状态

二、稳性要求

由于整个沉浮过程往往需要几个小时，因此以上问题可以看作是静力性质的，至于上浮时地基吸附力突然释放所造成的动力作用，目前还没有合适的计算方法，一般在稳性储备中加以考虑。

现行规范对沉浮工况的稳性要求如下：

（1）采用均匀沉浮方式，在整个下沉或起浮过程中，经自由液面修正后的初稳性高度应不小于 0.15m。

（2）采用倾斜沉浮方式，在整个下沉或起浮过程中，经自由液面修正后的初稳性高应不小于 0.05m。

三、计算方法

根据规范，在计算平台的沉浮稳性时假定平台无横倾，水面为水平，不考虑风、海浪、海流等环境载荷，平台未触底时只受到浮力和重力的作用；触底后，除浮力和重力之外，还应加上海底对平台的反支持力。

均匀沉浮时，平台的浮态和稳性要素易于计算。而倾斜沉浮时，一般要求给出平台从正浮状态到一头（一般为船首）沉在海底过程中的横向初稳性高 GM 及纵向初稳性高 GM_L 的变化。

沉浮稳性计算步骤如下：

（1）根据平台的静水力曲线及重量重心得出注入压载水前平台的排水量 Δ、首尾吃水 T_F 和 T_A、横稳性高 GM、纵稳性高 GM_L、水线面积 A_W、漂心坐标 X_F；

（2）根据压载舱的舱容曲线，得出压载水重量 P、重心（X_P、Y_P、Z_P）（一般 $Y_P=0$），该压载水舱自由液面对其本身纵向主轴和横向主轴的惯性矩 i_x 及 i_y；

（3）利用以上数据及船舶静力学原理算出压载后的横向初稳性高 GM 和纵向初稳性高 GM_L；

（4）根据 GM、GM_L 及平衡公式算出平台压载后的首尾吃水 T_F' 及 T_A'；

（5）算出压载后平衡浮态的水线面积 A_W'、漂心坐标 X_F' 及 G_M'、GM_L。

每次打入压载水后的 GM、GM_L、T_F 及 T_A 的计算都重复（2）~（5）的计算步骤。沉浮稳性和沉垫压载舱的划分及压载操作密切相关，因此在平台设计及编制平台操作说明书时应予以充分考虑。

思考题 >>>

1. 海洋平台的摇荡运动对海洋立管有何影响？
2. 平台升沉运动对钻井作用有何影响，采用何种方法可以减小升沉运动的影响？
3. 相对于一般船舶稳性计算，分析浮式钻井平台的稳性特点。
4. 对于海洋结构物而言，是不是初稳性高越高，稳性越好？
5. 如何计算平台的完整稳性？
6. 如何计算平台的破舱稳性？
7. 请说明下图中第一交点角和第二交点角的含义。

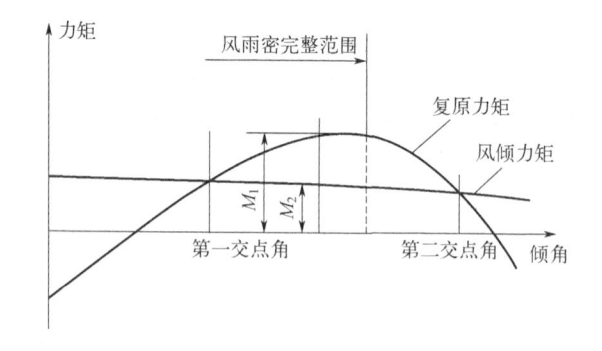

第六章　锚泊系统

锚泊系统是海上浮动式平台不可缺少的组成部分，可将海洋平台留于指定海域，限制外力改变平台的状态，使其保持在预定位置上的定位方式，以减少由于过度运动造成的停钻时间。平台主要采取锚泊定位与动力定位两种方式来保证海上施工的稳定。

第一节　锚泊系统的组成

锚泊系统包括锚、锚缆、锚链、锚机以及其他设备，如锚架、锚浮标等。

一、锚

锚一般指船锚，是锚泊设备的主要部件。铁制的停船器具，用铁链连在船上，把锚抛在水底，可以使船停稳。中国南朝已有关于金属锚的记载。中国古代帆船使用四爪铁锚，这种锚性能优良，目前在舢板和小船上仍有使用。

锚的种类很多，半潜式钻井平台的锚泊定位系统采用的锚一般为拖曳嵌入式锚，如图 6-1 所示。早期用得较多的有 DANFORTH 锚、LWT 锚等。随着海洋工程的发展，新型抓力更大的锚不断出现，诸如 FLIPPER DELTA 锚、BRUCE-TS 锚、STEVPRIS 系列锚等。这种锚的主要特点是抓力只有当拉力为水平方向时才能有保证，如果拉力具有垂向分力，抓力减小，锚爪就会被拉出土。实验表明，锚柄向上转 6°抓力开始下降，锚柄上转 12°抓力显著下降。因此，锚泊时必须使锚链的下端与海底相切，否则就有走锚的危险。起锚也是利用这一特点，向上拉锚链让锚柄抬起，锚丧失抓力，最后破土而出。

根据承受荷载的机理不同，锚主要分为重力锚、拖曳嵌入式锚、桩锚、吸力锚和垂向荷载锚，如图 6-2 所示。

图 6-1　拖曳嵌入式锚

（1）重力锚（dead weight anchor）。

重力锚主要靠材料本身重量来抵抗外力，部分靠锚与土壤之间的摩擦力来抵抗。材料为钢和混凝土。

（2）拖曳嵌入式锚（drag embedment anchor）。

拖曳嵌入式锚目前最受欢迎、使用最多，部分或全部深入海底，主要靠锚前部与土壤的摩擦力来抵抗外力。其主要结构包括锚卸扣、锚柄、锚冠、锚爪和锚臂，如图 6-3 所示。

拖曳嵌入式锚能承受较大的水平力，但承受垂向力的能力不强，又可以分为有杆锚、无杆锚、大抓力锚和特种锚。

(a) 重力锚　　(b) 拖曳嵌入式锚　　(c) 桩锚

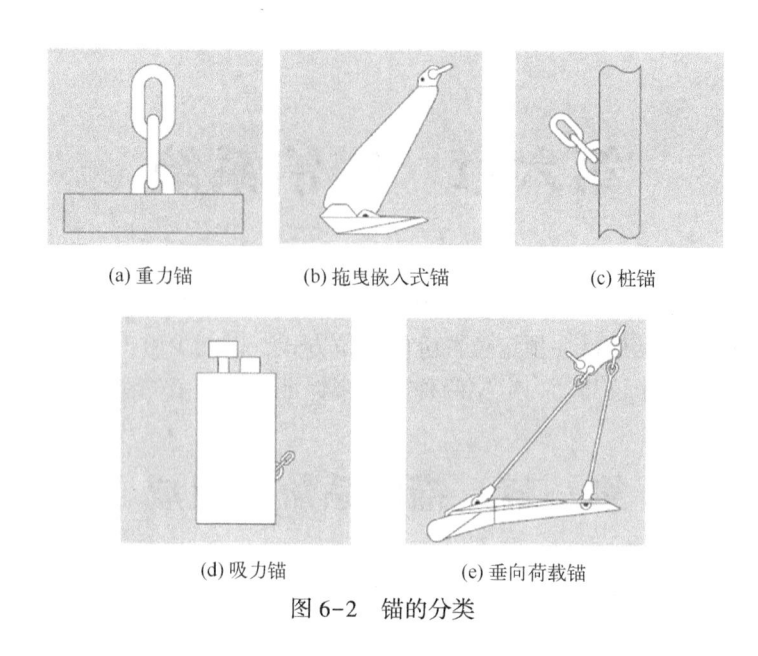

(d) 吸力锚　　(e) 垂向荷载锚

图 6-2　锚的分类

图 6-3　拖曳嵌入式锚工作原理示意图

锚泊时必须使锚链的下端与海底相切，否则就有走锚的危险。起锚也就是利用这一特点，向上拉锚链让锚柄抬起，锚丧失抓力，最后破土而出。

锚的选择要考虑操作方便、便于存放和经济适用，但最主要是锚的抓力。锚的抓力一方面因为锚的类型不同而不同，另一方面与海底土质有关。

（3）桩锚（pile anchor）。

中空的钢管通过打桩安于海底，靠管侧与土壤的摩擦力来抵抗外力，通常需要将锚埋入较深的海底，以抵抗外力，能承受水平力和垂向力。

（4）吸力锚（suction anchor）。

通过安装于钢管顶部的人工泵使管内外出现压力差，当管内压力小于管外，钢管即被吸入海底，然后将泵撤走。吸力锚主要靠管侧与土壤的摩擦力来抵抗外力，能承受水平力和垂向力（图 6-4）。1995 年我国在渤海 CFD16-1 油田油轮系泊中首次取得成功。

实际工程中应用最多的吸力锚采用一种上端封闭、下端开口的钢质桶形结构。顶盖一般为钢材或钢筋混凝土材料，留有抽水孔以连接抽水管路。作为构筑物基础的吸力锚一般由一个或多个锚筒组成。1998 年，吸力式基础被正式列入国家"863 计划"。

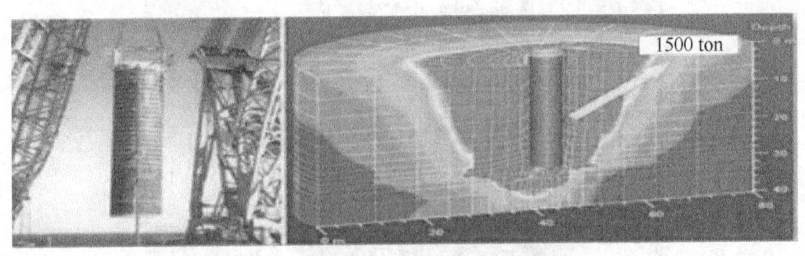

图 6-4 吸力锚

（5）垂向荷载锚（vertical load anchor，VLA）。

垂向荷载锚是最新研究的一种锚，与传统的嵌入式锚一样，而且深入的更深，可以承受水平力和垂向力。

随着海洋开发向深水推进，对锚泊提出了新的要求。在深水中，如果仍然要求锚链下端与海底相切以保证锚的抓力，则所需的链很长。因此，要研究能承受垂向分力的锚，如采用水泥重块或锚桩。当遇岩性海底而不能打桩时，可采用钻孔灌注锚桩。有些锚是根据特定的海底设计的，在不符合设计要求的海底情况下使用，锚的工作性能就较差。虽有各种锚在不同海底情况下的抓力计算公式，但锚的真正抓力需通过现场试验来确定。

二、锚链

1. 锚链

锚链是由许多链环连接而成。链环可分为有挡链环与无挡链环，有挡链环是在每个链环的中央有一横挡，它的强度较无挡链环大约高 20%，如图 6-5 所示。海洋平台上的锚链如图 6-6 所示。

(a) 有挡链环　　　　　　　　(b) 无挡链环
图 6-5　有挡链环与无挡链环

锚链只能承受拉力，不易打结，能收藏在锚链舱里。锚链的重量较大，在深水情况下往往用锚缆代替锚链。

2. 锚缆

锚缆一般由若干根钢丝先拧成股，再由若干股拧成缆。缆易被擦伤，易出现扭结，易被海水腐蚀和疲劳破坏。缆接头很困难，一旦在中部破坏就几乎等于整根缆报废。锚缆只能绕在卷筒上，卷筒随同绞车布置在甲板上。这样锚缆不仅重心较高，占据甲板面积大，而且卷筒的容量有限，给深水锚泊带来一系列困难。

图 6-6　海洋平台的锚链

目前的锚缆结构通常为螺旋股式结构，具有较强的纵向刚度和扭转平衡，旋转损耗低，对于深水系泊系统，常采用此种结构，如图 6-7 所示。钢缆破坏的主要原因是腐蚀，常采用镀锌和润滑并配合阳极保护的方法来防止腐蚀的发生。对于螺旋股式钢缆，通常还采用高密度的聚乙烯外壳来防止海水腐蚀钢缆。

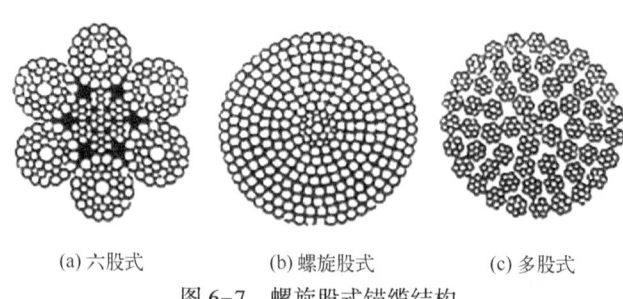

(a) 六股式　　(b) 螺旋股式　　(c) 多股式

图 6-7　螺旋股式锚缆结构

通常所说的锚链是锚缆、锚链的统称。缆和链的强度因其直径和材料而异。总的来说，链比缆耐磨，锚缆比锚链轻。同样的断裂强度，缆重仅为链重的 1/4~1/5，这是锚缆很突出的优点。因此，设计深水锚泊时应考虑用缆代替链，或采用锚链和锚缆组合锚泊系统。如设计适当，链缆组合比全链、全缆锚泊系统在预张力相同的情况下获得的回复力大，因而在要求的偏移范围内，不仅增加了锚泊系统的定位能力，还能减少系统中链缆的受力，降低系统的重量和成本。其缺点是起锚、抛锚操作不便，计算也较复杂。表 6-1 对全链与全缆的锚泊系统的性能进行了比较。

表 6-1　全链与全缆的锚泊系统比较

系泊方式		全缆	全链
操作	收放锚链设备	大型绞车	大型起链机
	船型	中型	中型
	移动性	良好	良好
	可靠性	可行	可行
性能	对平台的影响	置放时的重心高	起锚时重量大
	工作时	水平位移小	水平移动较大
	风暴时	能量吸收差，容易走锚	能量吸收较大

续表

系泊方式		全缆	全链
存在问题	浅水时	容易走锚	不易走锚
	深水时	缆的长度受到限制	重量加大
	大外力时	缆长度大，容易走锚	比较稳定

3. 合成材料缆绳（synthetic wire rope）

合成材料缆绳具备抗拉、抗冲击、耐磨损、柔韧轻软等性能，常用的合成材料有聚酯材料（polyester）、聚酰胺材料（aramid）和高模数聚乙烯材料（high modulus polyethylene）三种。这类缆绳有较大的水平回复力，减小了平台的水平位移；且具有较小的刚度，降低了缆绳的拉伸程度。缆绳的轴向刚度随轴向张力及力的作用时间而变化，容易偏移，分析起来比较复杂。合成纤维缆绳制造是将合成纤维纺成一根长长的细线，然后将多根细线编织在一起，形成一个结构紧密、强度高的一线品牌绳索，典型的合成材料缆绳编织方式如图6-8所示。近年来，随着合成纤维技术的发展，合成纤维绳的强度和耐用性已经达到了与钢丝绳相媲美的水平。

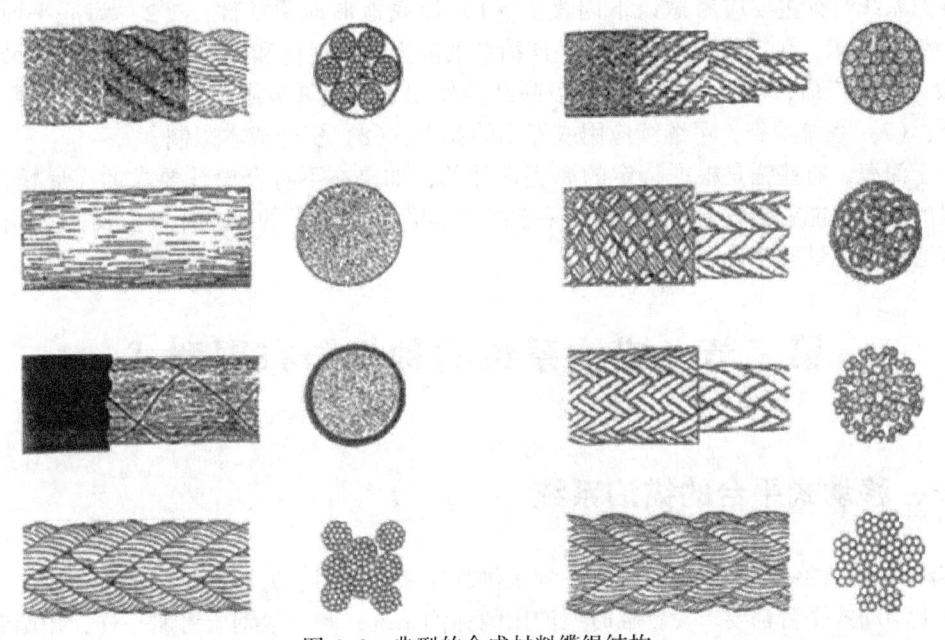

图 6-8 典型的合成材料缆绳结构

但是缆绳容易打滑而产生蠕变，因此每隔几年需要重新张紧。此外，缆绳不能接触海底，只能作为悬浮部分，也不能预放于海底，安装过程较为复杂。

三、锚机系统

海洋平台锚机系统如图6-9所示，主要作用是收放锚链。在收锚时，掣链器使锚链只能向锚机方向移动，在放锚时不起作用。紧急情况时，掣链器可以在不启动锚机的情况下释放锚链。锚机系统通过绞车收放和储存钢丝绳。锚机和绞车上还装有锚链和锚缆张力测量装置。

图 6-9　海洋平台锚机系统

四、锚泊系统设计考虑的主要因素

锚泊系统设计是浮式生产平台设计的重要组成部分，浮式生产平台通过锚泊系统长期系泊于恶劣的海洋环境中作业时，锚泊系统既要保证浮体运动满足作业工况和生存工况要求，又要避免系泊缆与附近海域的船舶、作业平台系统和海底管道之间的碰撞。

锚泊系统设计主要应考虑以下因素：(1) 海底地形地质条件；(2) 海底平面布置；(3) 对锚的要求，包括承受垂向和水平向荷载的能力、周期性和极限条件；(4) 安装方法；(5) 设计使用寿命；(6) 锚的稳性—极限载荷作用下的允许极限位移，或拖曳作用下的旋转稳性；(7) 系统检查，可继续应用或停用的要求；(8) 资金成本限制。

对于深海，有些锚是根据特定的海底设计的，如果在不符合设计要求的海底情况下使用，锚的工作性能就会较差。虽然有各种锚在不同海底情况下的抓力计算公式，但锚的真正抓力需通过现场试验来确定。

第二节　锚泊系统的种类与布置型式

一、移动式平台的锚泊系统

移动式平台的锚泊系统有两种：一种是供临时系泊使用，另一种是供定位使用。

海上移动式平台都要求设置临时系泊用的锚泊系统，和一般钢质海船一样，用舾装数来确定锚泊设备的数量、重量和规格。

定位用锚泊设备的数量和重量在平台规范中不作规定，而是由设计单位根据使用单位要求进行设计。首先要满足使用单位对定位的要求，其次要满足规范对临时系泊的要求。下面主要介绍自升式和半潜式平台对锚泊系统的基本要求。

1. 自升式钻井平台的锚泊

1) 插桩前控制运动的锚泊定位

自升式钻井平台被拖到预定井位准备插桩之前，在环境载荷作用下，平台会发生运动。虽然插桩通常选择在风浪不大的情况，但平台运动仍不可避免。如果桩腿已插入海底，但所有桩腿还没有插到安全深度，平台运动产生的力有可能作用在各桩腿上，且各桩腿处的海底地质可能不同，受作用力也会不同，这时也是很危险的。因此，为确保安全，在插桩、升平台前，需要锚泊定位。

2) 锚泊后的位置调整

当自升式钻井平台完成插桩前的锚泊定位后，平台有可能不处于事先预定的井位上，需要通过收、放锚缆进行调整，直到平台移到预定井位后，再下放桩腿，进行升船。

3) 拖航过程中发生故障要求锚泊

平台在拖航过程中如遇到大风浪、拖缆断裂、拖轮发生故障或平台所受的外力大于拖轮拖力无法再前进时，平台将失去控制，处境危险。这时需要将拖曳嵌入式锚抛入海底，将平台临时锚泊住，等故障排除或大风过后再拖。

2. 半潜式钻井平台的锚泊

半潜式钻井平台的锚泊系统主要用于定位，但也要考虑拖航和就位时需求。半潜式平台锚泊系统首先必须具有足够的回复力，方能使平台位于井口上方，顺利地进行钻井作业，其漂移半径不得超过规定范围。其次，在被迫停止钻井作业而隔水套管尚未脱开时，锚泊系统也应能将平台控制在规定的范围内。最后，当平台遇到风暴时，隔水套管必须与海底防喷器脱开，此时平台的漂移半径虽可增大，但平台仍有安全生存的锚泊要求。

二、锚泊系统布置型式

定位锚泊系统和临时系泊的布置型式是不同的。在定位的过程中，平台所受到的风和波浪作用力可能来自任何方向，因而需将锚链拉向四面八方，即呈辐射状的型式布置。通常根据平台形状布置，矩形平台锚链多为 8 根，三角平台多为 9 根，五角形为 10 根，如图 6-10 所示。

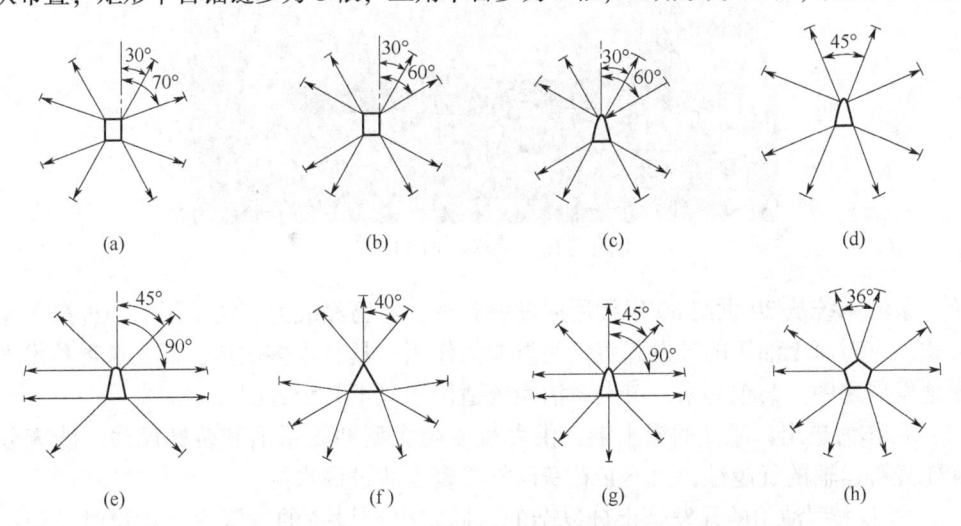

图 6-10 定位锚泊系统布置型式

(a) 30°，70°对称式；(b) 30°，60°对称式；(c) 30°，60°对称式；(d) 八锚对称式；(e) 45°，90°八锚；(f) 九锚对称式；(g) 45°，90°十锚；(h) 十锚对称式

临时系泊用的锚泊系统一般设于平台首部，系泊时将平台首部拉住，不论风浪来自何方，可始终保持平台首部迎着风浪。此时平台受力状态好，稳性好，不易翻沉。

两种锚泊系统除布置上的不同外，还有下述主要区别：

为了提高定位用锚泊系统的定位能力，在使用中需加预张力，也就是对系统中的每根锚链加上一个相同的预张力。预张力越大，系统的回复力越大，抵抗偏移的能力越强，平台受风浪引起的水平位移就越小。因此，应该在锚缆、锚链的许用强度范围内，尽量提高锚链的预张力。而系泊用锚泊系统对漂移无严格要求，无法也不必给锚链加预张力。

三、浮式生产系统的单点系泊

1. 单点系泊概述

海上油田的原油输出，目前大多采用铺设海底管道或油轮驳运两种方式，而油轮驳运则需设单点系泊系统供停靠。油田产量稳定高产时，这两种方法各有利弊；当油田开采寿命存疑时（如产量少、不稳定的情况），不宜采用海底管道，因其投资大，难于回收，施工难度大，工期长，在水深大和环境条件恶劣时，还无法施工，采用单点系泊系统就可解决此难题。另外，原油运输费用随着油轮吨位的增加而明显下降，促使巨大型油轮日益增多，而人造深水港的费用高，施工周期长。因此，从可靠性和经济性的观点考虑，采用单点系泊系统实为一种最佳选择。

浮式生产系统通常采用单点系泊系统锚泊，如图 6-11 所示。单点系泊系统是一种在海上将船只（油轮）系泊于一点，使得船与海底管线间能通过立管连接起来，完成海上石油装卸作业的终端装置。它允许被系泊的船只在环境载荷作用下，像风标那样环绕系泊点在 360°范围内自由转动，并随风、浪、流等外力的方向变化，自然而然地转移到船舶稳定性最好的方向上。

图 6-11 "海洋石油 112 号"

单点系泊系统从 20 世纪 50 年代后期发展到现在，已经成为广泛使用的一种海上系泊油轮的方式。它对海上油田的开发起着极为重要的作用，具有很多优点，而且这种技术本身还在不断地发展之中。归纳起来，单点系泊系统适用于以下几个方面：

（1）可作为进出口原油的深水港，供大型或超大型油轮系泊和装卸原油，能充分发挥大型油轮经济运输的优越性，而不必花费巨额投资去建设深水港。

（2）海上大型油田的开发是十分复杂的，固定生产设备的投资大，建设时间长，在储量尚未充分掌握之前，很难作出切合实际的技术决策，采用单点系泊装置为核心的早期生产系统，可以提早开发油田，为油田永久性开发的技术决策提供依据。

（3）单点系泊装置是边际油田、深海油田及离岸遥远油田经济开采的先进技术手段。

(4) 可在经济上或技术上不宜铺管的海域代替海底输油管道。

(5) 能系泊海上石油加工处理厂，回收和利用石油伴生气，使海洋石油资源得到合理的利用。

在我国，对于单点系泊技术的引进始于渤海油田。随后，在 1986 年 10 月，南海西部公司的一套 15 万吨级的单点系泊系统投入使用。1993 年至 1997 年底，在流花和陆丰两个油田先后建成了四套 FPSO，1994 年 10 月在广东茂名建成了我国第一套设计能力为 25 万吨级、可接卸 13-27 万吨级油轮、设计年中转能力为 1100 万吨的单点系泊系统。我国单点系泊设施的建设和单点系泊技术发展呈蒸蒸日上的态势。随着我国海上石油勘探开发事业和石油化工工业的蓬勃发展，必将会新建更多的单点系泊系统，这项技术在我国的应用也将越来越广泛。

2. 单点系泊系统的系泊方式

单点系泊系统方式主要有悬链式浮筒系泊、单锚腿系泊、塔式系泊和转塔式系泊。

1) 悬链式浮筒系泊（CALM，catenary anchor leg mooring）

悬链式浮筒系泊系统通常应用于穿梭油轮或 FPSO，是系泊和装卸油轮最经济有效的方法。如图 6-12 所示，该锚泊系统由浮筒、锚链、锚桩、转台、系缆、筒下软管、输油旋转接头及浮动软管等组成。

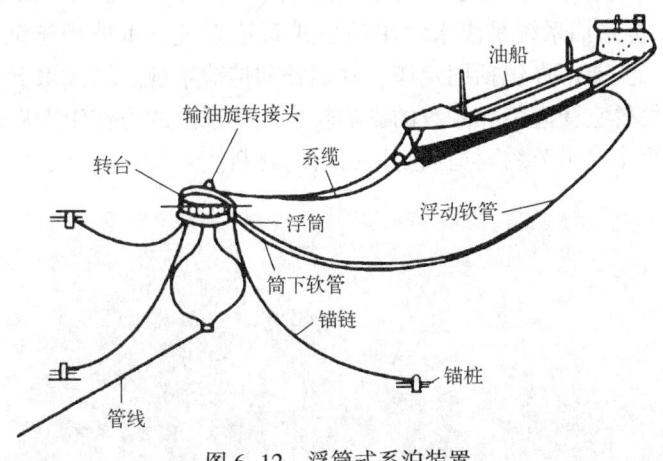

图 6-12　浮筒式系泊装置

悬链式浮筒系泊系统可以适应各种天气条件，适用于较大范围的水深，可以安装少量的立管系统，施工与安装快捷而经济，而且适合改装的油轮。实践证明 CALM 的可靠性较高，是较早使用的一种系泊方式，浮筒只由一根系泊线系于海底基础，浮筒与油轮之间通过刚性臂连接。

2) 单锚腿系泊系统（SALM）

单锚腿系泊系统是较早使用的一种系泊方式，浮筒只由一根系泊线系于海底基础，浮筒与油轮之间通过刚性臂连接，主要由浮筒、存储系统、系泊链（刚性链或管状柱体）、柔性管和基础部分（压载舱或堆积物）组成（图 6-13）。这种系泊方式可以适应于各种天气条件和很大范围内的水深，施工与安装快捷而经济，且适用于改装的油轮。虽只能安装一根立管，可靠性也依然较高。

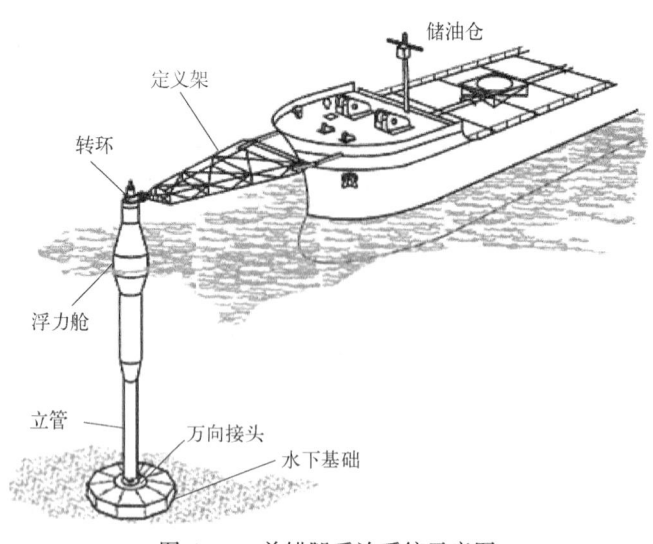

图 6-13 单锚腿系泊系统示意图

3) 塔式系泊

塔式系泊系统是将固定塔结构固定在海床上，为永久系泊的 FPSO 或油轮装卸载生产油气提供一个锚点，最常见的主要有塔式水上系泊系统（图 6-14）和塔式水下系泊系统（图 6-15）。塔式水上系泊系统是浅水常用的塔式系泊系统，也能用于强海流环境的 FPSO 或油轮系统的系泊，主要部件包括固定塔、软钢臂和传输系统。塔式水下系泊系统的系泊结构完全浸于水中，使得它受海浪和潮汐的影响较小。该系统的力作用点靠近海底，在同等海况条件下产生的力矩小，可节约建造固定塔所需的材料。

图 6-14 FPSO 塔式水上系泊装置图

这种系泊系统主要组成部分为：(1) 塔——与海底相连的静态部分，其上部是与船体相连的转盘；(2) 系泊部分——叉型结构或系船索；(3) 生产传输系统——液体通过海底终端系统传输于立管（连接于塔），然后通过转台传给软管，最后到达 FPSO。

塔上有足够的甲板空间以提供管汇系统、辅助设备等。适用于中浅水域，可以布置较多的立管系统，施工安装容易，成本较低，适合改装的油轮。

4) 转塔式系泊系统

转塔式系泊系统是一种集系泊、油气和电力输送为一体的系泊系统，对缆绳、浮式软

图 6-15　FPSO 塔式水下系泊装置图

管、转塔旋转系统或者推进系统没有特殊要求。转塔能够接收 50 条以上立管和信号、电能等传输的管束。转塔可以设计成内转塔式，也可以设计成外转塔式，通过一钢质结构与船体的船头或船尾相连，允许 FPSO 产生风向标效应，绕转塔 360°旋转。图 6-16 所示为内转塔式系泊装置图，图 6-17 所示为外转塔式系泊装置图。

图 6-16　内转塔式系泊装置图 　　　　图 6-17　外转塔式系泊装置图

内转塔式系泊系统一般设在船艏，适用于全球任何海域，特别是在台风、旋风、飓风多发海域。其主要组成部分有转塔及其套筒、液体传输系统、转盘和海底锚，如图 6-18 所示。

这种系泊方式的优点是：转塔直径可以设计得很大，为布置设备和管汇提供足够的空间，且内转塔嵌入船体之中后可以得到很好的保护。其缺点是：转塔的存在对船体结构造成了影响，也减少了舱容，同时系泊船的"风标效应"效果受转塔位置的制约。

永久式内转塔系泊系统能够保证采油的连续性，使 FPSO 在作业年限内的任何工况下都能正常工作，绝大多数工况下具有最大的系泊和油气传输能力。可解脱式内转塔系泊系统具有快速的解脱和回接功能，在极端恶劣条件下可以迅速解脱以规避各种危险海况，更适合于恶劣环境、季节性飓风区和冰区。

外转塔式系泊系统的转塔位于船体的外部，降低了船体的必需维修频率，如图 6-19 所示。这种系泊方式允许在码头沿岸安装转塔，而内转塔式系泊系统只能在干坞中安装，限制了立管的数量，多用于浅水海域。

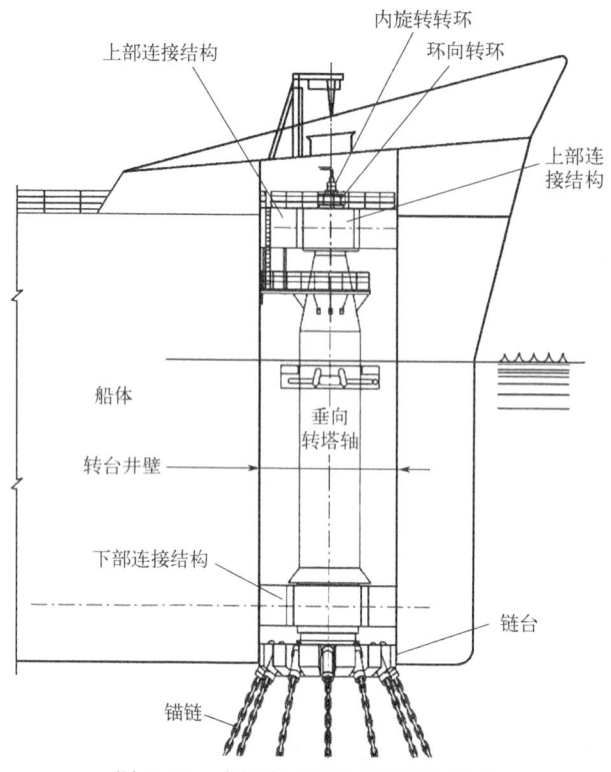

图 6-18 内转塔式系泊系统结构组成

图 6-19 外转塔式系泊系统

四、动力定位系统（dynamic positioning system）

动力定位是借助应用计算机对采集来的风、浪、流等环境参数，根据位置参照系统提供的位置自动进行计算，控制若干个推进器发生推力和力矩，使船或平台回复到初始位置和最有利的方向的技术，如图 6-20 所示。

动力定位系统的主要组成部分有：

(1) 动力操纵系统——提供定位所需要的所有动力；

(2) 推进器系统——通过控制浮体在水平、纵向及扭转的力，使浮体保持在指定的位置；

(3) 位置测量系统——随时将浮体的具体位置提供给控制系统；

(4) 动态定位控制系统——控制平台在具体的位置和方向，以抵抗外界环境荷载。

这种定位系统的优点是：适于恶劣海况的区域，浅水和深水系统都能适用；运行成本不由水深决定，定位的相对精度随水深而提高；能够快速系泊与解脱，可以安装较多的立管系统。其缺点是：资金和燃料的耗费都很高，系统复杂，比锚链或钢缆系泊更易于出现失败。

根据定位需求与效果的不同，可分为 DP1、DP2、DP3 三个级别，DP3 级是国际海事组织的最高动力定位级别，其精度最准，抗风险能力最强，效果最好，目前海洋石油 981 采用的 DP3 动力定位系统就是哈尔滨工程大学作为总体设计、技术主体和系统集成的牵头单位，海洋石油工程股份公司作为海上实船试验的责任单位，中国船舶工业集团第 708 研究所作为试验船设计单位，武汉船用机械有限公司作为大功率全回转推进器研制单位，自助研发的集结"国家队"科研力量协同创新的成果，实现了高精度和高可靠定位功能。

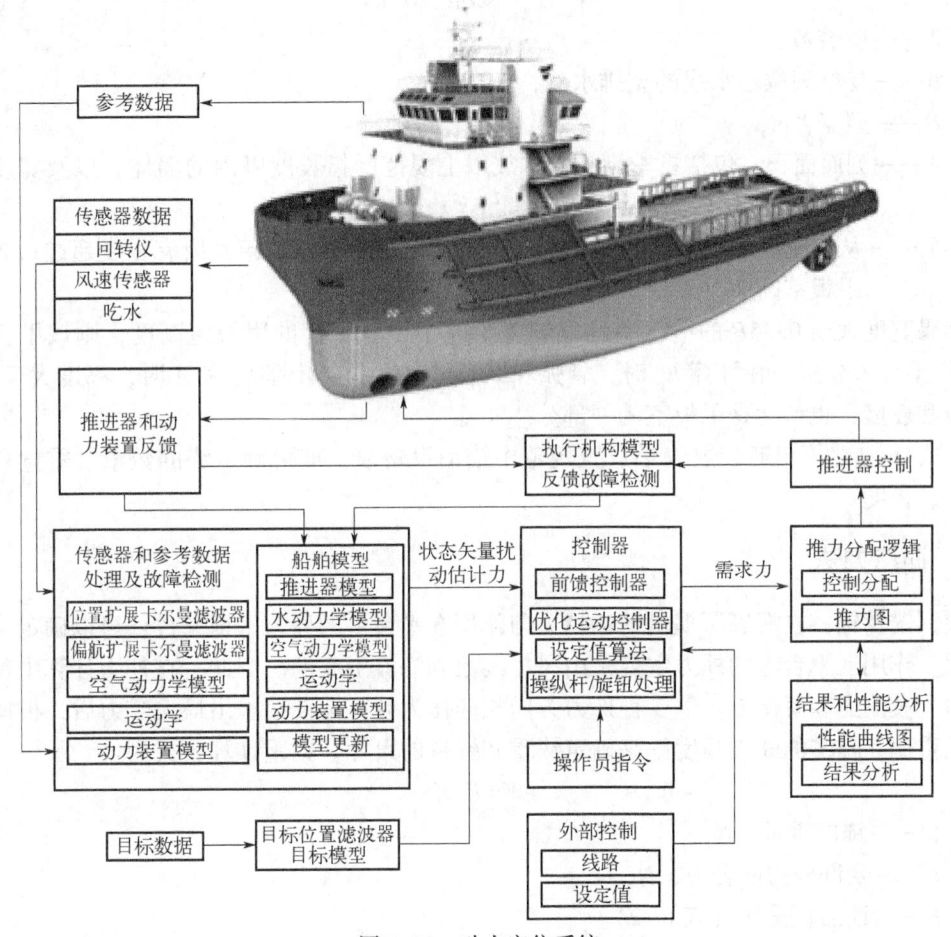

图 6-20　动力定位系统

此外，该系统基于扩展卡尔曼滤波（EKF）的最优状态估计方法，提出并研究了十余项填补国内空白的关键技术和方法：设计制造调距型大功率全回转舵桨、DP3 级动力定位系统实船区域控位技术、陆基模拟船舶海上六自由度运动特性的 DP3 系统调试新方法、大功率高精度等高锥齿轮传动机构的国产化设计与研制、大型全回转舵桨装置水下维护与健康状态实时监测等。

第三节　锚泊设备计算与要求

一、临时锚泊设备计算

1. 舾装数法

如上节所述，临时系泊用的锚泊设备是用舾装数来确定它的数量和重量的，我国《海上移动式钻井船入级与建造规范》给出的舾装数计算公式为：

$$N=\Delta^{2/3}+2Bh_g+0.1A \tag{6-1}$$

式中 N——舾装数;

Δ——夏季满载吃水线的型排水量,t;

B——型宽,m;

A——侧面面积,包括夏季满载吃水线以上规范所指长度以内的船体,以及宽度超过 $0.25B$ 的上层建筑和甲板室,m^2;

h_g——从夏季满载吃水线量起的船中干舷高度加上上层建筑及所有宽度超过 $0.25B$ 的甲板室高度,m。

如果宽度大于 $0.25B$ 的甲板室的宽度等于或小于 $0.25B$ 的甲板室高度,则该甲板室的高度 h_g 不计入公式。在计算 h_g 时,脊弧和纵倾可忽略;在计算 h_g 和 A 时,高度大于 $1.5m$ 的挡板和舷墙,也认为是甲板室的一部分。

由式(6-1) 算出舾装数 N 后,查规范中锚泊设备表,即可确定锚的数量、重量和锚链的直径、长度。

2. 抓持力法

根据锚及锚链在海底所提供的抓持力与作用在平台上的外力平衡条件,可以确定锚及锚链尺寸。作用在平台上的外力主要是由风、波浪和海流引起的。因此,在外力计算中首先求出风力、波浪力和海流力。以3种外力方向相同作为计算标准,求出最大合力后,根据所选锚的抓重比和锚链的断裂强度等来确定锚重和锚链的尺寸。锚重计算公式为:

$$W=F/K \tag{6-2}$$

式中 W——锚的重量,N;

F——全部外力的合力,N;

K——锚的抓重比(表6-2)。

表 6-2 锚的抓重比

土质	霍尔锚	斯贝克锚	海军锚	丹福氏锚	LWT 型锚
淤泥	2~3	2~3	2~4	10~16	9~15
黏土	3~5	3~5	—	8~9	8~10
砂	3~4	3~4	4~5	7~8	6~7
石砾	3~6	3~6	3~8	5~6	5~8

锚的抓重比不仅与锚的型式和海底地质情况有关,而且也与锚的重量有关,表6-2给出的锚的重量约为50kN。

锚的抓力通过锚链传到平台上。锚链尺寸的选取直接影响锚的抓力和平台的安全性,一般可用悬链线方程计算锚链长度、重量和抛锚距离。

二、移动式平台对锚泊定位系统的设计要求

移动式平台锚泊定位设备的规格和布置,主要取决于环境载荷、水深、海底地质条件、定位准确性和平台形状等多种因素。定位系统应能在设计工况下,使平台保持在一定限度内运动,并应能在预定的海况条件下阻止平台漂移。尤其是浮式钻井平台,为保证钻井作业顺

利进行，仅允许钻井平台在井口上方有微小的漂移半径，平台仅能产生规定限度以内的水平位移。通常在正常钻井作业条件下，其水平位移应不超过工作水深的5%。位移受防喷器球形接头最大偏角的限制，设计中应协调考虑。当被迫停止钻井作业，钻杆已提起，而隔水套管尚未脱开时，为保证连接条件，锚泊系统应能将平台稳定在某一移动范围内。此时平台的允许偏移量可稍大些，通常取最大偏移量为水深的8%~10%。当平台处于风暴自存工况时，隔水套管已脱开，即不存在限位的问题，此时重要的是如何减小锚链上所受到的张力。表6-3给出了锚泊定位系统的设计要求。

表 6-3　锚泊定位系统的设计要求

操作状况		正常钻井	准备停钻	停钻	风暴自存
锚链或缆	最大张力	<1/8 断裂强度	=1/3 断裂强度	1/5~1/2 断裂强度	1/2 断裂强度或走锚
	下风松弛缆	—	—	至少2根完全松弛	至少2根完全松弛
	最大位移，%	2~8	5~6	8~10	无限制
4°	条件	连接	连接	连接	不连接
	球形接头的最大偏角，(°)	—	<10	10	—
	泥浆	钻井泥浆	钻井泥浆	水代替泥浆，必要时用海水	
	操作	钻井	钻井，同时做停钻的准备	停钻，准备起隔水套管，等候好天气	除锚泊系统外，完全无作业，平台不加控制

注：表中最大位移下限是适用于深水450~600m，最大位移上限是适用于浅水60~90m。

锚链的许用强度，通常设计按照表6-3选用。在钻井工作时取锚链断裂强度的1/3，而风暴自存时候取断裂强度的1/2。如把许用强度规定得太小，则不利于定位；若定得太大，又容易引起锚链的断裂。因为锚链的疲劳破坏与所受到的载荷变化的幅值有关，载荷越大或其变化幅值越大，则使用寿命越短。

定位锚泊系统呈辐射状分布，可给予每根锚链以预张力。从静力观点分析，整个系统中这种预张力是相互抵消的。当平台受到风、浪等外力作用很大时（如自存工况），上风一侧锚链的张力则很大，此时若将下风一侧的锚链完全放松或部分放松，不仅能减小锚链上所受的张力，也能减小平台的最大位移。

第四节　锚系设计

锚系设计是指计算每个抛锚点与平台之间的距离，以及确定锚链或锚缆长度、单位长度重量、破断强度等参数。

锚链和锚缆都是柔索，只能承受轴向拉力，所以锚索受力方向都与锚索方向一致。扩展锚系的各个锚索，伸向四面八方，各锚索又系在平台的不同位置，所以各锚索的受力一般来说不是汇交力系，仅个别情况有可能是汇交力系。

一、锚链的状态

如图6-21所示,锚链有3种状态,即松弛状态、临界状态和张紧状态。松弛状态是锚链与海底的切点和锚之间有一段平躺在海底的锚链;临界状态是切点和锚所在位置重合;张紧状态是锚链与海底没有切点,在锚点处锚链与海底呈一定角度。显然,此角度如果过大,则锚可能被起出来。随着锚链长度和锚机拉力的变化,锚链的水平拉力也在变化,锚链的状态也在变化。

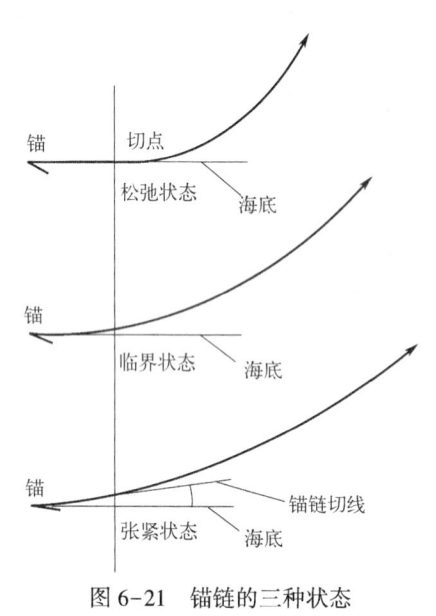

二、锚链的悬链线方程

悬链线是指一种具有均质、完全柔性而无延伸的链或缆,自由悬挂于两点上时所形成的曲线。不管是锚链还是锚缆,它们在水中的自然形态是一条悬链曲线,描述该悬链曲线的方程称为悬链线方程。一般移动式平台的锚链,由于本身有拉伸和受到海流力的作用,与理论上的悬链线并不完全吻合,但实用上仍常用悬链线来描述锚链的特性,而忽略海流力和弹性伸长的影响。因此,推导出悬链线的方程是解决锚索有关设计和计算的关键。

图6-21 锚链的三种状态

图6-22(a)中 OA 为锚链悬垂部分,A 为链上端由平台导出之点,O 为下端与海底相切之处,l 为曲线 OA 之长,s 为 OA 之水平投影,h 可近似取为水深,q 为链单位长度的重量。OA 线上各点都受到拉力,但 A 点的拉力 T 最大。V 为 T 的垂直分力,它与链重 ql 相平衡。Q 等于海底锚的水平抓力,它在各点为常值。取链的微长 $\mathrm{d}l$ 来研究,如图6-22(b)所示,则有 $T+\Delta T$ 在 x 轴的投影为:

$$T\cos\theta + \frac{\mathrm{d}(T\cos\theta)}{\mathrm{d}l}\Delta l$$

$T+\Delta T$ 在 z 轴的投影为:

$$T\sin\theta + \frac{\mathrm{d}(T\sin\theta)}{\mathrm{d}l}\Delta l$$

由静力平衡可知:

$$\sum F_x = T\cos\theta + \frac{\mathrm{d}(T\cos\theta)}{\mathrm{d}l}\Delta l - T\cos\theta = 0 \tag{6-3}$$

$$\sum F_z = T\sin\theta + \frac{\mathrm{d}(T\sin\theta)}{\mathrm{d}l}\Delta l - T\sin\theta - q\Delta l = 0 \tag{6-4}$$

由式(6-3)解得:

$$T\cos\theta = Q \tag{6-5}$$

由式(6-4)得到:

$$\frac{\mathrm{d}(T\sin\theta)}{\mathrm{d}l} = q \tag{6-6}$$

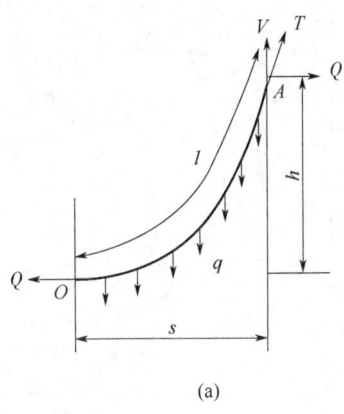

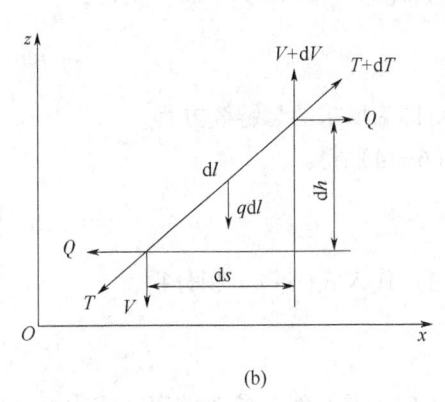

图 6-22 锚链悬垂示意图

由于
$$dl = \sqrt{(dx)^2 + (dz)^2}$$

则
$$dl = \sqrt{1+z'^2}\,dx \tag{6-7}$$

将式(6-7)代入式(6-6)得：
$$\frac{d(T\sin\theta)}{\sqrt{1+z'^2}} = q\,dx \tag{6-8}$$

在式(6-8)中利用式(6-5)得：
$$\frac{d(T\sin\theta)}{\sqrt{1+z'^2}} = q\,dx \tag{6-9}$$

式(6-9)中，令 $a = Q/q$，有：
$$z'' = \frac{1}{a}\sqrt{1+z'^2} \tag{6-10}$$

令 $z' = \mathrm{sh}\,t$，则 $z'' = \mathrm{ch}\,t\,\dfrac{dt}{dx}$，代入式(6-10)得：
$$\mathrm{ch}\,t\,\frac{dt}{dx} = \frac{1}{a}\sqrt{1+(\mathrm{sh}\,t)^2} \tag{6-11}$$

化简式(6-11)并积分得：
$$t = \frac{x}{a} + C_1 \tag{6-12}$$

当 $x=0$ 时，$z'(0)=0$，有：
$$C_1 = 0$$

则在式(6-12)中利用 $z' = \mathrm{sh}\,t$ 得：
$$z' = \mathrm{sh}\,\frac{x}{a} \tag{6-13}$$

对式(6-13)积分得：
$$z = a\,\mathrm{ch}\,\frac{x}{a} + C_2$$

当 $x=0$ 时，$z(0)=0$，有 $C_2=-a$，则得：

$$z = a\text{ch}\frac{x}{a} + C_2 \quad (6\text{-}14)$$

式(6-14)即为所求的悬链线方程。

由式(6-14)得：

$$x = a\text{ch}^{-1}\left(\frac{z}{a}+1\right) \quad (6\text{-}15)$$

将式(6-13)代入式(6-7)积分得：

$$l = a\text{sh}\frac{x}{a} \quad (6\text{-}16)$$

当水深为 h 时，悬链线各参数的表达式为：

$$h = a\text{ch}\frac{s}{a} - a \quad (6\text{-}17)$$

$$s = a\text{ch}^{-1}\left(\frac{h}{a}+1\right) = a\ln\left[\frac{1}{a}(l+h+a)\right] \quad (6\text{-}18)$$

$$l = a\text{sh}\frac{s}{a} = \sqrt{h^2+2ha} \quad (6\text{-}19)$$

$$a = \frac{l^2-h^2}{2h} \quad (6\text{-}20)$$

悬链线的力学性质为：

$$Q = aq \quad (6\text{-}21)$$

$$V = lq \quad (6\text{-}22)$$

$$T = q\frac{l^2+h^2}{2h} = aq + hq \quad (6\text{-}23)$$

三、锚链计算

【例】 某一有档锚链，其断裂强度 $T_b = 360\times10^4\text{N}$，链重量 $q_1 = 100\text{N/m}$，安全系数 $K=3$。若改用高强度钢缆并保持同等强度，其缆重 $q_2 = 200\text{N/m}$，水深约为 200m。求锚链和钢缆的长度、重量以及回复力。

解：(1) 求最大许用强度：$T = T_b/k = 360\times10^4/3 = 120\times10^4(\text{N})$。

(2) 求锚链长度 l_1，由式(6-23)得 $a_1 = \frac{T}{q_1} - h = \frac{120\times10^4}{1000} - 200 = 1000(\text{m})$，由式(6-19)得 $l_1 = \sqrt{h^2+2ha_1} = \sqrt{200^2+2\times200\times1000} = 663(\text{m})$。

(3) 求锚链重量 W_1，$W_1 = q_1 l_1 = 1000\times663 = 6.63\times10^5(\text{N})$。

(4) 求锚链回复力 Q_1，$Q_1 = a_1 q_1 = 1000\times1000 = 1\times10^6(\text{N})$。

(5) 求钢缆长度 l_2，由式(6-23)得 $a_2 = \frac{T}{q_2} - h = \frac{120\times10^4}{200} - 200 = 5800(\text{m})$，由式(6-19)得 $l_2 = \sqrt{h^2+2ha_2} = \sqrt{200^2+2\times200\times5800} = 1536(\text{m})$。

(6) 求锚缆重量 W_2，$W_2 = q_2 l_2 = 200 \times 1536 = 3.072 \times 10^5 (\text{N})$。

(7) 求锚缆回复力 Q_2，$Q_2 = a_2 q_2 = 5800 \times 200 = 1.16 \times 10^6 (\text{N})$。从上述计算结果可看出，在同一水深，同等强度下，钢缆比锚链重量轻，回复力大，但钢缆长度要长。

第五节 锚泊定位系统分析

锚泊定位系统分析目前有多种方法，如确定性静力分析、确定性动力分析、概率动力分析以及锚泊定位系统合理分析方法等。其中，以确定性静力分析法计算简便，能满足一般精度要求，在工程设计中得到广泛应用。本节重点介绍锚泊定位系统的静力分析。

通常规定平台在正常钻井作业时的水平偏移不得大于工作水深的5%（最大到6%），锚链在作业状态时的最大张力不得超过锚链断裂强度的1/3，最大水平拉力不得超过锚的最大抓力，最大允许抛锚长度也受到锚链可存储长度的限制。

一、锚链的松弛度

锚链的松弛度是锚泊刚度的量度，由式(6-18)得：

$$\frac{s}{h} = \frac{a}{h} \text{ch}^{-1}\left(\frac{h}{a} + 1\right) \tag{6-24}$$

由式(6-19)得：

$$\frac{l}{h} = \frac{1}{h}\sqrt{h^2 + 2ha} = \sqrt{1 + \frac{2a}{h}} \tag{6-25}$$

式(6-25)与式(6-24)相减得：

$$\frac{l-s}{h} = \sqrt{1 + \frac{2a}{h}} - \frac{a}{h}\text{ch}^{-1}\left(\frac{h}{a} + 1\right) \tag{6-26}$$

式中，$(l-s)/h$即为锚链的松弛度，它是个无量纲的数，其值在0~1之间。当$(l-s)/h = 0$时，即$l = s$，这是锚链假想绷紧的最大极限，此时链的回复力和张力均趋于无穷大。当$(l-s)/h = 1$时，即$s = 0$，$l = h$，这是锚链最松的情况，此时链的回复力为0。当浮式平台处于预张力的平衡位置时，各链的松弛度$(l-s)/h$皆相等。一旦产生位移，各链的松弛度$(l-s)/h$就各不一样了，其中总有1根松弛度最小，而张力最大。

二、锚链的垂向刚度

垂向刚度是锚链抑制平台升沉幅度的能力。由图6-23可见，单根锚链上的垂直拉力为V，当链端发生垂直位移$\text{d}z$时，V随即出现一个量$\text{d}V$，$\text{d}V/\text{d}z$即为该状态时锚链的垂向刚度。

坐标原点位于锚缆发生偏移前锚链与海底的切点O处。当P点在垂直力V作用下移至P'点时，即产生位移垂向$\text{d}z$，V增至$V + \text{d}V$，部分卧躺在海底的锚链被抬起，锚链与海底的切点移至O'。

为了方便计算，在考虑工程实际的基础上做以下假设：由于平台工作状况下垂荡位移一般在1m左右，位移是比较小的，因此，假定水平拉力Q为一常量，则悬链线参数$a = Q/q$近似为常量。

令 P 点的纵坐标为 z，由悬链线方程可知：

$$l=\sqrt{z^2+2za} \tag{6-27}$$

方程（6-27）两边对 z 求导得：

$$\frac{\mathrm{d}l}{\mathrm{d}z}=\frac{z+a}{\sqrt{z^2+2za}}=\frac{z+a}{l} \tag{6-28}$$

由式（6-17）和式（6-19）知 $z+a=a\mathrm{ch}\dfrac{s}{a}$，$l=a\mathrm{sh}\dfrac{s}{a}$，则：

$$\frac{\mathrm{d}l}{\mathrm{d}z}=\frac{a\mathrm{ch}\dfrac{s}{a}}{a\mathrm{sh}\dfrac{s}{a}}=\frac{1}{\mathrm{th}\dfrac{s}{a}} \tag{6-29}$$

锚链的垂向刚度为：

$$K_{zz}=\frac{\mathrm{d}V}{\mathrm{d}z}=\frac{q\mathrm{d}l}{\mathrm{d}z}=\frac{q}{\mathrm{th}\dfrac{s}{a}} \tag{6-30}$$

三、锚链的水平刚度

单根锚链在水平拉力 Q 作用下，产生水平位移。当锚端出现一个增量 $\mathrm{d}Q$ 时，会产生水平位移 $\mathrm{d}x$，则 $\mathrm{d}Q/\mathrm{d}x$ 即为该状态下锚链的锚端水平刚度。

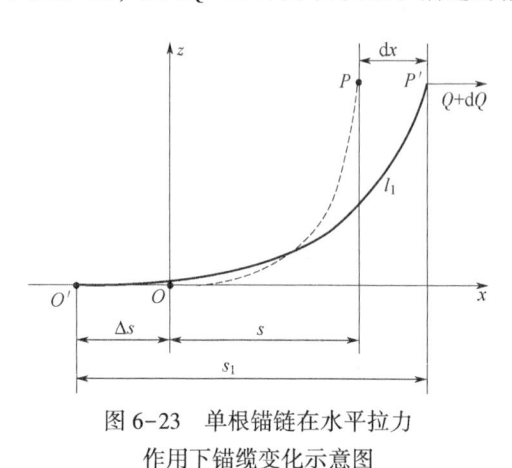

取锚链与海底相切之点为原点 O，建立 xOz 坐标系，如图 6-23 所示。当 Q 增至 $Q+\mathrm{d}Q$ 时，P 点移至 P' 点，部分锚链被抬起，O' 点成了链与海底的新切点。

设切点在 O 处时悬链部分的长度为 l，切点在 O' 处时悬链部分的长度为 l_1，P 点的坐标为 (s, h)。P 点的横坐标为：

$$x=s=a\mathrm{ch}^{-1}\left(\frac{h}{a}+1\right) \tag{6-31}$$

图 6-23 单根锚链在水平拉力作用下锚缆变化示意图

方程（6-31）两边对 a 求导得：

$$\frac{\mathrm{d}x}{\mathrm{d}a}=\mathrm{ch}^{-1}\left(\frac{h}{a}+1\right)-\frac{h}{\sqrt{(h+a)^2-a^2}} \tag{6-32}$$

锚链的水平刚度为：

$$K_{xx}=\frac{\mathrm{d}Q}{\mathrm{d}x}=a\frac{\mathrm{d}a}{\mathrm{d}x}=\frac{q\sqrt{(h+a)^2-a^2}}{\sqrt{(h+a)^2-a^2}\,\mathrm{ch}^{-1}\left(\dfrac{h}{a}+1\right)-h} \tag{6-33}$$

四、锚泊系统预张力的确定

由受力最大的链入手，根据链的最大许用强度就不难确定该系统的预张力 T_0，现结合实例加以说明。

某浮式平台，采用 8 锚均布定位，平台工作位置的水深 $h = 100\text{m}$，选取锚链的断裂强度 $T_b = 360 \times 10^4 \text{N}$，锚链单位长度重量 $q = 1000\text{N/m}$，允许的最大水平偏移为 $\delta/h = 6\%$，安全系数 $K = 3$，确定该锚泊系统的预张力。

由图 6-24 可以看出，该平台的实际锚泊定位系统是比较复杂的。其一，它们不是汇交力系，不仅在俯视图上如此，在垂向上也是如此；其二，发生的水平位移不与各悬链线在同一平面里。为了简化计算，首先假定它们为一汇交力系，这对于预张紧状态以及偏移后锚链的分布仍具有某种对称性的情况，还是比较符合的。其次假定锚链下端的抬起也与原来悬链线处于同一平面里。

图 6-24 中的 α 为各锚链对某一固定坐标的夹角。图中实线表示该系统在预张力 T_0 下各锚链相互平衡的情况；虚线则表示平台受到风、浪、流等外力 Q 作用，产生水平位移 δ 时的情形；为位移矢量与对固定坐标轴间的夹角。现探讨该位移对于各锚链松弛度的影响。

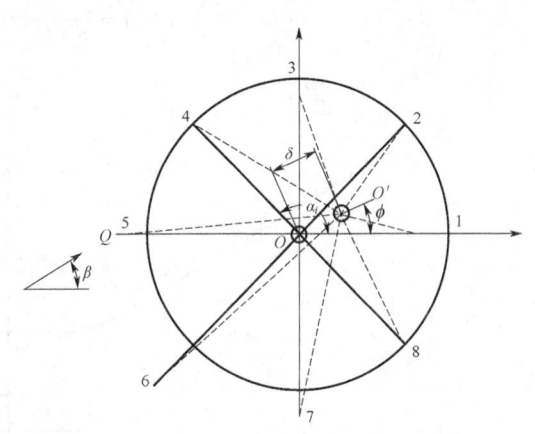

图 6-24　8 锚定位的浮式平台

现研究系统的第 i 根锚链。图 6-25 中，在预张时（位移未发生之前），该链的上端点为 O，下端点为 i。当位移 δ（移 ϕ 角）发生之后，上端点 O 移至 O'，下端点由 i 点移至 i'。假定 i' 点位于 O_i 延长线上，由图 6-25 不难看出：

$$[s_o + (l_i - l_o) + \delta\cos(180° - \alpha_i + \phi)]^2 = s_i^2 - [\delta\sin(180° - \alpha_i + \phi)]^2 \tag{6-34}$$

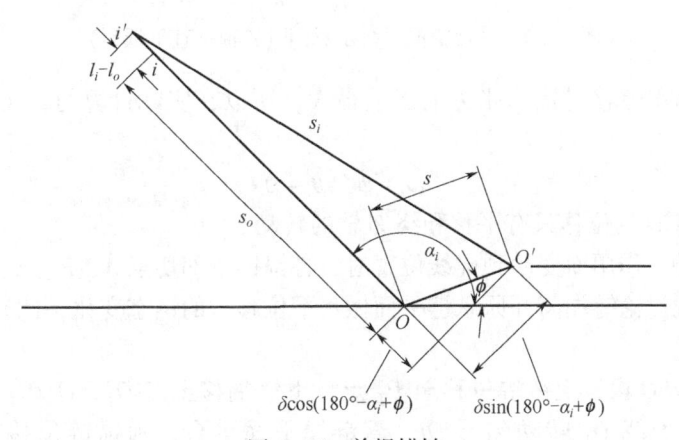

图 6-25　单根锚链

δ 与 s_i 相比是一小量。式(6-34) 可近似为：

$$s_o + l_i - l_o + \delta\cos(180° - \alpha_i + \phi) = s_i \tag{6-35}$$

整理并使方程两边同除以 h 得：

$$[(l-3)/h]_i = [(l-3)/h]_o - (\delta/h)\cos 180° - \alpha_i + \phi \tag{6-36}$$

式(6-26) 表明锚泊定位系统中水平位移对各根锚链松弛度的影响，可以判断 $a_i - \phi = 180°$ 的那一根松弛度最小，所受张力最大。

五、锚泊系统的静力分析

从锚链对平台的作用而言，锚链可看作是连接在平台着链点上的非线性弹簧。锚泊平台整个系统可看作由若干按一定方向布置的非线性弹簧支持的刚体运动体系，如图6-26所示。为研究该平台锚泊系统，建立固定于空间的坐标系 $O\text{-}XYZ$。在平台上任取一参考点 C，则平台的刚体运动可由 C 点对于固定坐标的6个位移分量表达：

$$[D_c] = [u_c, v_c, \omega_c, \phi_c, \theta_c, \psi_c]^\mathrm{T}$$

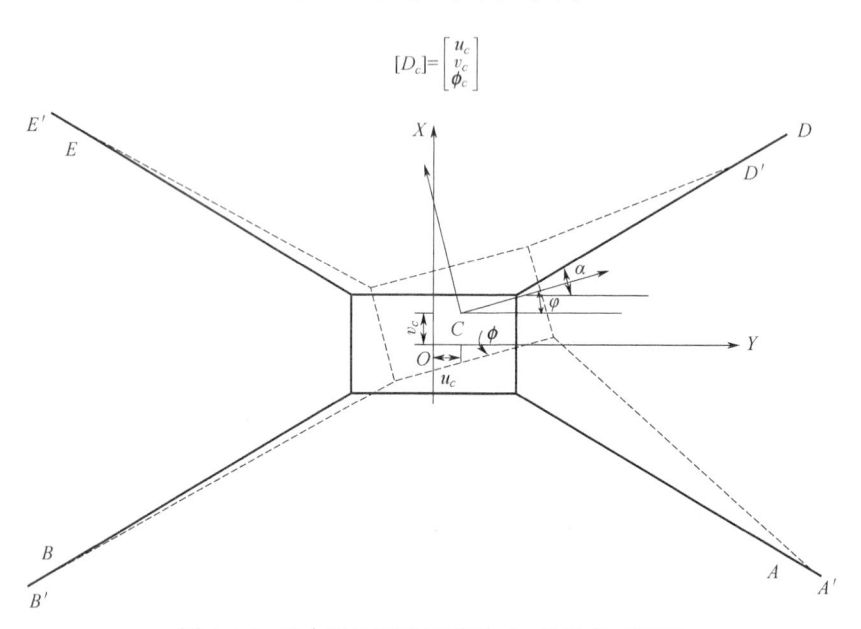

$$[D_c] = \begin{bmatrix} u_c \\ v_c \\ \phi_c \end{bmatrix}$$

图6-26 平台锚泊系统示意图（Z 轴垂直于纸面）

由于平台的水平位移对锚泊张力的影响最大，所以在实际计算时，可看作平面运动问题，取

$$\omega_c = \phi_c = \theta_c = 0$$

于是，平台参考点 O 的位移只有平移和绕 Z 轴的转动。

当平台受到外力作用而变动到虚线位置时，各锚链下部切点 A、B、E、D 的位置都将发生相应的变动。现讨论链端离开原悬链平面做水平位移时的链态变化，此时锚链的俯视图如图6-27(a)所示。

设锚链原为 OP_0 段，上链端位移至 P_1 点，下链端移至点 O_1，O_1P_1 为锚链的新状态。将 O_1P_1 悬链线平面绕 O_1 转动到与 OP_0 悬链线平面重合，则锚链位移前后的悬链线如图6-27(b)所示。

设位移前悬链线长度为 l_0，链端 P_0 离切点 O 的水平距离为 S_0，位移后的悬链线长度为 l_1，水平距离为 S_1。在链端位移较小时，假设链端位移前后的悬链线长度增量为 l_1-l_0，就是悬链线在海底提起或落下的那部分 O_1O，即：

$$O_1O = l_1 - l_0$$

若链端的实际水平位移为 δ，则：

$$(l_1 - l_0) + s_0 + \delta = s_1$$

(a) 锚链俯视图

(b) 锚位移前后的悬链线

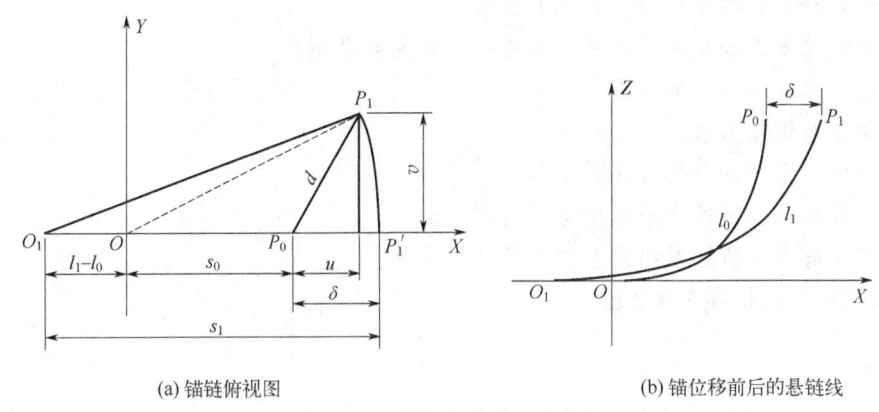

图 6-27　锚端位移时链态变化

所以：
$$l_1 - s_1 = l_0 - s_0 - \delta \tag{6-37}$$

由式(6-37)可知，在着链点做水平位移后，悬链线长度 l 与水平距离 s 的差值相当于悬链线平面内链端的水平位移 δ 值。

由图 6-28(a) 可知：
$$\delta = OP_1' - s_0 \approx OP_1 - s_0 = \sqrt{s_0^2 + d^2 - 2ds_0\cos(\angle OP_0P_1)} - s_0 \tag{6-38}$$

其中
$$\angle OP_0P_1 = \tan^{-1}(u/v) + \pi/2 \tag{6-39}$$

当平台位移前锚链预张力给定时，l_0、s_0 为已知值。将式(6-38) 代入式(6-37)，则可求出平台位移前后悬链线值 $l_1 - s_1$。由于 $l_1 - s_1$ 值与悬链线张力的水平分量 Q 存在唯一的对应关系，因此根据 $l_1 - s_1$，可求得 Q 值和全部新的悬链线状态参数。

六、锚泊系统分析

在锚泊系统静力分析计算中，把外力看作静力，由该静力导致平台产生平均静力位移，而将振荡引起的运动视为平台围绕平均静力位移的偏移。这种只考虑在锚泊平台运动幅值很小的情况下才正确，当风暴工况下或者破损工况下，如果仍然用静力分析，将明显低估了与波频运动有联系的动张力，故应采用锚泊系统的确定性动力分析或者锚泊系统的合理分析。

锚泊系统的合理分析是指在概念设计和基本设计阶段，针对给定的环境载荷以及平台尺度等条件进行静力分析，按照标准对平台的锚泊设计进行评价，使锚泊设计满足全部要求。

在基本设计阶段，采用确定性动力分析，进行动力、张力及平台运动轨迹的分析。在详细设计阶段，如果能搜集到平台工作海域的长期海况资料，可采用概率动力分析进行锚缆最大张力及疲劳分析。

思考题

1. 分析锚链和锚缆的优缺点。
2. 锚泊系统包括哪些设备？

3. 简述自升式钻井平台锚泊系统的要求。
4. 简述定位系泊和临时系泊两种锚泊系统的主要差别。
5. 简述单点系泊系统的组成。
6. 试推导悬链线方程。
7. 锚泊定位系统的分析方法有哪些?
8. 试计算单根锚链的水平刚度与垂向刚度。
9. 如何用静力分析法对锚泊系统进行分析计算?
10. 如何进行抛锚和起锚作业?

第七章 海洋平台结构构件的承载能力和加工工艺

第一节 概述

一、钢材的强度

图 7-1 所示为典型结构碳钢的材料性能曲线。钢最重要的性能参数有弹性模量、屈服限和延展性。延展性是指钢在塑性变形和断裂过程中吸收能量的能力，它是钢结构的最基本性能。始于 1950 年的塑性设计方法，就基于钢在破坏前可承受一定塑性变形的性能。

钢材的强度通常应考虑脆性断裂、层状撕裂和疲劳断裂三个方面。结构钢在通常情况下是有延展性的，但在某些情况下，可能变成脆性的。例如在低温、高加载速度、化学成分不良、三轴应力状态和高残余应力情况下，其破坏类似于铸铁或玻璃那样突然发生，这种破坏称为脆性断裂。在这种情况下，不出现应力重新分布，应力集中会使构件强度大为减弱。

由于钢板平面的垂向强度不够，还会出现另一种脆性断裂，即层状撕裂。通常，这是由于轧制钢板内存在缺陷所致所造成的破坏。疲劳断裂是指钢材料、零构件在循环应力或循环应变作用下，在一处或几处逐渐产生局部永久性累积损伤，经一定循环次数后产生裂纹或突然发生完全断裂的过程。

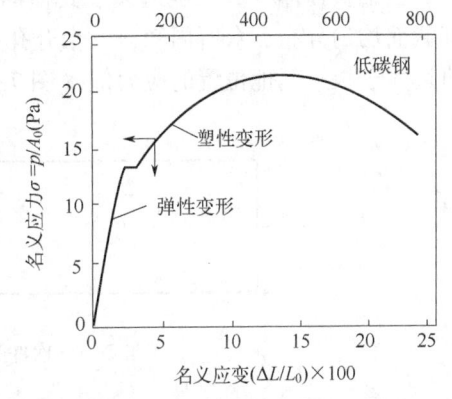

图 7-1 结构碳钢的应力—应变曲线

二、海洋平台结构构件的强度

海洋平台结构构件的承载能力取决于材料特性和几何特性。

按几何特性，海洋平台结构构件可大体分为节点与杆件。整体结构中的钢材性能在某些方面与孤立的拉、压试件不同。这些差异来自加工、成型、装配、焊接过程中严重的残余应力。通常，残余应力对拉伸或弯曲杆件没有不利影响的形状有影响，图 7-2 给出了试件切去焊接部分后的平均应力—应变关系曲线。

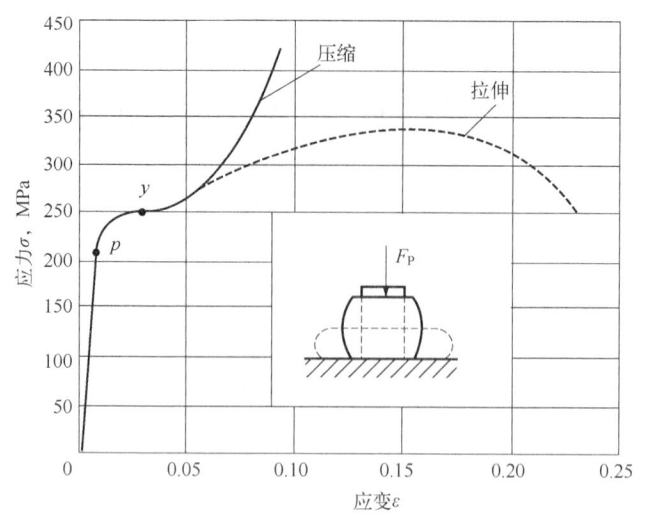

图 7-2 低碳钢短柱的应力—应变曲线

1. 海洋平台结构构件的拉伸破坏

当细长柱体（其长度远大于其横向最大尺寸）受轴向集中载荷作用时，产生的应力沿其截面均匀分布。众所周知，一个开孔的受拉无限长平板，在孔周围产生应力集中，其应力值远大于板上其他位置的应力值（图 7-3）。

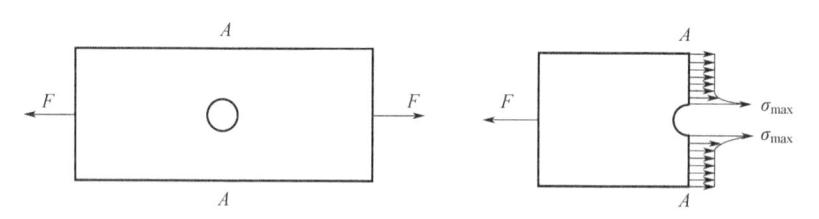

图 7-3 构件受轴向载荷作用下的应力集中

应力集中程度用应力集中系数 SCF 表示为：

$$SCF = \frac{\text{最大应力峰值}}{\text{截面的平均应力}} \tag{7-1}$$

当孔的半径与板宽相比很小时（通常不大于 1/10 宽度），SCF 为 2.5~3.0。

当载荷进一步增大，孔周围的应力分布类似于拉伸试验，产生屈服。然而，远离孔的其他部分的应力继续增大，使得应力分布发生了改变，即屈服区不断扩大，但只要有弹性部分存在（应力低于屈服点），构件就不会突然出现变形，最后 P 继续增加，整个截面上的应力全部达到屈服点，此时产生极度的变形，导致构件的破坏。

然而，在局部屈服之前，应力已重新分布，使得应力集中程度逐渐减小，在最后整个截面屈服时，应力集中也一同消失了，应力在整个截面上均匀分布，载荷 $P_Y = \sigma_y A$，这里忽略了初始弹性应力集中。这是结构钢延展性的重要性能。

2. 脆性断裂

脆性断裂是指海洋平台结构构件未经明显的变形而发生的断裂，一般发生在高强度或低延展性、低韧性的金属和合金上。但是，即使金属有较好的延展性，在下列情况下，也会发生脆性断裂，如低温、厚截面、高应变率（如冲击）或是有缺陷。脆性断裂引起材料失效一般是因为冲击，而非过载。

断裂时钢料几乎没有发生过塑性变形，如杆件脆断时没有明显的伸长或弯曲，更无缩颈，容器破裂时没有直径的增大及壁厚的减薄。脆断的构件常形成碎片。材料的脆性是引起构件脆断的重要原因。因构件中存在严重缺陷（如裂纹）发生低应力脆断时也具有脆性断裂的宏观特征，但此时材料不一定很脆。因材料脆性而发生的脆断断口"呈结晶状"，有金属光泽，断口与主应力垂直，也即与构件表面垂直，断口平齐。

如果开始出现裂纹所需的单位面积的能量是 W，则产生长 L 的裂纹需要的能量为（板厚为1）：

$$U_b = W \cdot L \cdot 1 \tag{7-2}$$

这一能量来自板伸长后储存的应变能。当裂纹向板内扩展为 L 时，释放的应变能可粗略估算，假设能量全部释放，则释放的能量与 L^2 成正比：

$$U_s \propto \frac{1}{2} \frac{\sigma^2}{E} [L \cdot \beta L] \propto L^2 \tag{7-3}$$

如果 $\Delta U_s - \Delta U_b > 0$，裂纹将加速扩展，因为释放的应变能会加速它的产生。如果 $L > L_k$，L_k 是裂纹的临界长度，则 $\Delta U_s - \Delta U_b > 0$。如果 $L < L_k$，结构就不会发生脆性断裂。

Griffith 对精确计算给出：

$$L_k = \frac{2WE}{\pi \sigma^2} (\text{单位 m}) \tag{7-4}$$

式中 L_k——裂纹的临界长度；

W——产生裂纹所做的功，J/m^2。

E——弹性模量，N/m^2。

经长期研究，人们认识到，过去我们把材料看作毫无缺陷的连续均匀介质是不对的。材料内部在冶炼、轧制、热处理等各种制造过程中不可避免地产生某种微裂纹，而且在无损探伤检验时又没有被发现。那么，在使用过程中，由于应力集中、疲劳、腐蚀等原因，裂纹会进一步扩展。当裂纹尺寸达到临界尺寸时，就会发生低应力脆断的事故。

对于无裂纹材料，当 $\sigma = \sigma_b$ 时，材料因塑性大变形而发生塑性断裂。σ 是一个外加的、变化的应力，σ_b 是材料的强度值，是一个固有的不变量，即物性常数。同样地，对于含裂纹材料，当 $KI = KIC$，材料发生脆性断裂，KI 是一个随外力而变化的应力强度因子值，KIC 是材料的断裂韧性值，是一个固有的不变量。因此，σ_b 是材料的强度性能指标，而 KIC 是材料抵抗 I 型载荷裂纹失稳扩展的断裂性能指标，尤其是脆性材料断裂时的强度判据。根据应力作用方式的不同（图7-4），材料的应力强度因子值共分张开型 KI、滑开型 KII、撕开型 KIII 三种类型。

3. 疲劳断裂

如上所述，若裂纹长度大于 L，则在静载荷作用下裂纹继续扩展。受动载荷作用的结构，即使裂纹长度小于 L_k，也会出现裂纹扩展。如果应力变化次数超过一定值，在每个载荷循环中晶体结构将发生局部变化，由于在局部应力集中或强度较低部位首先产生裂纹，裂纹随后扩展导致的断裂，这就是疲劳断裂。材料承受交变循环应力或应变时，引起的局部结

(a) 张开型　　　(b) 滑开型　　　(c) 撕开型

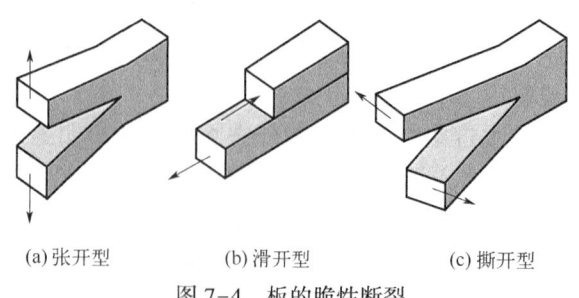

图 7-4　板的脆性断裂

构变化和内部缺陷的不断发展，使材料的力学性能下降，最终导致产品或材料的完全断裂，这个过程称为疲劳断裂，也可简称为金属的疲劳。引起疲劳断裂的应力一般很低，疲劳断裂的发生，往往具有突发性、高度局部性及对各种缺陷的敏感性等特点。

如果作用在零件或构件的应力水平较低，破坏的循环次数高于 10 万次的疲劳，称为高周疲劳。例如弹簧、传动轴、紧固件等类产品一般以高周疲劳见多。作用在零件构件的应力水平较高，破坏的循环次数较低，一般低于 1 万次的疲劳，称为低周疲劳。例如压力容器，汽轮机零件的疲劳损坏属于低周疲劳。

疲劳断裂的特点主要有：

(1) 断裂时没有明显的宏观塑性变形，断裂前没有明显的预兆，往往是突然性的产生，使机械零件产生的破坏或断裂的现象，危害十分严重；

(2) 引起疲劳断裂的应力很低，往往低于静载时屈服强度的应力负荷；

(3) 疲劳破坏后，一般能够在断口处能清楚地显示出裂纹的发生、扩展和最后断裂的三个区域的组成部分。

疲劳失效分为产生、扩展和断裂三个阶段，其中裂纹产生阶段占了整个疲劳寿命的极大部分。疲劳寿命指疲劳失效时所经受的应力或应变的循环次数。

海洋平台结构的疲劳寿命 N_f 由三部分组成：N_i（初始寿命）、N_{us}（微观裂纹扩展寿命）、N_{ms}（宏观裂纹扩展寿命）。N_i 是材料的疲劳寿命，N_{ms} 是焊接结构疲劳寿命的主要部分。因为焊接结构会产生应力集中，且焊接会产生 0.1~2.0mm 深的缺陷。如图 7-5 所示海洋平台，尤其是大型储油轮中常见的纵支骨穿过横向构件（加强横梁腹板）切口的焊接节

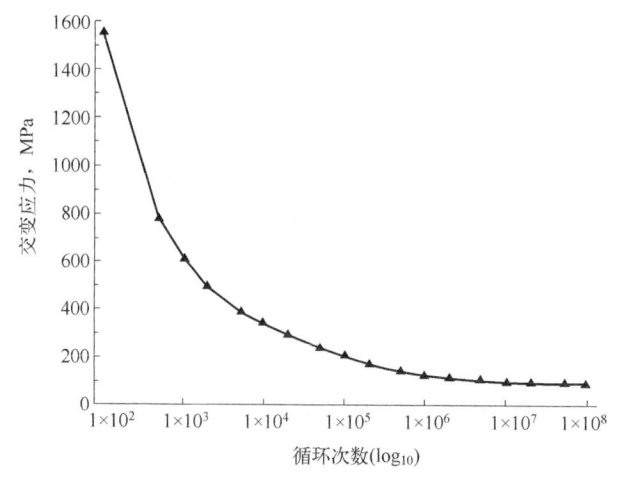

图 7-5　不锈钢的 S—N 曲线

点结构,对该类节点结构三维模型疲劳试验结果表明,在应力比为 $R=1$ 的拉伸循环应力作用下,其腹板切口处裂纹扩展如图中白线所示。比较可见,在出现长度为 3mm 的宏观裂纹以后的疲劳寿命是此焊接节点结构的主要部分。

疲劳特性常用 S—N 曲线来描述(图 7-6),S 表示节点的应力范围,即从应力的峰值 $+\sigma$ 到应力的谷值 $-\sigma$ 的应力幅值 2σ,N 表示对应于节点破坏时的应力循环次数。

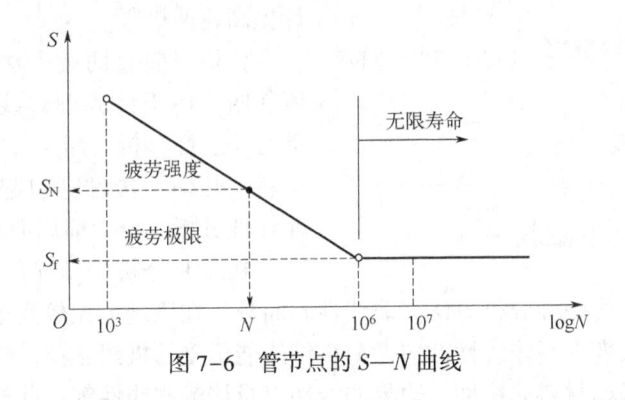

图 7-6 管节点的 S—N 曲线

平台在其寿命期间,受到交变载荷的作用,每个循环应力值都诱发构件产生一定程度的疲劳损伤,所以不能直接用应力范围为常幅的 S—N 曲线。而用寿命期内全部应力幅值的累积损伤度来表示,即用实际的应力循环次数与容许的应力循环次数的比值来表示,目前海上平台规范中常用较简便实用的 Miner 线性疲劳累积损伤准则。

该准则是指当结构疲劳累积损伤度 $D = \sum_{i=1}^{m}(n_i/N_i) \geq 1$ 时,则出现疲劳破坏。其中 m 是使用寿命期中应力范围的个数;n 是在第 i 个应力范围下的应力循环次数,可由统计得到;N 是在第 i 个应力范围单独作用下疲劳破坏时的应力循环次数,可从 S—N 曲线中求得。

例如:某一平台的设计最大波高为 19m,将波高分成 9 组,0~4m 分成 3 组(即 0~1m、1~2.5m、2.5~4m),4~10m 分成 3 组(即 4~6m、6~8m、8~10m)。已知每组波高在一年内平均出现的次数 n_1, n_2, $\cdots$, n_9,及其对应的节点最大应力范围为 $\sigma_{max1} \sim \sigma_{max9}$,可根据 S—N 曲线查出所对应的 N_1, N_2, $\cdots$, N_9,计算 n_1/N_1, n_2/N_2, $\cdots$, n_9/N_9,然后累加求得疲劳总损伤度 D,再由 D 取其倒数 $1/D$,即可求得疲劳寿命年数。例如算得 $D = 0.041$,则疲劳寿命为 $1/D = 24.4$(年)。

4. 海洋平台结构构件的屈曲破坏

屈曲是工程计算中的一种失效模式,当结构受压应力时便可能会发生。屈曲的特征是结构杆件突然侧向形变并导致结构失稳。对于受压杆件,屈曲是最常见的失稳原因。大多数细长受压构件会产生屈曲,而钢结构中大多数受压构件的细长度为 50~100,因此设计中应注意考虑屈曲。

受压薄板的屈曲并不意味着达到极限承载力。初始屈曲后,板内产生了很大的储备能力,载荷可继续增大,板的极限承载能力最后取决于受力最大部分的应力达到屈服强度。而圆柱薄壳则刚好与它相反,它们屈曲后的刚度显著降低,对初始缺陷十分敏感,由实验得到的极限承载能力远小于由理论得的理想构件的屈曲载荷。

结构失稳即屈曲,最常见的便是压杆失稳现象。压杆稳定如图 7-7 所示,在稳定点之

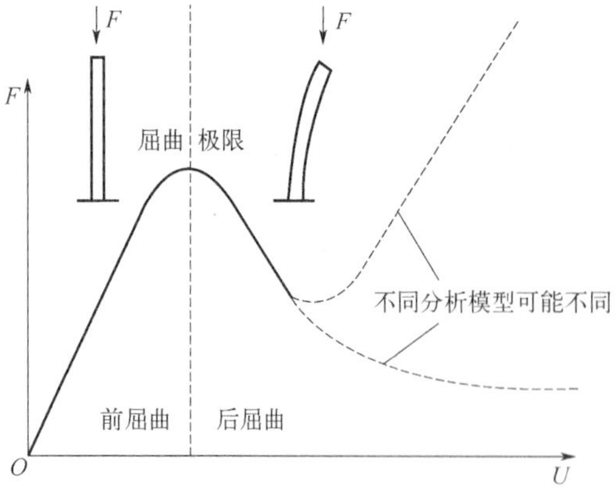

前，支反力呈线性增长，逐渐达到一个极值，之后支反力降低，这个极值便是屈曲极限。屈曲极限往往远小于材料的屈服强度，屈曲分析的目的在于找出结构的屈曲极限，分析结构的安全载荷，或对结构进行相应优化设计提高屈曲极限。

分析屈曲有两类方法：一类是线性特征值屈曲，用于计算理想线性屈曲极限；另一类是非线性分析，用于计算零件因初始缺陷、材料、几何、接触等引起的非线性屈曲，而非线性分析又分为前屈曲分析和后屈曲分析。

图 7-7 压杆稳定示意图

在屈曲分析中，非线性屈曲分析是比线性屈曲分析更为准确的一种分析方法。非线性屈曲分析在原理上比较简单，是基于静力分析的，只是需要考虑大变形等非线性效应，分析结构能承受的极限载荷。除了几何非线性，在分析过程中还可以考虑材料非线性、边界非线性以及接触非线性等；此外，在分析时还需要考虑结构初始缺陷或加载扰动。

整个过程如图 7-7 所示：
（1）结构中存在一个微小缺陷或扰动；
（2）开始施加轴向载荷时，杆发生了微小弯曲；
（3）随着载荷的增加，弯曲程度逐渐厉害，变形显著，系统的刚度（几何刚度）下降显著；
（4）随着载荷的进一步增加，最终杆件不能继续承载而发生了结构失稳。

非线性屈曲分析过程中，最难解决的问题是收敛性问题；考虑了越多的非线性因素，系统虽然越精确，但是问题也变得越复杂，收敛变得困难；通常需要调整计算参数来实现收敛，而一般最基本的是调整计算步长和收敛准则。

第二节　钢材料与加工

材料的选择和加工过程在平台装配中是很重要的，平台结构根据船级社规范设计和建造，目前，大多数海洋工程结构由钢和钢筋混凝土建造，这里只讨论钢结构。

一、钢材料的性能

钢材的主要性能有：可焊性；屈服与极限强度；延展性；切口韧性或硬度；疲劳强度和耐腐蚀性能。一般来说，不可能找到这样一种钢材，其上述所有技术参数都达到极限指标。比如，一种钢材的极限强度提高，一般要导致延展性与可焊性下降。因此，材料的选择，要综合考虑多方面，主要考虑环境因素及载荷特性。

1. 可焊性

钢材的可焊性常常用材料的含碳量与碳当量 C_{eq} 来表示，碳当量 C_{eq} 是指碳钢和碳锰钢在焊接过程中的可淬硬度，对估算材料的预热要求有实用价值。

碳当量 C_{eq} 是指把钢中包括碳在内的对淬硬、冷裂纹及脆化等有影响的合金元素含量换算成碳的相当含量，可简单表示为

$$C_{eq} = C_{碳} + \frac{1}{6}C_{锰} + \frac{1}{5}(C_{钼}+C_{铬}+C_{钒}) + \frac{1}{15}(C_{铜}+C_{镍}) \tag{7-5}$$

$C_{eq}<0.4\%$ 时，不需要预热（板厚太大时也得预热）；$0.4\%<C_{eq}<0.6\%$ 时，冷裂纹的敏感性将增大，焊接时需要采取预热。通常，平台上材料要求 $C_{eq} \leq 0.43$，但是由于规范较严格，致使实际的 C_{eq} 必须不大于 0.35。

2. 冲击韧性

钢材的冲击韧性表示其抵抗冲击载荷的能力，以制品试样在冲击试验中被冲断时在缺口处单位面积上所耗的功作为冲击韧性的量度。缺口试样冲击试验的结果也充分反映材料的缺口敏感度和冷脆倾向。平台钢材应具有良好的冲击韧性才能确保安全。因钢材冲击韧性低而发生平台脆断事例屡有所见。1965年北海钻井船"海宝号"脆断沉没；1976年12月我国有一自升式平台桩腿发生脆断。脆断时的应力一般低于设计应力（脆断又称低应力破坏），断裂前没有宏观塑性变形，事故一般发生在低温下。断裂一旦发生，便以很高速度扩展，迅速贯穿结构的全部或一部分，从而造成结构破坏。脆断没有先兆，是突然发生的，且一旦发生就难以控制，后果往往是灾难性的。故仅满足强度要求，并不一定能防止结构破坏，尤其是钢材的冲击韧性随温度的下降而下降（称为钢的冷脆性），因面活动平台在寒冷地区冬季作业时，其韧性要满足安全作业温度下的要求，一般应作试验确定。经验表明，脆性断裂发生原因之一是钢材在工作条件下的温度低于本身的冷脆性转变温度（即钢材由韧性状态向冷脆性状态转变的温度）所引起的。

我国船级社（CCS）的海上移动式平台入级与建造规范1992年对平台结构钢材的夏比V形缺口冲击试验有专门的规定。对于极厚不超过30mm时，做一组三个缺口冲击试验；当板厚大于30mm时，做二组各三个缺口试验。每组的冲击试样平均冲击能量不小于该级钢规定的最小平均值。表7-1给出了轧制钢板及型钢的最低平均冲击能量值。

表 7-1 轧制钢板及型钢的最低平均冲击能量值

钢级	拉力试验			试验温度 ℃	夏比V形口冲击试验			
	屈服强度 N/mm²	抗拉强度 N/mm²	伸长率 %		最低平均冲击能量, J			
					50<t<70		70<t<100	
					纵向	横向	纵向	横向
E24	235	400~499	22	-40	34	24	41	27
E36	355	490~620	21	-40	41	27	50	34

注：t 为试样厚度，mm。

3. 层状撕裂

层状撕裂是发生在含有杂质的轧制板材受横向载荷时沿板厚度方向撕裂的破坏现象。平台的厚壁管焊接接头具有大量的熔敷金属，且在板厚方向有很高的约束，因此焊接接头在板厚方向有很大的应力；再加上板材中可能有层状分布的非金属夹杂物，这些非金属夹杂物降

低了金属晶体间的联系力,因此平台的接头部位容易产生沿板厚方向的"层状撕裂"。用于估算层裂敏感性的因素是 Z 方向(板厚方向)的断面收缩率 ψ。为提高钢材抗层裂能力,必须降低钢材中硫化物、氧化硅或氧化铝等夹杂物的含量。在平台重要接头部位可采用"抗层状撕裂钢"或称 Z 向钢,但因造价昂贵,这种钢材的应用范围必须适当。采用适当的节点焊接设计也可提高节点的抗层状撕裂能力。

4. 氢裂

因海洋工程结构中板的厚度大,屈服强度高,焊接不仅引起残余应力,还会出现氢裂问题,为避免氢裂,可采取烘干焊条,使用碱性焊条,清除焊接接缝附近的油、锈、水,勿使构件过冷及预热等措施。

5. 低周疲劳强度

早期工程结构的疲劳设计主要是以疲劳极限为根据,而且其服役的实际应力水平还远小于其屈服应力。所以,这类设计必然意味着要求构件有无限寿命。但随着设计观念的发展,在许多情况下,更要求结构紧凑,重量减轻,允许较大的承载,从而意味着对构件只要求有限寿命。

当然,构件的设计名义应力本身一般不会达到材料的屈服应力,但构件上存在的缺口或类似缺陷的部位可由应力集中而使局部接近,甚至进入了弹塑性状态。这种较小的局部塑性变形区通常又被广大弹性区所约束,所以即使实际构件的名义应力处于弹性范围,其关键部位却已进入弹塑性状态,且处于控制应变的疲劳过程中。这类服役条件下的疲劳寿命一般小于 10^5 周次,正好与高周疲劳寿命下限相衔接,因而通常称为低周疲劳。所以,从这个意义上说,低周疲劳试验一般是指控制总应变范围中多少包含塑性应变范围的疲劳试验。

由于低周疲劳过程中,材料进入了循环的塑性状态,所以所涉及的疲劳特性要比高周疲劳涉及的特性复杂一些,如要涉及滞后曲线、材料的循环应力—应变和应变—寿命响应以及与缺口有关的疲劳寿命评估等问题。

很明显,低周疲劳强度取决于材料的屈服强度和延展性。对于钢结构,由于大多数应力循环是在较低的应力水平上,所以其强度并不完全取决于屈服强度。

6. 硬度

硬度表示材料抵抗硬度更高的物体压入其表面的能力,硬度越高的材料耐磨性能越好,强度越大。一般情况下强度指标和塑性指标是矛盾的,强度高的材料往往塑性差,同一种材料,当强度提高时(通过冷加工)塑性常要下降。因而,在选择钢材时必须综合分析,既要考虑主要性能指标,又要照顾其他性能指标。

7. 耐腐蚀性能

海洋平台的腐蚀问题是平台作业中的一个主要问题。根据受腐蚀程度可分为三个腐蚀区:浸没区、飞溅区和大气区(图 7-8)。不同区域的腐蚀速度不同,因此要采取不同的腐蚀保护系统。

钢是构造平台各部分的主要金属材料,因而钢质结构的防腐蚀是主要问题。一般应考虑以下几种腐蚀类型:一般腐蚀、锈蚀、电化腐蚀、腐蚀疲劳和细菌腐蚀。影响腐蚀速度的环

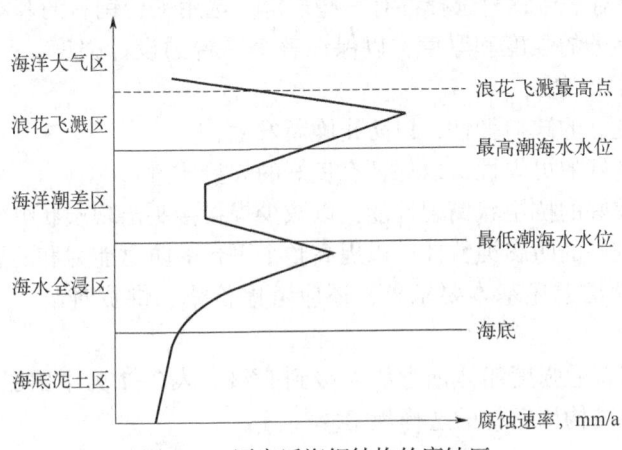

图 7-8 固定近海钢结构的腐蚀区

境因素主要有氧气含量、水流、温度及其他因素（如电阻系数、pH 值和压力等）。

大气区虽是腐蚀速度最低的区，但基于整个使用期间的维修费用却是最贵的。用于结构这个部分的防腐只能采用涂层的方法，通常使用环氧富锌涂料（重量比为95%的锌），并用有机或无机溶剂，广泛应用无机锌硅酸盐涂层。

溶解在海水中的空气显著地增加了腐蚀速度。相比于水面以下较深处的金属表面，溶解的空气（主要是空气中的氧气）使接近海面的金属表面的腐蚀程度更为严重。由于浸没和暴露的交替，飞溅区是最严格的保护区域，常采用不腐蚀的涂层保护，有时则需增加钢构件的厚度。这种增加钢材的厚度以弥补长期损坏的方法被称为腐蚀裕量法。在飞溅区，我国海上固定平台入级与建造规范（1992）规定在南海海区使用年限为 30 年的平台应不小于 14mm，在其他海区不小于 10mm。

浸没区主要是电化学腐蚀，通常采用阴极保护。应用牺牲电化阳极系统或具有惰性阳极的外加电流装置，这种保护直接受到电源位置、被保护的总面积、水的盐度、水温、水速、潮汐和海流以及表面形状的影响。腐蚀疲劳的特点是疲劳强度随应力循环次数的增加而减小，因腐蚀会加剧疲劳现象。空气中，钢材的疲劳强度正比于该钢材的抗拉强度。但在海水中，高强度钢和普通钢的耐腐蚀性是相差不大的，因此高强度钢材受海水腐蚀的影响也是较为严重的。焊接接头腐蚀疲劳特性在很大程度上取决于焊缝的剖面形状。因此，在结构装配和焊接过程中，除应选择适当的工艺程序、尽量减少焊接残余应力和内部的约束外，还应尽量使焊缝成型良好，将焊缝表面磨光将有利于提高防腐蚀疲劳性能。

二、钢材料的选择

平台结构中所选用的钢材等级取决于它们的类型，并应考虑下列参数：（1）总应力水平；（2）动静应力水平之比；（3）拉、压应力之比；（4）应力集中程度；（5）环境温度；（6）需要的板厚；（7）构件的可能破坏所引起的后果。

对大型平台结构来说，刚度是一个重要的设计衡准。钢材的弹性模量与高周疲劳不依赖于 σ_y，高强度钢比低强度钢的延展性小。当屈服强度增加时，弹性压屈力与耐疲劳能力保持不变。因此，高强度钢更适用于以静载荷为主的拉杆结构。为提高同样等级钢材的可焊性和使用性能，最重要的控制指标是降低其碳当量的上限、改善层状撕裂性能和提高缺口韧性。

各国移动式平台规范对平台钢材选择都有一些规定。选用平台钢材的基本要求是：

（1）钢材要有足够的强度和厚度，以保证整个平台的设计强度，平台所采用厚板不仅为增加强度，也为增加刚度；

（2）钢材应有良好的缺口韧性，以防止脆断发生；

（3）钢材应有良好的可焊性，以保证有良好的焊接质量；

（4）钢材应有较好的抗层状撕裂性能，以减少焊接接头出现层状撕裂；

（5）钢材应有较好的防腐蚀特性，以提高整个平台的防腐能力和防腐蚀疲劳能力；

（6）钢材除应满足上述基本要求外，还应考虑价格、供货难易、充分利用国家资源、就地取材等。

目前，世界各国普通强度船体钢为从 A 级到 E 级。表 7-2 为中国船级社（CCS，1992）关于海上移动式平台结构用钢材的选择规定。

表 7-2　中国船检局（CCS，1992）移动平台结构用钢技术要求

构件类别	最低工作温度	钢材等级						
		A	B	D	E	A32/36	D32/36	A32/35
次要构件	0	30	40	50	50	40	50	50
	−10	20	30	40	50	30	50	50
	−20	10	20	30	50	20	50	50
	−30	△	10	20	50	10	50	50
	−40	△	△	10	45	△	45	45
	−50	△	△	△	35	△	35	35
主要构件	0	20	25	35	50	25	45	50
	−10	10	20	25	50	20	40	50
	−20	△	10	20	50	10	30	50
	−30	△	△	10	40	△	20	40
	−40	△	△	△	30	△	10	30
	−50	△	△	△	20	△	△	20
特殊构件	0	△	15	20	50	15	30	50
	−10	△	△	10	45	△	20	45
	−20	△	△	△	35	△	10	35
	−30	△	△	△	25	△	△	25
	−40	△	△	△	10	△	△	10
	−50	△	△	△	△	△	△	△

注：(1) 表中所列数字为允许选用钢材的最大板厚，mm；(2) 平台水下结构的材料，可按表中最低设计温度 0℃ 选用；(3) 本表适用于不需要冰区加强的工作海域；(4) 表中"△"表示不适用；(5) 构件厚度大于 50mm 时，选用钢材应特别考虑。

三、加工对钢结构应力的影响与消除

钢结构的建造过程一般包括轧制、切割焊接与装配，因此制造过程将对金属材料的冶金

性能产生影响，将引起残余应力及影响结构的几何形状。这些影响是由于在这一过程中输入热量以及机械作用而产生的，要减小这种不利影响，就要对所用金属材料、焊机及采用的制造工艺加以限制。建造后，可采用热加工或机械加工技术改善结构性能，减少不利因素的影响。

1. 热轧

轧制过程是由轧件与轧辊之间的摩擦力将轧件拉进不同旋转方向的轧辊之间使之产生塑性变形的过程。金属材料尤其是钢铁材料的塑性加工，90%以上是通过轧制完成的。由此可见，轧制工程技术在冶金工业及国民经济生产中占有十分重要的地位。

钢板及构件的形状一般由热轧而成，而非常薄的板和表面需精加工的板通常采取冷加工。热轧原理如图7-9所示，它是钢板或钢坯在轧辊间轧制时晶粒形成的示意图。热轧是在重结晶的温度以上完成的。温度越高，晶体生长形成越快，钢材在高温下逗留时间越长，其所形成颗粒就越大，要轧出理想的钢材，就须合理选择轧制温度与时间。另外，沿轧件断面高度方向上的变形分布不均匀，带钢表面粗晶区的形成和轧制状态有关：

（1）轧制时，由于摩擦力的存在，在轧件和轧辊接触部位存在难变形区，当轧制润滑条件不好时，容易在表面层产生粗晶区，可以通过开启机架间冷却水来改善润滑。

（2）沿轧件断面高向上变形分布是不均匀的，表面层变形小。压下量分配不合理时，使得轧件表面层变形量小，从而产生粗晶。

钢材的强度随温度的增加而减小，热轧比冷轧速度快，并且所需轧制设备也比较小，但热轧有两个不足之处，即所用热阻工具价格较贵，且难以保证工件表面光洁度。

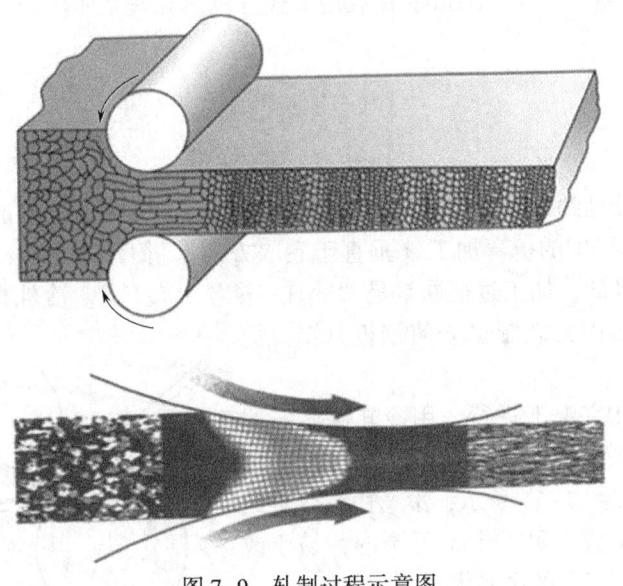

图7-9 轧制过程示意图

由于轧制钢板及梁时，辊子会逐渐磨损，致使板厚和截面尺寸改变。由于冷却不均匀，可以看到在钢板与梁横剖面的各个部位其屈服应力不一样，例如一个"工"字钢，因其板薄、冷却快，屈服应力就大，加权平均应力可根据其板及腹板在轴向压力作用下的最大主轴应力和最小主轴应力来确定。

在梁、板的热轧过程中由于温度分布不均匀，冷却速度不同，因而产生热应力。热应力也影响结构的强度，由于较冷的部分收缩，在较热部分形成压应力；反之，当热部分变冷，周围的冷边界限制其收缩，则产生拉应力。因此先冷却的材料内产生压应力，后冷却的材料内产生拉应力。轧制过程中的不均匀变形有以下特点：

（1）沿轧件断面高度方向上的变形、应力和金属流动分布都是不均匀的。

（2）在几何变形区内，在轧件与轧辊接触表面上，不但有相对滑动，而且还有黏着，在黏着区轧件与轧辊之间无相对滑动。

（3）变形不但发生在几何变形区内，也产生在几何变形区以外，其变形分布都是不均匀的，轧制变形区分为变形过渡区、前滑区、后滑区和黏着区。

（4）在黏着区有一个临界面，在这个面上金属的流动速度分布均匀，且等于该处轧辊的水平速度。

受压的矩形板其纵向轧制应力沿板宽呈抛物线分布，轧制应力沿板长度方向是常数，这种说法似乎是合理的，但不包括端部，因为端点在冷却过程中其热流与板的内部是不同的。图 7-10 所给出的残余应力模型对于薄板来说是正确的，并且沿厚度方向不变。对于厚板，其残余应力在厚度方向变化是很大的。

影响平板轧制应力的两个参数是宽度 b 与厚度 t_p 的比值 b/t_p，和周长与剖面面积比值 α：

$$\alpha = 2(b+t_p)/(bt_p) \tag{7-6}$$

式中，α 是控制板冷却的一个重要参数。

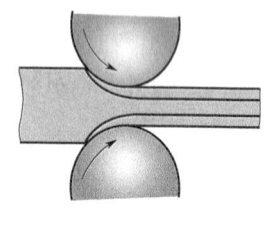

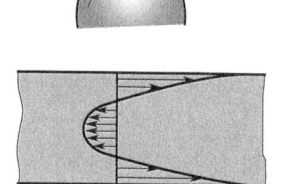

图 7-10 轧制引起的纵向应力分布

Aepsten 建议用下式计算热轧残余压应力（单位 N/mm³）：

$$\sigma = \frac{0.18b}{\alpha t_p} \tag{7-7}$$

2. 冷轧成型

没有经过退火处理的钢材硬度很高（HRB 大于 90），机械加工性能极差，只能进行简单、有方向性、小于 90°的折弯加工（垂直于卷取方向）。简单来说，冷轧是在热轧板卷的基础上加工轧制出来的，加工过程通常是"热轧→酸洗→冷轧"。冷轧在常温状态下进行加工，虽然在加工过程因为轧制也会使钢板升温，但是仍被称为冷轧。

冷轧成型一般在室温下进行，用冷轧制做弯曲构件，例如圆柱薄壳和船舶舭部列板，这一过程称为滚弯。滚弯过程如图 7-11 所示，滚弯由三个辊组成，两个固定的驱动辊，另一个是可调的，易于改变弯曲半径，这是该工艺的主要优点。

图 7-12 给出了滚弯中结构内产生的力与变形关系，其力和变形都是广义范围的。图中 σ_y 线表示弹性、y 是屈服点，r 是断裂点，y—r 曲线表示塑形

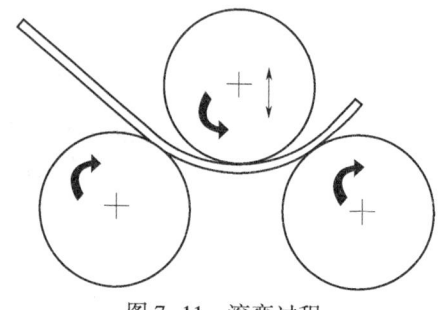

图 7-11 滚弯过程

区，在这一区间的冷成型将使构件形状成为永久改变。在冷成型过程中，对构件作用一个外载荷，其大小与 r 点的力相等，当外载荷撤销时，沿平行 y_0 的直线卸载，卸载时变形改变

量被定义为弹性后效。当钢材冷成型时，这种现象经常发生。

冷轧成型的构件残余应力计算可以借助于冷成型的圆柱薄壳加以说明：圆柱可按圆环处理（即仅考虑环向应力），并假设由弹塑性材料制成，其壳板成型时，半径 R_0 为常数，R_0 小于所需要的半径 R。应力分布如图 7-13 所示。

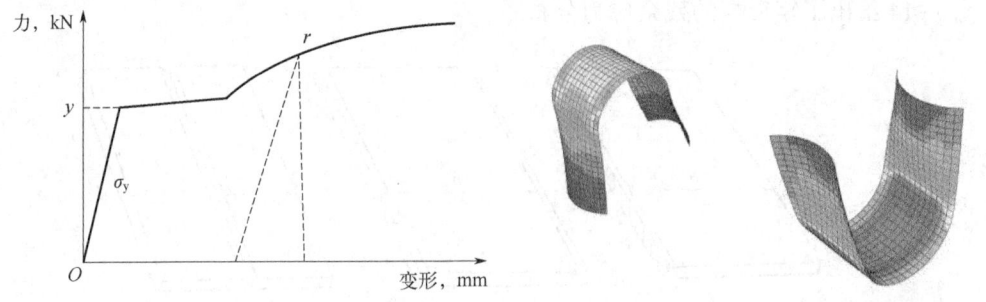

图 7-12　滚弯产生的力—变形关系　　图 7-13　圆柱薄壳滚弯轧制过程中的应力分布

弯矩 M_0 可以用下式计算：

$$M_0 = \sigma_y \left(\frac{t_p^2}{4} - \frac{1}{3} C^t \right) \tag{7-8}$$

式中，C 为从中和轴到材料弹性限的距离。

沿中和轴长度为 ΔS 的圆柱弯曲源距中和轴 C 点处弧长的改变量。$\Delta \Delta S = \varepsilon_c \cdot \Delta S$，$\varepsilon_c$ 为点应变。可得到运动方程如下：

$$\frac{\Delta S}{R_0} = \frac{\Delta \Delta S}{C} = \frac{\varepsilon_c \cdot \Delta S}{C} \text{或者} \frac{1}{R_0} = \frac{\varepsilon_c}{C} \tag{7-9}$$

对应于图 7-13 中的应力分布，弹性后效弯矩从 M_s 至 $-M_0$，因此，合应力为零。因为 $M_s/EI = -M_0/EI$，因此由于 M_s 曲率半径的改变为：

$$\frac{1}{R_0} - \frac{1}{R} = \frac{M_0}{EI} \tag{7-10}$$

将 M_0 和 R_0 代入上式可得到 $C \approx 4.7$ mm。

3. 气割

结构制造离不开焊接，而焊接前的准备工作，需要切断构件与准备构槽。对于钢材，氧切割是经常使用的方法，切割期间由于冷却不均匀也产生残余应力，加热到温度 t 时，钢板会伸长，伸长量 Δl 为

$$\Delta l = \alpha_t \cdot t \cdot l = 0.000012 \cdot t \cdot l \tag{7-11}$$

式中　α_t——热伸长系数；

　　　t——温度，℃；

　　　l——板的长度，m。

如果伸长受到阻止，就会产生相应的热应力，假设在弹性范围内：

$$\sigma = E\varepsilon = E\frac{\Delta l}{l} \approx 25t \tag{7-12}$$

如果温度在 85~144℃ 范围内，σ_y 为 220~360N/mm²，热应力 σ 将达到屈服点，结果是

材料将受压屈服而变形。已知拉伸区宽 C,一边受火焰切割的板的残余应力为

$$\sigma = \sigma_y \frac{c(2b+c)}{(b-c)^2}, \sigma = \sigma_y \frac{c(4b+c)}{(b-c)^2}$$

$$c = 1000\sqrt{t_p}/\sigma_y$$

(7-13)

图 7-14 给出了矩形板的残余应力分布图。

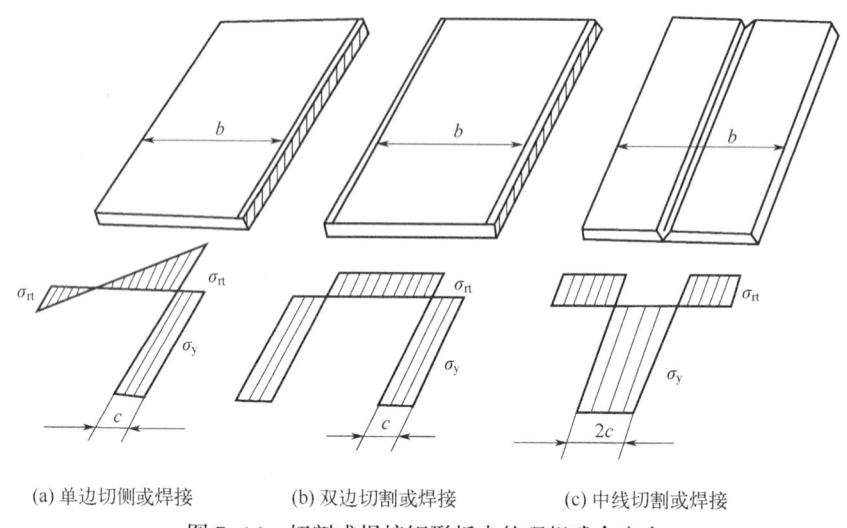

(a) 单边切侧或焊接　　(b) 双边切割或焊接　　(c) 中线切割或焊接

图 7-14　切割或焊接矩形板中的理想残余应力

4. 焊接

1)焊接及焊接变形

焊接残余应力的变化规律,将在下面作定性分析。

图 7-15 表示焊接的残余应力的分布情况,只考虑焊缝的横向应力。焊缝区受热而纵向膨胀,但这种膨胀后变形的平截面规律(变形前的平截面,变形后仍然保持平面)而受到其相邻的较低温度区的约束,使焊缝区产生纵向压应力,降低疲劳强度。

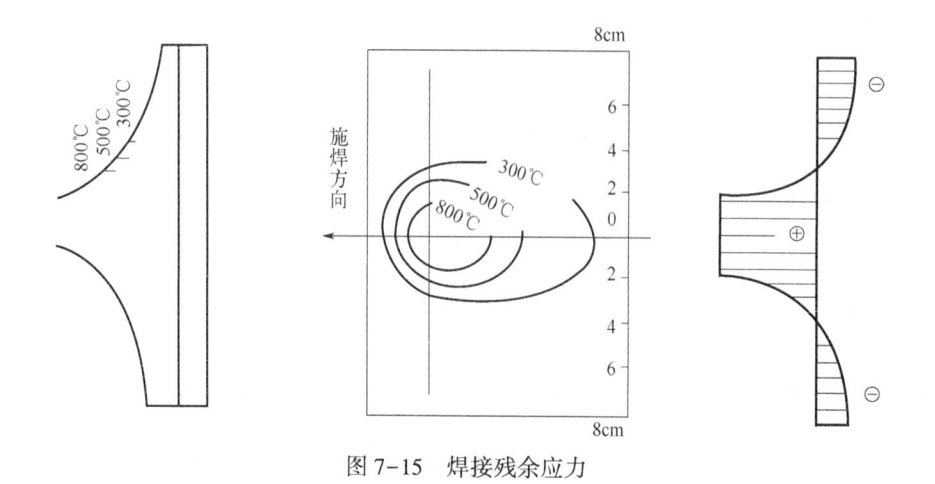

图 7-15　焊接残余应力

由于钢材在600℃以上时呈塑性状态，因而高温区的这种压应力使焊缝区的钢材产生塑性压缩变形，塑性变形当温度下降、压应力消失时不能恢复，该应力在焊件完全冷却后仍残留在焊缝区钢材内，故名焊接残余应力。残余应力是构件未受载荷作用而早已残留在构件截面内的应力，因而截面上的残余应力自相平衡。

拉应力的存在也会导致疲劳断裂，因此要对腹板进行焊接。有多根平行布置的加强筋的宽板残余应力计算方法如下。焊接引起板缝处产生宽为 c 的矩形拉应力区，拉应力区外为均匀压力，均匀压应力 σ'_{re} 由内力平衡条件决定：

$$\sigma'_{re}=\sigma_r+\frac{2ct_p+ct_w}{(S-2c)t_p+(h-c)t_w} \tag{7-14}$$

式(7-14)中符号除 σ_y 外，在图 7-16 中有相应说明，c 的数值取决于焊缝熔敷金属的尺寸与板的厚度，即为板厚的 2~5 倍。

可通过与加强筋处由弹性后效应力产生的不平衡力矩的叠加，来保证力矩的平衡：

$$M'=\frac{1}{2}\sigma'(h-c)(h+c+t_p)t_w+\frac{1}{2}\sigma_y c(c+t_p)t_w \tag{7-15}$$

合成应力分布如图 7-16 所示。由于受许多种因素影响，焊缝附近的局部应力及应变的分布很复杂。一般情况下，假设焊缝附近处的残余应力达到拉应力屈服极限。

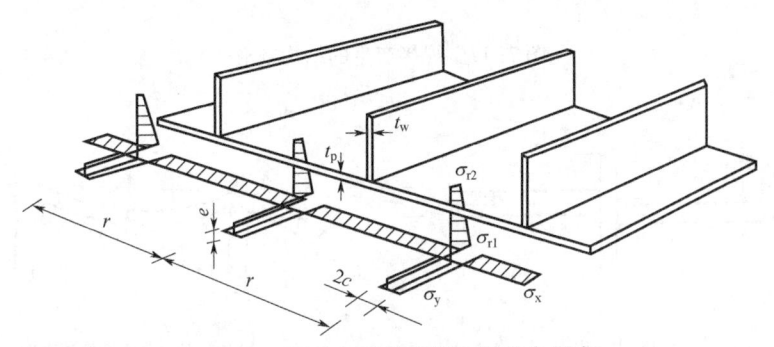

图 7-16 焊接加强的板的理想残余应力

2) 焊接的变形

焊接结构的整体形变因构件结构不同而异，常见的变形有：钢板对接焊接要产生长度缩短、宽度变窄的变形；采用 V 形坡口时要产生角变形；钢板较薄时，还可能产生波浪变形；对异型钢梁的焊接要产生扭曲变形等。焊接变形的基本形式如图 7-17 所示，一般来讲，构件焊接后有可能同时产生几种变形。焊接也引起几何尺寸改变，一般残余变形与应力间有一定联系，图 7-17(a) 展示了一个简单对接焊的角变形。

图 7-17(b) 是焊接 T 形钢的简单例子。如果只在一边进行填角焊，将会发生变形且不产生横向残余应力。若进行对称的双面填角焊，产生的变形将是焊缝尺寸和板厚的函数，而且也会产生残余应力。对焊缝而言，板厚度越大，变形就越小，面残余应力越大。

十字形板节点在装配时，板两边的构件很难严格对齐，因此就出现了图 7-18 所示的几何偏心。变形主要影响受压构件的屈曲强度，而偏心 e 则会产生附加局部弯曲应力，影响节点的疲劳强度。弯曲应力可由下式决定：

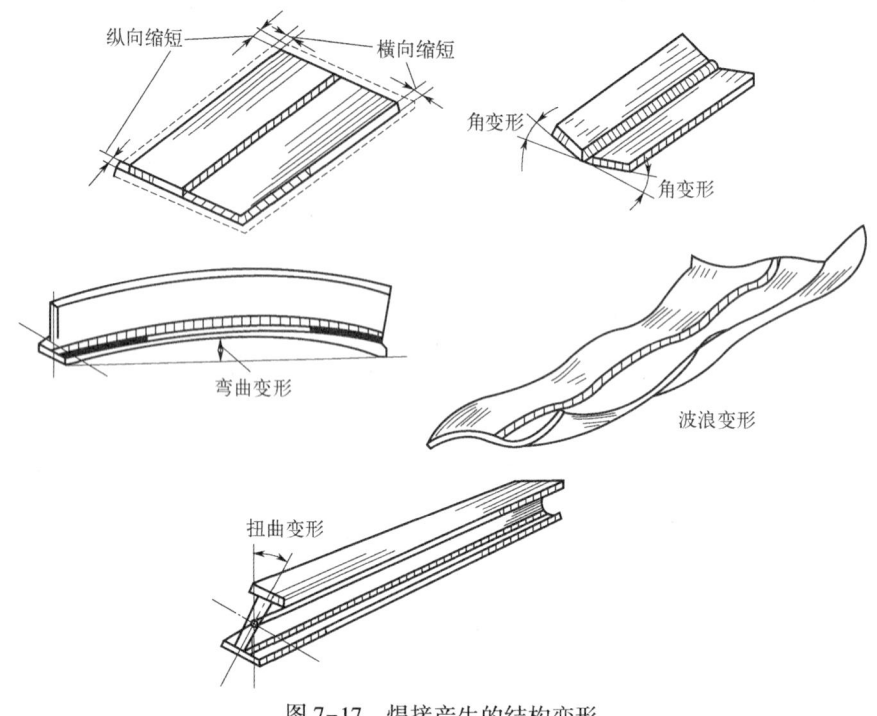

图 7-17 焊接产生的结构变形

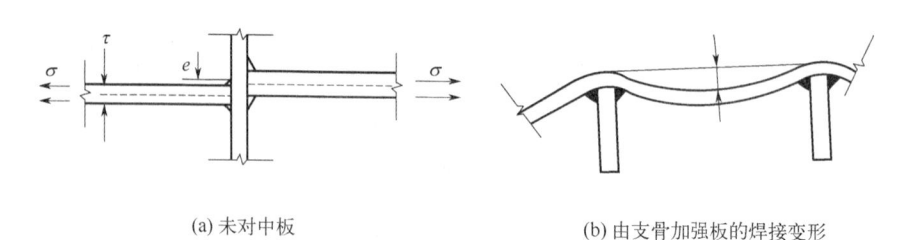

(a) 未对中板

(b) 由支骨加强板的焊接变形

图 7-18 焊接产生的板架结构变形

$$\sigma_k = \frac{M}{W} = \frac{P \times \frac{e}{2} \times 1}{\frac{1}{6}t^2 \times 1} = \frac{\sigma \times t \frac{e}{2}}{\frac{1}{6}t^2 \times 1} = \sigma \frac{3e}{t} \tag{7-16}$$

5. 装配和安装的影响

结构的建造过程一般分步进行。首先对构件进行轧制、切割、焊接，然后进行装配。装配过程中同样会对结构变形及应力产生影响。

如图 7-19 所示，个别构件的变形将会产生缝隙。当采用先切割后装配工序时，可在焊接前用拉杆强迫立柱和上梁接触以消除缝隙，这种方法会在结构中产生残余应力，并与结构中原有的应力叠加。

6. 残余应力和变形的控制方法

为了限制平台建造中产生的残余应力和变形，应制定适当的焊接计划，这个计划要考虑焊缝数量、焊缝尺寸及焊接顺序，在冷却阶段允许移动的构件，其焊接应力可控制在最小值。焊接应从一个组合板架中间开始，尽可能避免焊缝交叉，如果不可避免地要相交，横向对接焊缝应交错排列，而纵向对接焊应连续排列。

在允许横向收缩的前提下，应先进行交错对接焊，然后进行连续焊；先进行对接焊然后进行交叉的填角焊。

为减小焊接应力，常采用预热的方法。预热即将一般金属材料的温度先加热到焊接环境温度，通常加热到100~200℃，预热的好处是它能使冷却速度放慢。

由于后一个焊道的焊接消除了前一个焊道的应力，因此双焊道焊接的残余应力较小，但由于其热量较单焊道要大，所以变形要大。

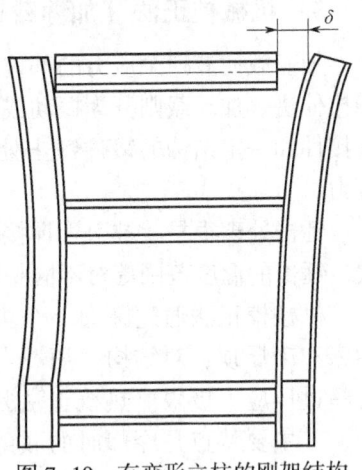

图 7-19　有变形立柱的刚架结构

为使焊接引起应力和变形最小，其坡口尺寸应尽量小，这影响到焊接金属截面的尺寸，从而影响其拉应力区的宽度。为了使对接焊焊缝的变形最小，对板厚的平板采用 X 形或 U 形坡口，而不是 V 形坡口，而填角焊几何尺寸是预先给定的，好的焊缝设计应在保证强度条件下焊缝尺寸最小，可以选择如下两种方法控制焊接变形：补偿余量法——预估焊接变形，在部件装配时考虑补偿变形；约束焊接法——焊接前将所焊构件安装正确，然后再采取一些措施使焊接变形限制到最小程度。由于第一种方法允许在焊接过程中进行相应变动，所以引起的残余应力比第二种方法小。然而，事先计算补偿余量是很困难的。因此在复杂的结构中用第一种方法很困难。对于这种结构，可以分成若干个小单元，对每个单元进行无约束焊接，然后对各单元进行有约束的焊接，即第二种方法，这种方法比前一种简单，但要产生很高的残余应力。

7. 减少残余应力和变形的方法

构件在制造后。常存在着残余应力与变形，大的变形很容易发现，也很容易校正，然而校正也使结构产生附加残余应力，因此校正也引起结构强度的大幅度削弱。一般规定一个容许变形，这样由校正产生的应力便可限制在一个最小量范围内。消除残余应力常用的机械处理方法有两种——塑性变形消除法与振荡应力消除法，前者用均布载荷引起校正处塑性变形来消除残余应力，后者用机械能振动来消除残余应力。这两种方法都不可能完全消除所有的残余应力，仅能消除残余应力峰值。

1) 热应力消除法

热应力消除法是为减少残余应力采用的一种焊后热处理方法，这就意味着将构件加热到一定温度，温度越高，效果越好。然而为避免破坏结构晶格，应力消除温度不应超过650℃，重要的是要保持慢的冷却速度，以使结构较厚部分在此过程中不生产拉应力。

2) 低温控制应力消除法

低温控制应力消除法是另一种热处理方法，即将焊缝两边均匀加温到200℃，而焊缝则保持相对低的温度，当变形超过限制时必须进行校正，可以用减少构件的塑性应变的方法，来消除变形。

3）机械校正法（加静载或动载）

加静载使有残余应力的部位发生屈服而使残余应力松弛，包括反复弯曲法、旋转扭曲法和拉伸法。加动载则分为振动或锤击法，可消除残余应力。其中，振动处理主要用于铸件和焊接件和一定结构的锻件锤击处理主要用于焊接件，在焊接过程中进行，可部分消除残余应力。

锤击处理很早就被引入焊接件残余应力的处理中，以防止裂纹产生。锤击力、锤击的频次、锤击的温度范围等对不同材料的焊接结构残余应力的消除有较大影响。

机械校正法通过施加一个力，在室温下使构件产生塑性应变，这种方法是分别采用冲床和千斤顶，对结构"压"与"顶"，即将适当装置移到特定位置施行压，但不能使其力超过压应力极限。热校正法是车间经常采用的方法，即将结构加热，使其产生塑性应变，其主要特点是冷却时的收缩变形是加热时膨胀的两倍。这就提醒我们注意，如果加热面积过大，其冷却效果变差，并且对同一区域两次加热是无效的。在结构被冷却到临界温度之前，常常不能判定热校正是否成功。热校正方法简便实用，设备也简单。这种方法对低碳钢应用较广，而对高碳钢可能引起材料破坏，对复杂的钢结构在建造过程中产生的应力不可能导出有关公式，然而通过测试，可得出钢板在建造过程中产生的压缩残余应力基本为 40~80N/mm。

第三节 构件的极限承载能力

结构规范包括了各类钢结构构件强度的详细内容，有梁、梁柱、桁材、加强板架及加强壳。本节给出了不同几何形状和受载情况的结构构件的极限承载能力。

一、简单构件

1. 梁

1）承受横向载荷的梁的塑性极限承载能力

一个细长梁的破坏机理体现在由于局部屈服而形成一个或多个铰。当横截面的整个高度上应力都达到屈服点时，就形成一个铰，其力矩为 M。塑性铰就是认为一个结构构件在受力时出现某一点相对面的纤维屈服但未破坏，则认为此点为一塑性铰，这样一个构件就变成了两个构件加一个塑性铰，塑性铰两边的构件都能做微转动，就减少了一个约束。计算时内力也发生了变化，当截面达到塑性流动阶段时，在极限弯矩值保持不变的情况下，两个无限靠近的相邻截面可以产生有限的相对转角，这种情况与带铰的截面相似。忽略弹性变形，产生塑性铰的外力极限值 $P_{\lim}$ 可由下式得出：

$$P_{\lim}\delta = M_{pl}\theta = M_{pl} \times 2\left(\frac{\delta}{l/2}\right) \tag{7-17}$$

$$P_{\lim} = \frac{4M_{pl}}{l} \tag{7-18}$$

式中　　M_{pl}——当横截面的整个高度上应力都达到屈服点时的力矩；
　　　　δ——最大挠度；
　　　　l——梁的长度。
横截面处的应力合成矩与应变关系可导出为：

$$M = ELW^n \approx EI \frac{1}{R} = EI \frac{\varepsilon}{h/2}, M < M_y \tag{7-19}$$

设 W 为板的横向挠度，R 为横截面处曲率半径，M_y 是初始屈服时的弯矩。因此，M 可表示为：

$$M = M_{pl} - \frac{1}{2}\sigma_y \frac{bh_1^2}{6}, M_y < M < M_{pl} \tag{7-20}$$

$$h_1 = h\frac{\varepsilon_y}{\varepsilon_0} \tag{7-21}$$

则可得：

$$M = M_y\left[1.50 - 0.50\left(\frac{\varepsilon_y}{\varepsilon_0}\right)^2\right] \tag{7-22}$$

这里：

$$\varepsilon_y = \frac{\sigma_y}{E} \tag{7-23}$$

对于矩形截面 $M_{pl} = 1.5M_y$。

图 7-20 给出了各种形状截面的构件处于弹性区的和 ε_0（外纤维应变）的关系以及 M_{pl}/M_y 的值。

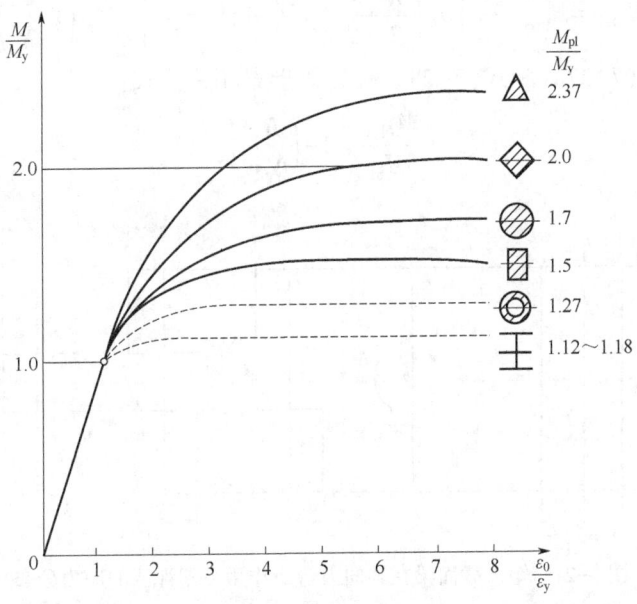

图 7-20　不同形状截面梁在弹塑性时弯矩 M 与应变 ε_0 的关系

2）受横载荷作用下梁的极限承载能力—剪力效应

矩形梁的塑性剪力极限为

$$Q_{pl} = bh\frac{\sigma_y}{\sqrt{3}} \tag{7-24}$$

当存在剪应力时，极限弯矩将减小。由屈服标准 $\sigma^2 + 3\tau^2 = \sigma_y^2$ 可得出由于剪应力的作用，相当屈服正应力 $\sigma_{y,Q}$ 为

$$\sigma_{y,Q} = \sigma_y\sqrt{1 - 3\tau^2/\sigma_y^2}$$

将 $\tau = Q/A_s$ 和 $Q_{pl} = A_s\sigma_y/\sqrt{3}$ 代入，则

$$\sigma_{y,Q} = \sigma_y\sqrt{1 - (Q/Q_{pl})^2}$$

在剪应力作用下的弯曲极限为

$$M_{pl} = \frac{bh^2}{4}\sigma_{y,Q} = \frac{bh^2}{4}\sigma_y\sqrt{1-(Q-Q_{pl})^2} \tag{7-25}$$

式中 A_s——剪切面积。

对于细长杆，剪应力对弯曲极限影响很小，对其他形状截面，可相应做出定性分析。

3) 在横向载荷与轴向拉力同时作用下梁的极限承载能力

前面讨论了承受横向载荷作用下梁的塑性极限。在轴向拉力作用下矩形梁的塑性极限为：

$$N_{pl} = \sigma_y hb \tag{7-26}$$

有轴向载荷作用时，横截面的塑性力矩 $M_{pl,N}$ 将小于 M_{pl}，如图 7-21 所示。轴向力 N 作用下的梁，其 e 值可由下式确定：

$$N = eb\sigma_y \tag{7-27}$$

则极限力矩为：

$$M_{pl,N} = b\left(\frac{h}{2} - \frac{e}{2}\right)\sigma_y\left[\frac{h}{2} + \frac{e}{2}\right] = \frac{bh^2}{4}\sigma_F\left[1 - \frac{e^2}{h^2}\right] = M_{pl}\left(1 - \frac{e^2}{h^2}\right) \tag{7-28}$$

联立式(7-26)、式(7-27) 和式(7-28) 可得矩形梁相关公式：

$$\frac{M_{pl,N}}{M_{pl}} = 1 - \left(\frac{N}{N_{pl}}\right)^2 \tag{7-29}$$

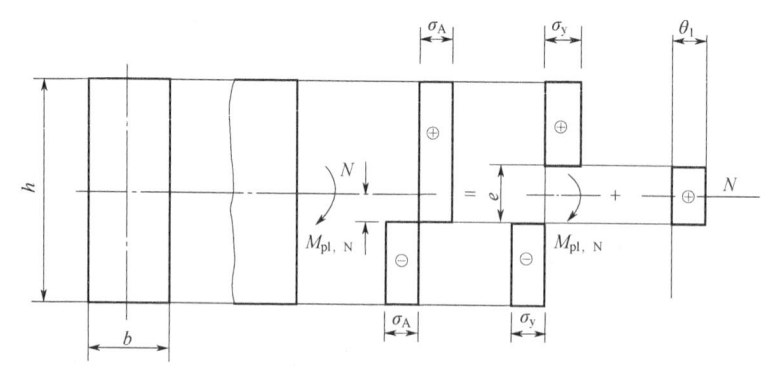

图 7-21 矩形截面梁在轴向力弯矩作用下塑性区的应力分布

其他形状截面的极限弯矩可用类似方法得到，承受双向弯向、扭转、剪切和轴向力同时作用的梁在塑性破坏时的相关公式，也可根据上述理论推得。

4) 各种梁系的塑性极限

梁系极限分析建立在下列假设的基础上：（1）平衡；（2）$M \leq M_n$；（3）运动机构。

满足（1）与（2）可得到极限载荷的下限值，满足（1）与（3）可得极限载荷的上限值，如果三个条件都满足，则可得到极限载荷的精确值。

下列计算在主要满足（1）和（2）的基础上进行。对于简支梁，只形成一个塑性铰就足以引起梁的破坏。对于一般的梁系，需要几个铰才能导致一个运动机构。

考虑图 7-22 中的梁，两个塑性铰组成一个机构。其中一个铰显然位于左端，另一个铰的准确位置无法确定，因此要用试算法，在某些特定情况下，在连续载荷的作用下，其极限载荷对于塑性铰的位置并不敏感。在这种情况下，如图 7-23 所示，塑性铰的准确位置是 $x=7/12l$，如果假设 $x=1/2l$，得到极限均布载荷：

$$q_{\lim} \times \frac{1}{4} l^2 \theta = 3M_{pl}\theta$$

即

$$q_{\lim} = \frac{12M_{pl}}{l^2} \tag{7-30}$$

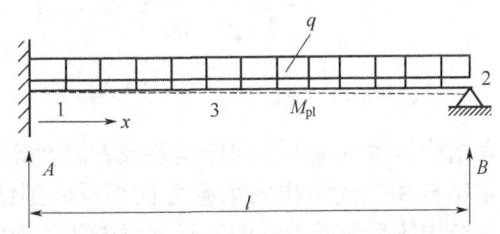

图 7-22　一端固定一端铰支受均布载的梁的极限载荷计算

式(7-30) 建立在平衡条件的运动机构基础上，通过平衡条件可做出图 7-22 中的弯矩图。注意到梁在左端（$x=0$）和 $1/2l$ 处作用弯矩并满足平衡条件（1）。因此，式(7-30) 给出了 $q_{\lim}$ 的上限，从图 7-22 可见梁上最大弯矩为 $1.04M_{pl}$。利用式(7-30)，并参照横剖面上 M_{pl} 的超过值，有

$$q_{\lim} = \frac{1}{1.04} \frac{12M_{pl}}{l^2} = 11.54 \frac{M_{pl}}{l^2} \tag{7-31}$$

与精确解 $q_{\lim} = 11.66 M_{pl}/l^2$ 很接近，在其他情况下，必须用试算法来求 $q_{\lim}$ 的极小值。

实际上极限弯矩也会由于机构几何形状、结构的轴向力或剪力的存在有很大变化，以上这种机构，只是实际框架的一部分失效模式。

2. 柱

1）简支立柱在压载作用下的承载极限

对于受压载作用的细长主柱，几何失稳也会影响主柱的极限强度。建造因素如残余力和初始变形将对立柱的强度有相当大的影响。弹性直立柱的失稳载荷为：

$$N_k = \frac{\pi^2 EI}{l^2} \text{ 或 } \sigma = \frac{N}{A} = \frac{\pi^2 E}{\lambda^2}$$

其中

$$\lambda = 1/\sqrt{I/A} \tag{7-32}$$

由图 7-23 可见，只要 $N_k \leq 0.5\sigma_y A$，立柱为弹性变形，因此对于 $\lambda \geq \sqrt{2} \lambda_y$（其中 $\lambda_y = \pi\sqrt{E/\sigma_y}$），$N_k$ 可由等式(7-24) 给出：

$$N_k = \frac{\pi^2 EI}{l^2} \text{ 或 } \sigma = \frac{N}{A} = \frac{\pi^2 E}{\lambda^2} \tag{7-33}$$

对于 $\lambda < \sqrt{2}\lambda_y$，$N_k \geq 0.5\sigma_y$，其极限状态 $\lambda = \sqrt{2}\lambda_y$，很明显，横截面外部 1/4 宽度上将变为完全塑性，而对稳定性无贡献。因此 $N_k = \dfrac{\pi^2 E\left(\frac{1}{2}I\right)}{l^2}$，小于 $0.5\sigma_y A$，除非 $\lambda = \lambda_y$。因此，对于 $\sqrt{2}\lambda_y > \lambda > \lambda_y$：

$$N_k = 0.5\sigma_y A \tag{7-34}$$

对于 $\lambda < \lambda_y$，$N_k = \max\left[0.5\sigma_y A; \dfrac{\pi^2 E\left(\frac{1}{2}I\right)}{l^2}\right]$，但是 $N_k \leq \sigma_y A$，这就意味着

$$N_k = \frac{\pi^2 E\left(\frac{1}{2}I\right)}{l^2}; \sigma_k = \frac{\pi^2 E}{2\lambda^2} \left(\frac{1}{\sqrt{2}}\lambda_y < \lambda < \lambda_y\right) \tag{7-35}$$

$$N_k = \sigma_y \alpha; \quad \sigma_k = \sigma_y \quad \left(\lambda < \frac{1}{\sqrt{2}}\lambda_y\right) \tag{7-36}$$

研究表明，初应力代表结构体系本身由于构造误差或者温度等原因出现了体系内部的受力系统，一般出现在超静定结构中，而结构的承载力往往反映到结构体系的本身和材料方面，初应力的存在不会影响结构体系的受力，但消耗了材料的受力储备，总体上来说是对承载力有影响的。中等细长比立柱的残余应力对屈曲强度影响很大，初始变形影响可用 Perry-Robertson 公式计算。假定梁的初始变形为正弦分布，幅值为 e_0，在轴向力 N 作用下的变形的最大幅值为：

$$\varepsilon_{\max} = \frac{e_0}{1 - N/N_E} \tag{7-37}$$

式中，$N_k = \pi^2 EI/l^2$，为欧拉载荷，比值 $1/(1-N/N_E)$ 称为放大系数。载荷 N 作用下梁的最大弯矩为：

$$M_{\max} = M_{\varepsilon_{\max}} \tag{7-38}$$

最大应力为：

$$\sigma_{\max} = \frac{N}{A} + \frac{M_{\varepsilon_{\max}}}{W}$$

式中，A 与 W 分别为剖面面积与剖面模数，令 $\sigma_{\max}$ 和 σ_y 相等，可得到极限载荷较保守的估算值为：

$$\frac{N}{A} + \frac{N_{e_0}}{W} \frac{1}{1 - N/N_E} = \sigma_y \tag{7-39}$$

式 (7-39) 是对应于破坏载荷的 N 值隐式表达式。

2）在轴向力与端部弯矩同时作用下简支梁柱的极限承载能力

用 Perry-Robertson 公式，可推出图 7-23 中承受轴向力与端部弯矩作用的梁柱的公式：

$$\frac{N}{A} + \frac{N_{e_0}}{W} \frac{1}{1-\dfrac{N}{N_E}} + \frac{M_\varepsilon}{W} + \frac{N_{e_{\max}}}{W} \frac{1}{1-\dfrac{N}{N_E}} = e_y \tag{7-40}$$

式(7-40)是 N 与 M_0 同时作用下的近似公式，推导时假设材料线性，式中 e_{max} 为只有 M_0 作用的初始中变形，$e_{max}=M_0 l_2/(8EI)$。上述简化方法可用于其他常用载荷情况。除这种方法外，还有一个"初始屈服标准法"，该方法建立在实际载荷的精确弹性的基础上。

依据极限强度标准，承受轴向力和力矩的简支梁柱的极限承载能力，在线性条件下的表达式为：

$$\frac{N}{A}+\frac{M_{max}}{M_0} \leq 1 \qquad (7-41)$$

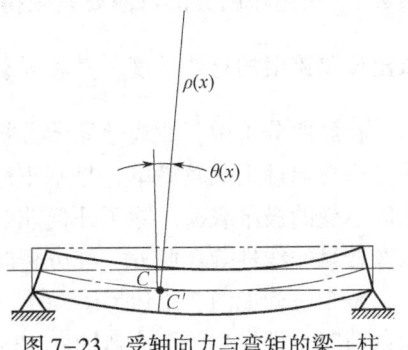

图 7-23 受轴向力与弯矩的梁—柱

式中，N 是无末端力矩时梁—柱的极限压力，M_{max} 是无压力作用时的端部极限弯矩，即截面的塑性力矩 M_0。

由上面的假设，由轴向力引起的放大系数约为 $1/(1-N/N_E)$，则：

$$M_{max}=\frac{M}{1-N/N_E} \qquad (7-42)$$

3）梁柱系统的极限承载能力

对图 7-24 的桁架系统，如果每个构件的有效长度 l 已知，有效长度有时写作 $l_{eff}=kl$，其 k 为一个系数，l 是构件在其两支持端之间的长度。

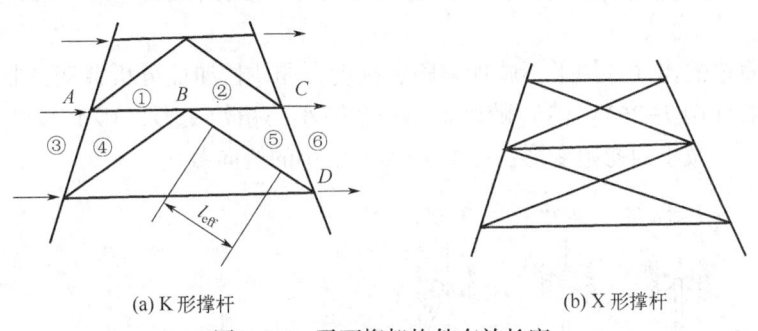

(a) K 形撑杆   (b) X 形撑杆

图 7-24 平面桁架构件有效长度

一般来说，桁架的平面内和非平面内失稳都应考虑。当考虑平面内的失稳时，垂直于构件板平面内的扭转刚度将参与抵抗整体扭转。

考虑图 7-24 中桁架受压构件的平面内失稳。其邻近构件的刚度和拉应力存在情况决定了其末端约束类型，而有效长度就取决于这个末端的约束类型。

撑杆对桩腿将不能提供任何加强。然而，如果沿桩腿的各构件承受变化的轴向力和有不同的截面形状，那么系数 k 将随桩腿构件的变化而变化。X 形支撑杆的平面内失稳可用 K 形撑杆的同样方法分析。

在衔架和实际设计中，设计校核必须考虑多种载荷情况。经常进行下列简化，如果 N 为拉力，则认为 $N_r=0$，即忽略了拉力对桁架的加强效果。如果 N_1 和 N_2 皆为压力，构件 AC 和 DE 作为独立的柱进行研究。

简单交叉梁系和简单刚架中的受压杆件的稳定性问题通过结构力学的方法，可将不受压杆件化为受压杆件的弹性支座与弹性固定端，弹性支座的柔性系数 C_w 与弹性固定端的柔性

系数 C_w 可由单跨梁的弯曲要素求得，从而将梁系的稳定问题化为单跨梁的稳定问题。只要求出该单跨梁的有效长度，其临界载荷即可由 $P_{cr}=\dfrac{\pi^2 EI}{l_{eff}^2}$ 求得。

在屈曲分析中，非线性屈曲分析是比线性屈曲分析更为准确的一种分析方法。非线性屈曲分析在原理上比较简单，是基于静力分析的，只是需要考虑大变形等非线性效应，分析结构能承受的极限载荷。除了几何非线性，在分析过程中还可以考虑材料非线性、边界非线性以及接触非线性等；此外，在分析时还需要考虑结构初始缺陷或加载扰动。

整个过程如图7-25所示：（1）结构中存在一个微小缺陷或扰动；（2）结构开始施加轴向载荷时，杆发生了微小弯曲；（3）随着载荷的增加，弯曲程度逐渐厉害，变形显著，系统的刚度（几何刚度）下降显著；（4）随着载荷的进一步增加，最终杆件不能继续承载而发生了结构失稳。

非线性屈曲分析过程中，最难解决的问题是收敛性问题；考虑了越多的非线性因素，系统虽然越精确，但是问题也变得越复杂，收敛变得困难；通常需要调整计算参数来实现收敛，而一般最基本的是调整计算步长和收敛准则。

非线性屈曲分析是一个比较大的课题，需要通过大量的实践获取经验；了解一定的数值分析等理论知识也是很重要的，尝试各种方法也不能调收敛的情况也时常发生。本书目的主要阐述非线性屈曲分析的基本原理，对于数值分析部分的内容，在此不详细阐述。

对于复杂的结构系统，即使不施加初始缺陷也能较好地分析非线性屈曲的临界载荷，因为系统总是会受到偏载；但是增加初始缺陷对于问题的准确性和收敛性来说总是有益的。

对于一些简单的构件，如果不施加缺陷和扰动，非线性屈曲分析会变得非常困难，通常有以下处理方法（图7-26）：（1）随机施加一个微小的初始变形；（2）以线性屈曲模态分析为基础，加一个微小的初始变形；（3）增加一个小的侧向载荷。

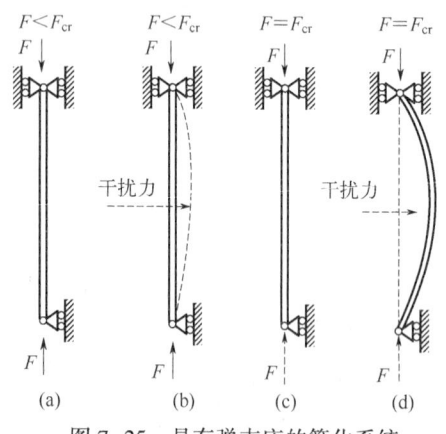

图7-25　具有弹支座的简化系统

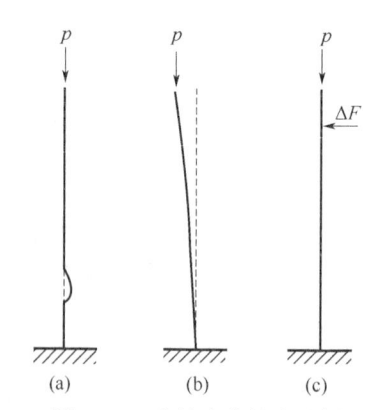

图7-26　有效失稳长度示例

添加这些扰动的目的是使屈曲行为更"容易"发生，便于分析。外载荷通常有力加载和位移加载，通常来说，位移加载更容易收敛。此外，通过非线性屈曲分析还可以观察结构发生屈曲以后的行为（post-buckling）。

二、复杂构件

1. 组合桁材

受重载的构件可设计成各种形式,如图 7-27 所示。

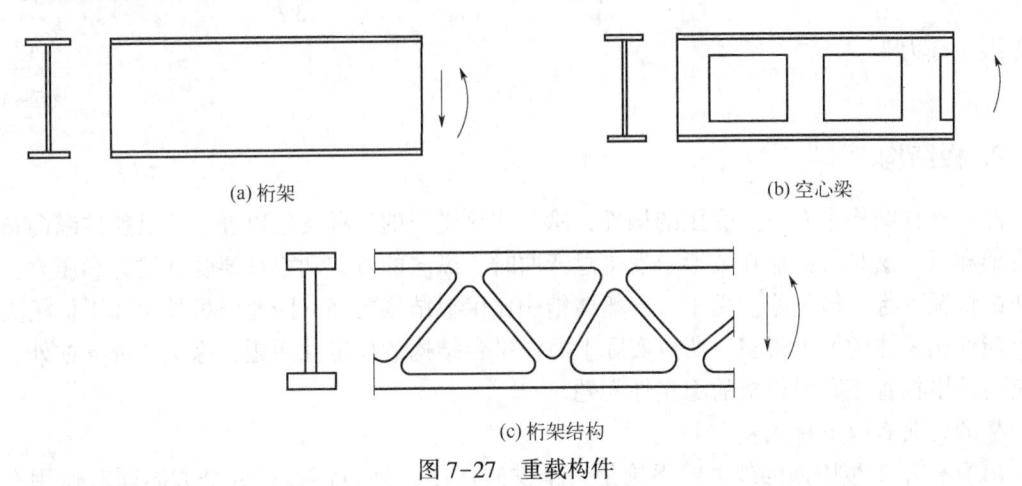

(a) 桁架

(b) 空心梁

(c) 桁架结构

图 7-27 重载构件

一般经常用平板组合梁,因为对于受剪力和弯矩的梁来说,这是最好的形式。它受载荷作用的情况将在下面叙述。空腹梁是介于有大开口的梁与实心梁之间的一种梁,它的承载能力已有文献参考。对于桁架,前面已经介绍了它的处理方法。

在桁材上作用一力偶,其翼板与腹板一起承受力矩的作用。然而,腹板主要承受剪力。对于桁材承载能力的保守的估算,是在材料为弹性的假设下得到的。必须考虑下列失效模式:翼板平面内和非平面内失稳,腹板在加强筋之间的失稳等。

下面主要讨论具有腹板平面内位移后果的桁材极限承载问题,主要考虑经典 Basler 理论。对于一个受剪应力作用的腹板,在破坏阶段出现斜向拉压应力。在这个阶段的应力类型可划分为:(1) 当达到稳定极限时存在的应力场;(2) 叠加在上述应力场上的斜向拉应力。

屈服区域的斜度和宽度由 θ 定义,选择 θ 的标准是使剪切力强度最大。当 θ 值为最优时,可得剪应力为:

$$\tau = \tau_{cr} + \frac{1}{2}\sigma_t \sin\theta_d \tag{7-43}$$

式中,τ_{cr} 是屈曲剪应力,σ_t 是拉应力,θ_d 是斜面与翼板的夹角。

τ_{cr} 和 σ 的合成应满足 Mises 屈服条件,因此:

$$\sigma_t = \frac{3}{2}\tau_{cr}\sin 2\theta + \sqrt{\sigma_r^2 + \left(\frac{9}{4}\sin^2 2\theta - 3\right)\tau_{cr}^2} \tag{7-44}$$

其中 θ 是 τ_{cr} 和 σ 之间的夹角。将等式(7-44) 代入等式(7-44),便得到 τ_{cr} 的最大值。在这一步 Basler 做了一个简化处理,对屈服条件做了下列线性简化:

$$\sigma_t = \sigma_y \left(1 - \frac{\tau_{cr}}{\sigma_y/\sqrt{3}}\right) \tag{7-45}$$

然后将等式(7-45) 代入等式(7-43):

$$\tau = \tau_{cr} + \frac{1}{2}\sigma_y\left[1 - \frac{\tau_{cr}}{\sigma_y/\sqrt{3}}\right]\sin\theta_d \tag{7-46}$$

这样得到的 τ_{cr} 要比将等式(7-44)代入等式(7-43)得到的值小，考虑塑性失稳，用式(7-47)中的 τ_{cr} 代替 (7-45) 中的 τ 得：

$$\tau'_{cr} = \sqrt{0.8\tau_{cr}\left(\frac{\sigma_y}{\sqrt{3}}\right)} \quad \left(0.8\frac{\sigma_y}{\sqrt{3}} < \tau_{cr} \leq 1.24\frac{\sigma_y}{\sqrt{3}}\right) \tag{7-47}$$

则极限承载力为：

$$\theta = bt\tau \tag{7-48}$$

2. 板结构

海洋平台结构中有不少受压的构件，除了明显受压的各种支柱以外，就是船体纵向布置的骨架和板。这是因为船在波浪上发生总弯曲时，纵向的骨架和板都要受到拉力和压力，在受压的情况下都可能失稳。由于一般船体结构比甲板结构要强，因此甲板骨架和甲板板失稳的可能性比船体的要大得多。所以实际上海洋平台结构的稳定性问题，除了各种支柱外，主要是讨论甲板骨架和甲板板的稳定性问题。

板的屈曲有以下特点：

(1) 作用于板中面的外力，不论是一个方向作用有外力还是在两个方向同时作用有外力，屈曲时板产生的都是出平面的凸曲现象，产生双向弯曲变形，因此在板的任何一点的弯矩 M_x、M_y 和扭矩 M_{xy} 以及板的挠度，都与此点的坐标 (x, y) 有关。

(2) 板的平衡方程属于二维的偏微分方程，除了均匀受压的四边简支的理想矩形板可以直接求出其分岔屈曲载荷外，对于其他受力条件和边界条件的板很难直接求解，经常采用能量法，如瑞利里兹法和伽辽金法，或者用数值法，如差分法和有限单元法，在弹塑性阶段，用数值法可以得到精确度很高的板的屈曲载荷。

(3) 平直的薄板失稳属于稳定分岔失稳问题。对于有刚强侧边支撑的板，凸曲后板的中面会产生薄膜应变，从而产生薄膜应力。如果在板的一个方向有外力作用而凸曲时，在另一个方向的薄膜应力会对其产生支持作用，从而增强板的抗弯刚度进而提高板的强度，这种凸曲后的强度提高称为屈曲后强度。单向均匀受压的板会因为屈曲后各点薄膜应力不同而转变为不均匀的双向受力板，这样一来，有些部位板的应力可能远远超过屈曲应力而达到材料的屈服强度，这块板将很快破坏，它标志着板的承载能力不再是分叉屈曲载荷，而是板的边缘纤维已达到屈服强度后的极限载荷。

(4) 按照小挠度理论分析只能得到板的分岔屈曲载荷，而按照有限挠度理论，或称大挠度理论分析才能得到板的屈曲后强度和板的挠度。

板屈曲的平衡微分方程为：

$$\frac{D}{t}\nabla^2\nabla^2\omega = \sigma_x\frac{\partial^2\omega}{\partial x^2} + 2\tau_{xy}\frac{\partial^2\omega}{\partial x^2\partial y^2} + \sigma_y\frac{\partial^2\omega}{\partial y^2} \tag{7-49}$$

但是由于小挠度理论限定的条件过多，除了在数学上作线性化处理外，还要假定结构系统是完善的，即结构系统无几何初始缺陷，荷载作用也是理想的无偏心，结构无初始应力（如残余应力）等，并不适用于工程实际应用。

板边缘的支持构件具有较大的刚度时，有时板的屈曲应力不是很高就会发生屈曲，但屈曲以后并不破坏。板的强度有很大的潜力可以发挥。板的挠度将会继续发展到相当大的数值，在发展挠度的过程中，板的应力将出现重分布，板的中面会产生相当大的薄膜拉力。板中的应力分布和薄膜拉力的出现可延缓挠度的发展，实际上起着对板的支持作用，从而大大提高板的承载力，使其远远超过板的分岔屈曲载荷。由于板在屈曲后的挠度与厚度相比已经不再是一个小的数量，而且在单向均匀外载荷作用下中面力不再是常量，在非载荷作用的方向也同时产生了中面力，为此需按照有限挠度理论研究薄板的屈曲后强度。

板在失稳后的现象与压杆有所不同。对于船体结构中的板，它四周由骨架支持着，并且实际上骨架的临界力远大于板的临界力，因此当板受压失稳时，骨架尚未失稳，它对板还起着支持作用，使板的周界不能自由弯曲和趋近。另外，船体板是连续的板，每一个板格都受到相邻板格的牵制作用，因此它和独立的板不同，板边亦不能自由趋近。由于上述原因，使得板在所受的压力大于临界压力之后，即板在失稳后，如果继续增大压力，板的挠度不会迅速增大，设置在一定范围内挠度的增加率反而会减小，如图 7-28 所示（图中实线为平板，虚线为有初始挠度的板），这说明板失稳后还能继续承载。

板失稳后能够继续承载的原因在于板的中面力起了很大的作用。板由于支持骨架的作用以及相邻板格的作用使得板边不能自由弯曲和趋近，因此当板失稳弯曲后，板的中面就被拉长，这样就发生了中面拉应力。这个中面力随着板挠度的增加而加大，从而使得板的变形不能迅速变大。此时板的纤维如同是用锚链那样固定在支座上，因此能使此板在弯曲状态下保持平衡。

板结构屈曲行为一般分为以下四类：（1）筋条之间的板格屈曲；（2）筋条腹板屈曲（梁柱失稳/扭曲）和面板的局部屈曲；（3）加筋板屈曲；（4）加筋板格的整体屈曲。

由于焊接初始缺陷的复杂性，通常采用理想化模型。图 7-29 为船体板格焊接初始变形简图。

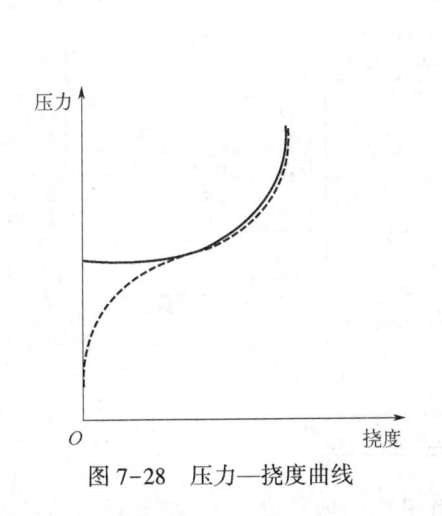

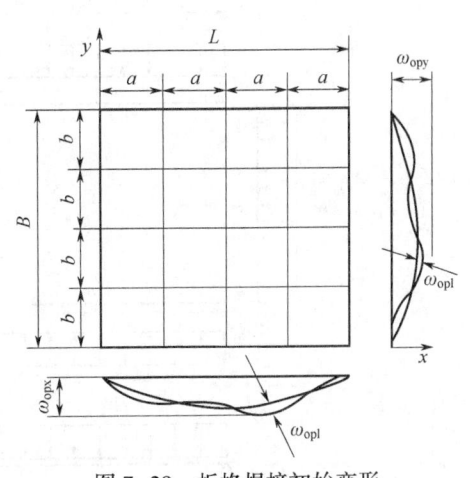

图 7-28 压力—挠度曲线

图 7-29 板格焊接初始变形

板的初始变形可近似用如下公式表示：

$$\omega_0 = \sum_i^M A_{i1} \sin \frac{i\pi x}{a} \sin \frac{\pi y}{b} \tag{7-50}$$

式中　M——屈曲时板格沿 x 方向的半波数，这主要与板格的长宽比有关；

　　　A_{i1}——初始变形函数的系数。

作用在板单元上的载荷通常可以分为面内载荷和侧向压力。面内载荷分为轴向载荷（压应力和拉应力）、边缘剪切应力以及面内轴向弯曲应力。在实际的船舶结构中面内通常是由船体梁的总纵弯曲或者船体梁的扭转引起。侧向压应力则通常由水压力和货物压力引起。

板格的载荷情况如图 7-30 所示。但在实际的工程分析当中，通常为了计算方便，把应力分布简化成平均分布，如图 7-31 所示。其中负号表示压应力，正号表示拉应力。

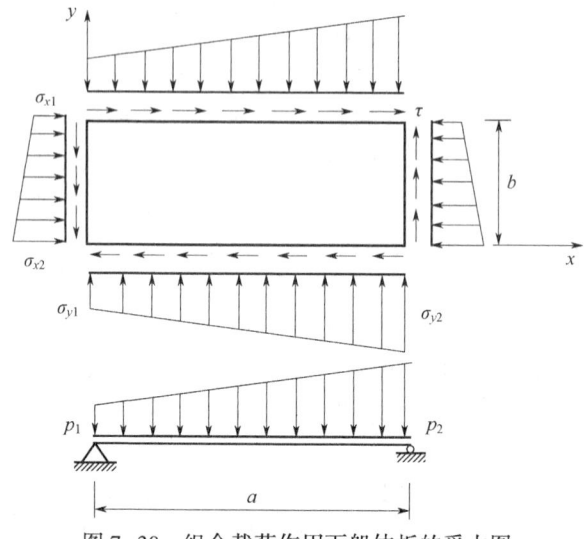

图 7-30 组合载荷作用下船体板的受力图

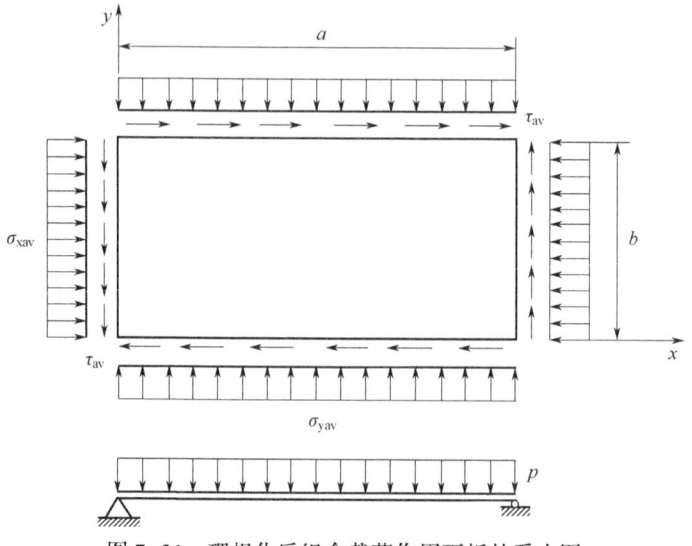

图 7-31 理想化后组合载荷作用下板的受力图

载荷的平均值定义如下：X 方向的平均轴向应力 $\sigma_{xav} = \dfrac{\sigma_{x1} + \sigma_{x2}}{2}$；$Y$ 方向的平均轴向应力 $\sigma_{yav} = \dfrac{\sigma_{y1} + \sigma_{y2}}{2}$；边缘平均剪应力 $\tau_{av} = |\tau|$；侧向平均压应力：$p_{av} = \dfrac{p_1 + p_2}{2}$。

海洋环境对低碳钢、低合金钢具有很强的腐蚀作用,对于均匀腐蚀损伤下船体板屈曲强度分析都是采用折减厚度的方法使板的厚度均匀减薄,然后根据改变后的 β 值进行极限强度的计算。目前已有很多学者提出了简化的解析方法来计算非加筋板的屈曲极限强度,但大部分都是以板纵向受压作为研究对象给出了板单轴受压时的极限强度的显式表达式。

在实际的工程问题分析中,船体板结构所遭受的最常见的载荷情况则是由面内双轴向力和剪切力共同作用的组合载荷情况。而对于这方面的研究相对较少,基本上都是依照规范上的屈曲强度校核公式来进行屈曲状态评估。根据油船和散货船自身的受力特点,JTP 规范和 JBP 规范分别制定了组合载荷作用下的屈曲强度校核公式。

思考题

1. 对比分析材料强度和构件强度的区别。
2. 简绘金属杆件的拉伸过程中的应力—应变曲线,标明弹性变形区和塑性变形区,简述屈服强度的定义。
3. 简述 $S-N$ 曲线的物理意义。
4. 简述海上平台规范中常用的 Miner 线性疲劳累积损伤准则。
5. 综述金属材料的性能。
6. 综述海洋平台结构中选用的钢材的依据。

第八章 导管架设计

导管架是导管架平台结构的最重要组成部分，是平台的关键结构。导管架结构设计的成败主要取决于设计者以往的成功经验及设计者对平台用途和平台安装地点海洋环境的深刻认识。一个好的设计，应该使安装的平台具有满意的使用效果、较少的维修和最少的初始投资。本章将主要讨论导管架的一般设计方法。

第一节 设计依据及设计内容

一、导管架设计的依据

设计导管架必须要考虑水深、海洋环境、甲板空间、施工场地与施工设备等因素，以满足海洋平台的技术要求。

1. 水深

水深对导管架的几何形状选择有相当大的影响。深水中的导管架是细长的，它对波浪引起的动力效应十分敏感，因此疲劳分析就显得很重要，而浅水导管架平台对动力效应就不那么敏感，因此深水平台安装工艺远比浅水平台复杂。例如，对于超大型的导管架，受制造场地、吊装设备及下水驳船尺度的限制，要进行总体受力分析并采用分段制造和海上分段组装工艺。此外，不同水深引起平台基底的倾覆力矩不一样，在浅水中一般采用常规的导管架结构，而在深水中往往要增加若干辅桩（又称水下桩），以提高平台结构的抗倾覆力矩。

2. 海洋环境

海洋环境是决定导管架结构几何形状的关键因素。在严寒海区，为了减少冰凌对平台的作用，一般导管架结构在潮差段不设支撑，以减少挡冰面积。在高腐蚀海区，尽量简化管结点，以避免腐蚀应力发生。导管架结构的基底宽度取决于环境力的大小。

3. 甲板空间

甲板空间是决定导管架顶部尺度的一个重要因素。一般导管架顶部的平面尺度由甲板支撑结构的腿柱数目和间距控制，选择导管架顶部平面尺度一定要与甲板结构支撑的型式相适应。

4. 施工场地与施工设备

导管架几何形状的选择与施工场地、施工设备及施工方法有极为密切的关系。选择导管架的几何形状必须与所能得到的施工设备相适应。小型导管架一般可采用海上浮吊吊装，而大型导管架通常要用下水驳船拖运下水。对于采用驳船下水的导管架，其中间两条腿柱的间距要与滑道间距相适应，中间两片框架要采取加强措施，以保证导管架在装船和滑移水中时，腿柱具有足够的强度。

二、导管架设计的内容

1. 导管架结构型式的设计

确定导管架结构型式的设计，通常也称为方案设计。根据给定的设计资料，拟定初步设计方案，确定导管架尺度。在方案设计阶段，对一切可供选择的方案进行研究，对其经济效益进行评价，以确定最终的结构型式。

2. 导管架腿柱直径与斜度设计

实际上导管架结构设计的所有决定都与腿柱直径和斜度有关。腿柱的直径选择主要受土质情况和基础要求的限制。在初步设计时，一般是按以前比较成功的类似导管架腿柱来选择，通常按甲板支撑桁架腿柱的要求决定。靠近水面附近的构件尽量减小尺度，以使作用在构件上的波浪荷载减至最小。

腿柱的斜度主要与土壤性质、打桩机性能和承受荷载类型有关。如前所述，腿柱的最佳斜度应综合考虑各种因素加以决定，为了抵抗海洋环境引起的横向荷载，通常把导管架设计成双斜对称式结构。

3. 支撑布置设计

支撑布置设计要求构件能把水平荷载传递到桩基中，并使结构成为一个整体，支撑阳极块、井口隔水套管及其他附属设施。原则上应尽量减少水平支撑的层数，各连接构件间交角一般应大于 30°。

4. 导管架结构受力分析

导管架结构受力分析，通常要考虑导管架在建造、运输、下水、吊装及使用过程中可能出现的最不利的荷载及其组合情况，从而确定在这种受力状态下各组成构件的应力状态，并依此选择经济合理的截面。

5. 构件尺寸确定

根据结构的受力分析确定的构件应力状态，按确定的规范，对已选定的构件进行校核，以便最后确定构件的尺寸。导管架结构构件设计最关键的是管结点设计及对其的疲劳评价，其次是杆件的断面选择。

6. 动力分析和疲劳分析

对于深水导管架，当结构自振周期接近平台安装水域内的波浪中主要能量的波分量频率时，要进行动力分析。当自振周期大于 3s 时，对导管架管结点要进行疲劳分析。

第二节　设计计算模型

桩基导管架型平台是空间杆系结构，它承受结构本身及工艺设备等垂直载荷和由风、波浪、地震、冰及海流等环境载荷引起的水平载荷作用。在受力分析时，通常选取的结构计算模型有整体分析计算模型和分部分析计算模型两种。

一、整体分析计算模型

导管架结构作为支承结构的一部分，在进行结构分析时，通常把导管架和桩视为一个整体，建立三维空间框架结构的计算模型，分析在海洋环境荷载和使用荷载作用下的整个支承结构。

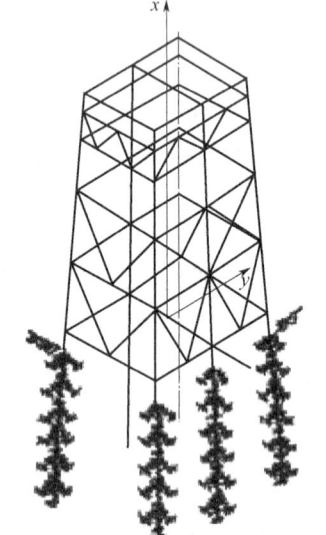

确定结构计算模型时，对结构总体刚度有重大影响的一切构件均应予以考虑。对于设计泥面以上的杆件，凡杆件交叉点、集中载荷作用点、杆件横截面特性变化点、桩与设计泥面的交接点一般均应设为节点。泥面以下的桩基上设置多个节点，每个节点处设置两个垂直于桩身的弹簧（图8-1），它们彼此也相互垂直，以代替在水平力或力矩载荷作用下桩土的相互作用。设置多个沿桩身方向的弹簧，以代替垂直载荷作用下桩土的相互作用。弹簧刚度系数可以是线弹性的，也可以是非线弹性的，该种方法一般用于深水结构分析。

图8-1　整体分析计算结构模型

二、分部分析计算模型

对用于浅水的不太复杂的导管架结构，通常采用简化的分析方法。这种方法是把导管架与桩基在泥面处分开，对泥面以上的导管架和泥面以下的桩基分别建立计算模型（图8-2）进行计算。

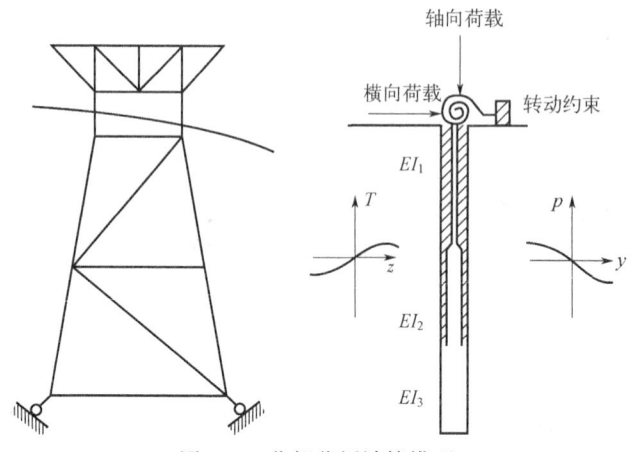

图8-2　分部分析计算模型

泥面以上部分是具有基桩支座的空间杆系结构，节点设置的原则与整体分析计算模型相同，泥面以下部分是埋藏于土中的桩。如图8-2所示，假设导管架平台底部铰支，根据土壤物性 $p—y$ 曲线和 $T—z$ 曲线（试桩的实测反力与变位的关系曲线），E 是导管架材质的弹性模量，I_1、I_2、I_3 分别为各段的等效惯性矩。

基桩支座是联系泥面以上结构与泥面以下桩的分部分析计算模型的结合点。从以上两种计算模型看，第一种模型节点与杆件数目较多，计算工作量大。如考虑桩变位—土反力的非线性计算，则工作量更大。而第二种计算模型节点与杆件数目相对较少，且采用线性结构分析方法计算工作量小。至于对桩的分析，如果有些桩的截面相同，还可大幅度减少计算工作量，甚至可以通过查表方法简单地计算出桩的变位与内力。因此，推荐使用第二种计算模型。

由于导管架结构长期在海洋环境中工作，周期性的波浪荷载以及严寒地区海冰对平台的作用往往表现出动力特性，特别是周期性波浪荷载作用常常引起结构结点的疲劳。因此，对导管架结构进行动力响应分析和疲劳分析是不可忽视的，特别是深水结构。本章将主要讨论静力分析方法。

第三节　设计计算刚度矩阵

根据第二节提出的分部分析计算模型，把导管架与桩基在泥面处分开，分别对导管架和桩基进行计算，即分别建立桩基刚度矩阵和空间杆件刚度矩阵进行计算。

一、桩基刚度矩阵

1. 桩基刚度矩阵的建立

假设一具有空间斜度的圆管桩 i 与泥面（xoy）相交于 j 点，k 为沿桩轴方向并高于泥面的另一点，以 j 点指向 k 点表示桩轴线 x 方向，并将 $j—k$ 视为单体。单体的局部坐标系统取为右手定则，如图8-3所示。

于是，以单体坐标系所建立的基桩约束刚度矩阵 $[K_{mn}]$ 为：

$$[K_{mn}] = \begin{pmatrix} K_{11} & 0 & 0 & 0 & 0 & 0 \\ 0 & K_{22} & 0 & 0 & 0 & K_{26} \\ 0 & 0 & K_{33} & 0 & K_{35} & 0 \\ 0 & 0 & 0 & K_{44} & 0 & 0 \\ 0 & 0 & K_{53} & 0 & K_{55} & 0 \\ 0 & K_{62} & 0 & 0 & 0 & K_{66} \end{pmatrix} \quad (8-1)$$

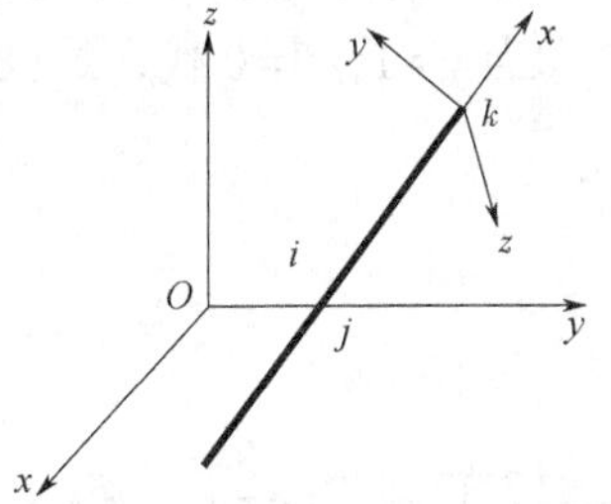

图8-3　基桩支座坐标系统

式中，K_{mn} 为桩基约束刚度系数，即泥面处基桩支座节点在 n 自由度方向上产生单位位移时，在 m 自由度方向上所需广义力的数值。其中 K_{11} 为基桩拉压刚度系数，K_{44} 为基桩扭转刚度系数，这两个系数最好通过载荷试验确定。基桩拉压刚度系数有给定的公式，而基桩扭转刚度系数的确定常会遇到困难，这是因为前人很少做过这方面的实验研究，也没有这方面的资料可供参考，一般认为扭转刚度系数约为弯曲刚度系数的 1/5，即 $K_{44}=0.2K_{55}=0.2K_{66}$。

海洋桩基平台的桩长可以考虑成无限长桩,因此除了 K_{11} 和 K_{44} 以外的其他非零刚度系数都可由相关公式推导出。需要注意的是,固定平台的桩并非都是垂直桩,常常具有一定的斜度。人们经过研究得出:斜桩承受轴向载荷时的轴向位移、承受水平载荷与力矩载荷时的水平位移和转角,至少在实用的坡度范围内与桩的倾斜度无关,这样使斜桩的变位与内力分析可以简单地采用垂直桩计算方法。

2. 桩基矩阵刚度系数计算

已知弹性长桩的变位与转角计算公式为:

$$\left. \begin{array}{l} y = \dfrac{Q_0}{\alpha^3 EI} A_y + \dfrac{M_0}{\alpha^2 EI} B_y \\ \theta = \dfrac{Q_0}{\alpha^2 EI} A_\phi + \dfrac{M_0}{\alpha EI} B_\phi \end{array} \right\} \tag{8-2}$$

其中

$$\alpha = \sqrt[5]{\dfrac{mB_0}{EI}} \tag{8-3}$$

式中 y——桩在泥面以下 x 深度处的变位,m;

θ——桩在泥面以下 x 深度处的转角,rad;

Q_0——作用在桩顶(泥面处)的设计水平载荷,kN;

M_0——作用在桩顶的设计力矩,kN·m;

α——桩的变形系数;

m——土反力模量随深度变化的比例系数,kN/m^4;

B_0——桩的计算宽度,m;

E——钢材弹性模量,kN/m^2;

I——桩截面惯性矩,m^4;

A_y、B_y——随深度 x 而变化的无量纲挠度系数;

A_ϕ、B_ϕ——随深度 x 而变化的无量纲角度系数。

在冲刷泥面处,即 $x=0$ 处,查表 8-1 得 $A_0=2.441$,$B_0=1.621$,$A_\phi=-1.621$,$B_\phi=-1.751$。
当 $y=1$,$\theta=0$ 代入式(8-2),则:

$$\left. \begin{array}{l} 1 = 2.441 \dfrac{Q_0}{\alpha^3 EI} + 1.621 \dfrac{M_0}{\alpha^2 EI} \\ 0 = -1.621 \dfrac{Q_0}{\alpha^2 EI} + 1.751 \dfrac{M_0}{\alpha EI} \end{array} \right\} \tag{8-4}$$

求解方程组式(8-4),得:

$$\left. \begin{array}{l} |Q_0| = |K_{22}| = |K_{33}| = 1.06344\alpha^3 EI \\ |M_0| = |K_{62}| = |K_{53}| = -0.9844\alpha^2 EI \end{array} \right\} \tag{8-5}$$

如令 $y=0$,$\theta=1$,代入式(8-2),则:

$$\left. \begin{array}{l} 0 = 2.441 \dfrac{Q_0}{\alpha^3 EI} + 1.621 \dfrac{M_0}{\alpha^2 EI} \\ 1 = -1.621 \dfrac{Q_0}{\alpha^2 EI} + 1.751 \dfrac{M_0}{\alpha EI} \end{array} \right\} \tag{8-6}$$

联立求解式(8-6) 得：

$$\left.\begin{array}{l}|Q_0|=|K_{26}|=|K_{35}|=0.98448\alpha^2 EI\\|M_0|=|K_{55}|=|K_{66}|=1.482492\alpha EI\end{array}\right\} \quad (8-7)$$

考虑到桩向局部坐标系为右手定则的规定，其基桩刚度系数数值的计算公式为：

$$\left.\begin{array}{l}K_{22}=K_{33}=1.06344\alpha^3 EI\\K_{55}=K_{66}=1.48249\alpha EI\\K_{62}=K_{26}=-0.98448\alpha^2 EI\\K_{53}=K_{35}=0.98448\alpha^2 EI\end{array}\right\} \quad (8-8)$$

表 8-1 系数表

换算深度 $z=\alpha x$	A_y	A_ϕ	A_m	A_θ	A_p	B_y	B_ϕ	B_m	B_θ	B_p
0.0	2.441	-1.621	0	1	0	1.621	-1.751	1	0	0
0.1	2.279	-1.616	0.100	0.988	0.228	1.451	-1.651	1	-0.008	0.145
0.2	2.118	-1.601	0.197	0.956	0.424	1.291	-1.551	0.998	-0.028	0.258
0.3	1.959	1.577	0.290	0.905	0.588	1.141	-1.451	0.994	-0.058	0.342
0.4	1.803	-1.543	0.377	0.839	0.721	1.001	-1.352	0.986	-0.096	0.400
0.5	1.650	-1.502	0.458	0.761	0.825	0.870	-1.254	0.975	-0.137	0.435
0.6	1.503	-1.452	0.529	0.675	0.902	0.750	-1.157	0.959	-0.182	0.450
0.7	1.360	-1.396	0.592	0.582	0.952	0.639	-1.062	0.938	-0.227	0.447
0.8	1.224	-1.334	0.646	0.485	0.979	0.537	-0.970	0.913	-0.271	0.430
0.9	1.094	-1.267	0.689	0.387	0.984	0.445	-0.880	0.884	-0.312	0.400
1.0	0.970	-1.196	0.723	0.289	0.970	0.361	-0.793	0.851	-0.351	0.361
1.1	0.854	-1.123	0.747	0.193	0.940	0.286	-0.710	0.814	-0.384	0.315
1.2	0.746	-1.047	0.762	0.102	0.895	0.219	-0.630	0.774	-0.413	0.263
1.3	0.645	-0.971	0.768	0.015	0.838	0.160	-0.555	0.732	-0.437	0.208
1.4	0.552	-0.894	0.765	-0.066	0.772	0.108	-0.484	0.687	-0.455	0.151
1.5	0.466	-0.818	0.755	-0.140	0.699	0.063	-0.0418	0.641	-0.467	0.094
1.6	0.388	-0.743	0.737	-0.206	0.621	0.024	-0.356	0.594	-0.474	0.039
1.7	0.317	-0.671	0.714	-0.264	0.540	-0.008	-0.299	0.546	-0.475	-0.014
1.8	0.254	-0.601	0.685	-0.313	0.457	-0.036	-0.247	0.499	-0.417	-0.061
1.9	0.197	-0.534	0.651	-0.355	0.375	-0.058	-0.199	0.452	0.462	-0.110
2.0	0.147	-0.147	0.614	-0.388	0.294	-0.076	-0.156	0.407	-0.449	-0.151
2.2	0.065	-0.356	0.532	-0.432	0.142	-0.099	-0.084	0.320	-0.412	-0.219
2.4	0.003	-0.258	0.443	-0.447	0.008	-0.110	-0.028	0.243	-0.363	-0.265
2.6	-0.040	-0.178	0.355	-0.437	-0.104	-0.111	0.014	0.176	-0.307	-0.290
2.8	-0.069	-0.116	0.270	-0.406	-0.193	-0.105	0.044	0.120	-0.249	-0.295
3.0	-0.087	-0.070	0.193	-0.361	0.262	-0.095	0.063	0.076	-0.191	-0.284
3.5	-0.105	-0.012	0.051	-0.200	-0.367	-0.057	0.083	0.014	-0.067	-0.199
4.0	-0.108	-0.003	0	0	-0.432	-0.015	0.085	0	0	-0.059

设空间杆件单元 i，其两端编号分别为 j、k，单体坐标系按右手定则规定，并由 j 指向 k，定为 x 轴。对一空间杆件来说，杆端节点有 3 个线位移与 3 个角位移共 6 个位移分量，杆端力也相应地有 3 个力与 3 个力矩共 6 个分量。按自由度编号将杆端力示于图 8-4 中（$S_1 \sim S_{12}$ 为自由度编号）。那么，空间杆件单元在杆件坐标系下的杆端力与节点位移的关系可用矩阵形式表示，即：

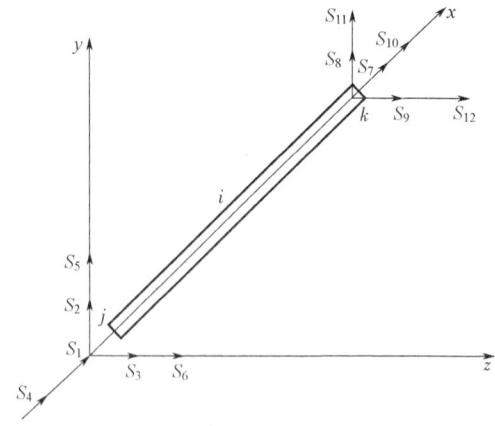

图 8-4 空间杆件单元

$$[F^e] = [K^e][D^e] \tag{8-9}$$

式中 $[F^e]$——为 12×1 阶杆端力向量；

$[D^e]$——为 12×1 阶杆端节点位移向量；

$[K^e]$——元素 k_{ij} 的定义为：只有 j 自由度方向产生单位位移时在 i 自由度方向上引起的杆端力。

$[K^e]$ 的展开式为：

$$\begin{Bmatrix} \frac{EA}{l} \\ 0 & \frac{12EI_z}{(1+\phi_y)l^3} \\ 0 & 0 & \frac{12EI_y}{(1+\phi_z)l^3} \\ 0 & 0 & 0 & \frac{GJ}{l} \\ 0 & 0 & \frac{-6EI_y}{(1+\phi_z)l^2} & 0 & \frac{(4+\phi_z)EI_y}{(1+\phi_z)l} \\ 0 & \frac{6EI}{(1+\phi_y)l^2} & 0 & 0 & 0 & \frac{(4+\phi_y)EI_z}{(1+\phi_y)l} \\ \frac{-EA}{l} & 0 & 0 & 0 & 0 & 0 & \frac{EA}{l} \\ 0 & \frac{-12EI_z}{(1+\phi_y)l^3} & 0 & 0 & 0 & \frac{-6EI_z}{(1+\phi_y)l^2} & 0 & \frac{12EI}{(1+\phi_y)l^3} \\ 0 & 0 & \frac{-12EI_y}{(1+\phi_z)l^3} & 0 & \frac{6EI_y}{(1+\phi_z)l^2} & 0 & 0 & 0 & \frac{12EI_y}{(1+\phi_z)l^3} \\ 0 & 0 & 0 & -\frac{GJ}{l} & 0 & 0 & 0 & 0 & 0 & \frac{GJ}{l} \\ 0 & 0 & \frac{-6EI_y}{(1+\phi_z)l^2} & 0 & \frac{(2-\phi_z)EI_y}{(1+\phi_z)l} & 0 & 0 & 0 & \frac{6EI_y}{(1+\phi_z)l^2} & 0 & \frac{(4+\phi_z)EI_y}{(1+\phi_z)l} \\ 0 & \frac{6EI_z}{(1+\phi_y)l^2} & 0 & 0 & 0 & \frac{(2-\phi_y)EI_z}{(1+\phi_y)l} & 0 & \frac{-6EI_z}{(1+\phi_y)l^2} & 0 & 0 & 0 & \frac{(4+\phi_y)EI_z}{(1+\phi_y)l} \end{Bmatrix}$$

其中
$$\phi_y = \frac{12EI_z}{GA_y l^2}, \quad \phi_z = \frac{12EI_y}{GA_z l^2}$$

式中　L——杆长，m；
　　　I_y——对 y 轴的惯性矩，m^4；
　　　I_z——对 z 轴的惯性矩，m^4；
　　　J——对 x 轴的扭矩，N·m；
　　　A_y——杆件截面积，m^2；
　　　A_y——沿 y 方向的有效抗剪面积，m^2；
　　　A_z——沿 z 方向的有效抗剪面积，m^2；
　　　E——材料拉压弹性模量，kN/m^2；
　　　G——材料剪切弹性模量，kN/m^2。

下面用工程梁理论中梁位移的微分方程直接推导出杆件的刚度特性矩阵。因为假定杆件的 y 轴和 z 轴与杆件横截面的主惯性轴一致，x 轴与杆件的形心轴一致，所以全部力能分离成彼此独立的 6 组。

（1）轴向力 S_1 和 S_7。

根据胡克定律，杆件的轴向变形与力及杆长成正比，而与其截面积成反比。当等截面杆的轴向变形沿杆件轴线连续变化时，杆件轴向位移 u 的微分方程为：

$$S_1 = -EA \frac{du}{dx} \tag{8-10}$$

因为随着 x 的增加，变形沿轴线递减，所以式(8-10)右端冠以负号，如图8-5(a)所示。

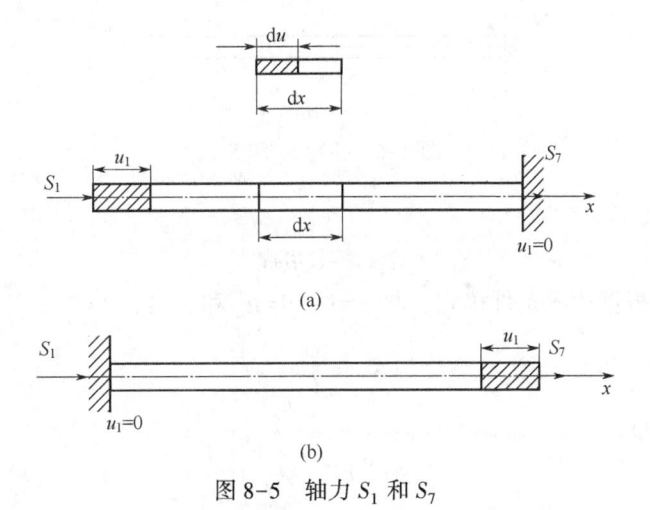

图 8-5　轴力 S_1 和 S_7

将式(8-10)积分得：

$$S_1 x = -EAu + C \tag{8-11}$$

式中，C 是积分常数，将边界条件 $x=0$，$u=u_1$ 和 $x=l$，$u=0$ 代入式(8-11)可得：

$$S_1 = \frac{EA}{l} u_1$$

从 x 方向的平衡条件可得：

$$S_1 = -S_7$$

根据 k_{ij} 的定义得：

$$k_{1,1} = \frac{S_1}{u_1} = \frac{EA}{l}$$

$$k_{7,1} = \frac{S_7}{u_1} = -\frac{EA}{l} \tag{8-12}$$

同理，若 $u_1 = 0$，$\bar{u}_7$ 不为零，如图 8-5(b) 所示，即可得：

$$k_{1,7} = -\frac{EA}{l}$$

$$k_{7,7} = \frac{EA}{l} \tag{8-13}$$

(2) 扭矩 S_4 和 S_{10}。

杆件上的扭转角 θ 的微分方程为：

$$S_4 = -GJ\frac{\mathrm{d}\theta}{\mathrm{d}x} \tag{8-14}$$

微分方程右端的负号，表示随着 x 的增加，扭转角变形减小，如图 8-6(a) 所示。

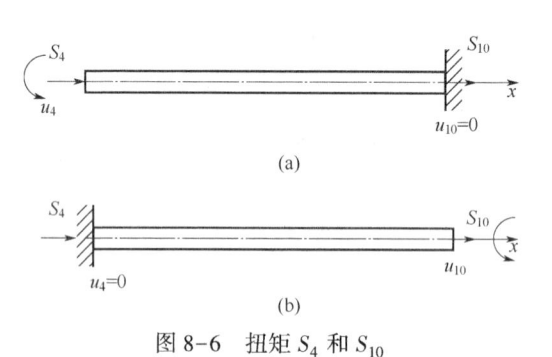

图 8-6 扭矩 S_4 和 S_{10}

将式(8-14) 积分得：

$$S_4 x = -GJ\theta + C \tag{8-15}$$

式中，积分常数 C 根据边界条件确定，将 $x=0$，$\theta = u_4$ 和 $x=1$，$\theta = 0$ 代入式(8-15) 可得：

$$S_4 = \frac{GJ}{l}u_4 \tag{8-16}$$

利用扭矩平衡条件得：

$$S_{10} = -S_4 \tag{8-17}$$

按 k_{ij} 定义，得：

$$k_{4,4} = \frac{S_4}{u_4} = \frac{GJ}{l}$$

$$k_{10,4} = \frac{S_{10}}{u_4} = -\frac{GJ}{l} \tag{8-18}$$

同理，若 $u_4 = 0$，u_{10} 不为零，如图 8-6(b) 所示，可得：

$$k_{4,10} = -\frac{GJ}{l}$$
$$k_{10,10} = \frac{GJ}{l}$$
(8-19)

(3) 剪力 S_2 和 S_8。

剪力 S_2 和 S_8 如图 8-7 所示。

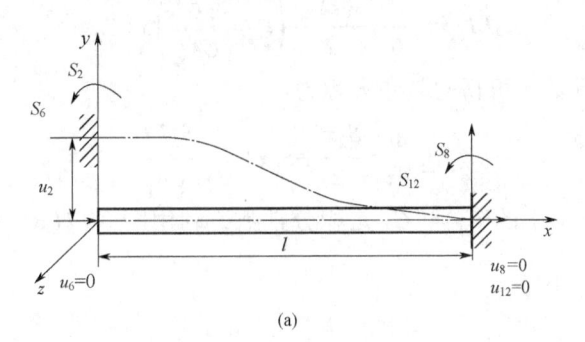

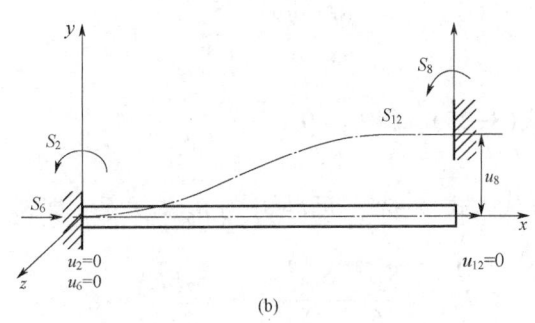

图 8-7 剪力 S_2 和 S_8

承受剪力与力矩的梁的侧向挠度 f 为:
$$f = f_b + f_s \tag{8-20}$$

式中 f_b——由于弯曲变形引起的侧向挠度;
f_s——由于剪切变形引起的附加挠度。

杆件的剪切挠度微分方程为:
$$\frac{df_s}{dx} = -\frac{S_2}{GA_y} \tag{8-21}$$

式中, A_y 代表杆件的有效剪切面积。

杆件的弯曲挠度微分方程为:
$$EI_z \frac{d^2 f_b}{dx^2} = S_2 x - S_6 \tag{8-22}$$

分别对式(8-21) 和式(8-22) 积分, 得:
$$f_s = -\frac{S_2}{GA_y} x + C$$

$$\frac{df_b}{dx} = \frac{1}{EI_z}\left(\frac{S_2 x^2}{2} - S_6 x\right) + C_1$$

$$f_\mathrm{b} = \frac{1}{EI_z}\left(\frac{S_2 x^3}{6} - \frac{S_6 x^2}{2}\right) + C_1 x + C_2$$

$$f = f_\mathrm{s} + f_\mathrm{b} = -\frac{S_2}{GA_y}x + C + \frac{1}{EI_z}\left(\frac{S_2 x^3}{6} - \frac{S_6 x^2}{2}\right) + C_1 x + C_2 \tag{8-23}$$

式中，C 和 C_2 均为积分常数，合并后用 C_2 表示，则总挠度方程为：

$$EI_z f = \frac{S_2 x^3}{6} - \frac{S_6 x^2}{2} + \left(C_1 - \frac{S_2 EI_z}{GA_y}\right)x + C_2 \tag{8-24}$$

对总挠度方程求一阶导数，可得总转角方程为：

$$EI_z \frac{df}{dx} = \frac{S_2 x^3}{2} - S_6 x + C_1 - \frac{S_2 EI_z}{GA_y} \tag{8-25}$$

式(8-24) 和式(8-25) 中的 C_1 与 C_2 是积分常数，利用图 8-7(a) 中的边界条件确定在 $x=0$，$x=l$ 处，$\dfrac{df_\mathrm{b}}{dx}=0$，因此：

$$\frac{df}{dx} = \frac{df_\mathrm{s}}{dx} = -\frac{S_2}{GA_y} \tag{8-26}$$

将 $x=0$，$\dfrac{df}{dx} = -\dfrac{S_2}{GA_y}$ 代入式(8-25)，得 $C_1 = 0$。

将 $x=l$，$\dfrac{df}{dx} = \dfrac{S_2}{GA_y}$，$C_1 = 0$ 代入式(8-25) 可得 S_2 与 S_6 的关系，即 $S_2 = \dfrac{2S_6}{l}$。

$$EI_z f = \frac{S_2 x^3}{6} - \frac{S_6 x^2}{2} + \left(C_1 - \frac{S_2 EI_z}{GA_y}\right)x + C_2$$

将 $x=1$、$C=0$、$f=0$ 代入式(8-24) 可得：

$$C_2 = \frac{S_2 l^3}{12}\left(1 + \frac{12EI_z}{GA_y l^2}\right) \tag{8-27}$$

令 $\phi_y = \dfrac{12EI_z}{GA_y l^2}$，因此 $C_2 = \dfrac{S_2 l^3}{12}(1+\phi_y)$。

在 $x=0$ 处，$f=u_2$ 代入式(8-24)，则 $C_2 = EI_z u_2$，因此，可求得：

$$\left.\begin{array}{l} S_2 = \dfrac{12EI_z u_2}{(1+\phi_y)l^3} \\[2mm] S_6 = \dfrac{6EI_z u_2}{(1+\phi_y)l^2} \end{array}\right\} \tag{8-28}$$

作用于杆件上的其余的力，可以由平衡条件确定，即：

$$\left.\begin{array}{l} S_8 = -S_2 \\ S_{12} = S_2 l - S_6 \end{array}\right\} \tag{8-29}$$

根据刚度系数 k_{ij} 的定义，可求得：

$$k_{2,2} = \frac{S_2}{u_2} = \frac{12EI_z}{(1+\phi_y)l^3} \tag{8-30}$$

$$k_{6,2}=\frac{S_6}{u_2}=\frac{6EI_z}{(1+\phi_y)l^2} \tag{8-31}$$

$$k_{8,2}=\frac{S_8}{u_2}=-\frac{12EI_z}{(1+\phi_y)l^3} \tag{8-32}$$

$$k_{12,2}=\frac{S_{12}}{u_2}=\frac{S_2l-S_6}{u_2}=\frac{6EI_z}{(1+\phi_y)l^2} \tag{8-33}$$

同理，若杆件左端挠度为零，右端侧向挠度为 u_8，如图 8-7(b) 所示，利用杆件的挠度微分方程或平衡方程，即可得：

$$k_{8,8}=k_{2,2}=\frac{12EI_z}{(1+\phi_y)l^3} \tag{8-34}$$

$$k_{12,8}=-k_{6,2}=-\frac{6EI_z}{(1+\phi_y)l^2} \tag{8-35}$$

(4) 弯矩 S_6 和 S_{12}。

当梁分别给予弯矩 S_6 和 S_{12} 时，杆件同时承受弯矩和剪力，如图 8-8 所示。此时仍可用式(8-24) 确定挠度，但是方程中的常数 C_1 和 C_2 必须通过图 8-8 的边界条件计算得出。

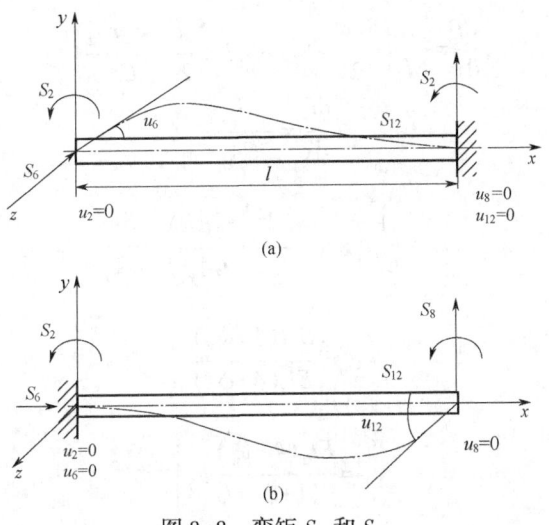

图 8-8 弯矩 S_6 和 S_{12}

利用图 8-8(a) 的边界条件，在 $x=0$，$x=1$ 处，$f=0$；在 $x=1$ 处，转角为 0，即 $\dfrac{df_b}{dx}=0$，则：

$$\frac{df}{dx}=-\frac{S_2}{GA_y} \tag{8-36}$$

将 $x=0$、$f=0$ 代入式(8-24)，使得到 $C_2=0$，将 $x=1$，$\dfrac{df}{dx}=-\dfrac{S_2}{GA_y}$ 代入式(8-25) 得：

$$C_1=S_6l-\frac{S_2l^2}{2} \tag{8-37}$$

于是式(8-24) 变为：

$$EI_z f = \frac{S_2 x^3}{6} - \frac{S_6 x^2}{2} + S_6 l x - \frac{S_2 l^2 x}{2} - \frac{S_2 EI_z x}{GA_y} \tag{8-38}$$

将 $x=1$、$f=0$ 代入式(8-38) 则:

$$\frac{S_6 l}{2} - \frac{S_2 l^2}{3} - \frac{S_2 EI_z}{GA_y} = 0 \tag{8-39}$$

因此

$$S_2 = \frac{6 S_6}{(4+\phi_y) l}$$

$$\phi_y = \frac{12 EI_z}{GA_y l^2} \tag{8-40}$$

根据平衡条件，可以求得作用于杆件上其余的力为:

$$\begin{aligned} S_8 &= -S_2 \\ S_{12} &= -S_6 + S_2 l \end{aligned} \tag{8-41}$$

在 $x=0$ 处，有:

$$\frac{df_b}{dx} = \frac{df}{dx} - \frac{df_s}{dx} = u_6 \tag{8-42}$$

因为:

$$\frac{df}{dx} = \frac{1}{EI_z} \left(\frac{S_2 x^2}{2} - S_6 x + S_6 l - \frac{S_2 l^2}{2} - \frac{S_2 EI_z}{GA_y} \right) \tag{8-43}$$

$$\frac{df_s}{dx} = -\frac{S_2}{GA_y} \tag{8-44}$$

所以:

$$u_6 = \frac{1}{EI_z} \left(S_6 l - \frac{S_2 l^2}{2} - \frac{S_2 EI_z}{GA_y} \right) + \frac{S_2}{GA_y} \tag{8-45}$$

化简得:

$$u_6 = \frac{S_6 l (1+\phi_y)}{EI_z (4+\phi_y)} \tag{8-46}$$

则:

$$\begin{aligned} S_6 &= \frac{EI_z (4+\phi_y)}{(1+\phi_y) l} u_6 \\ S_2 &= \frac{6 EI_z}{(1+\phi_y) l^2} u_6 \end{aligned} \tag{8-47}$$

根据 k_{ij} 定义，有:

$$\begin{aligned} k_{6,6} &= \frac{S_6}{u_6} = \frac{EI_z (4+\phi_y)}{(1+\phi_y) l} \\ k_{8,6} &= \frac{S_8}{u_6} = -\frac{S_2}{u_6} = -\frac{6 EI_z}{(1+\phi_y) l^2} \\ k_{12,6} &= \frac{S_{12}}{u_6} = \frac{-S_6 + S_2 l}{u_6} = \frac{EI_z (2-\phi_y)}{(1+\phi_y) l} \\ k_{2,6} &= \frac{S_2}{u_6} = \frac{6 EI_z}{(1+\phi_y) l^2} \end{aligned} \tag{8-48}$$

同理，使杆件左端角位移为零，右端角位移为 u_2，如图 8-8(b) 所示。从对称性可以看出：

$$\left.\begin{array}{l} k_{12,12}=k_{6,6}=\dfrac{EI_z(4+\phi_y)}{(1+\phi_y)l} \\[2mm] k_{8,12}=k_{2,6}=\dfrac{6EI_z}{(1+\phi_y)l^2} \end{array}\right\} \tag{8-49}$$

（5）剪力 S_3 和 S_9。

S_3 和 S_9 可以直接从 S_2 和 S_8 的结果导出。不过，由于坐标系统的规定，S_5 和 S_{11} 的正方向与图 8-7 所示的 S_6 和 S_{12} 的正方向相反，如图 8-9 所示。同时，公式中的 I_z、A_y、ϕ_y 相应地用 I_z、A_y、ϕ_y 替换。

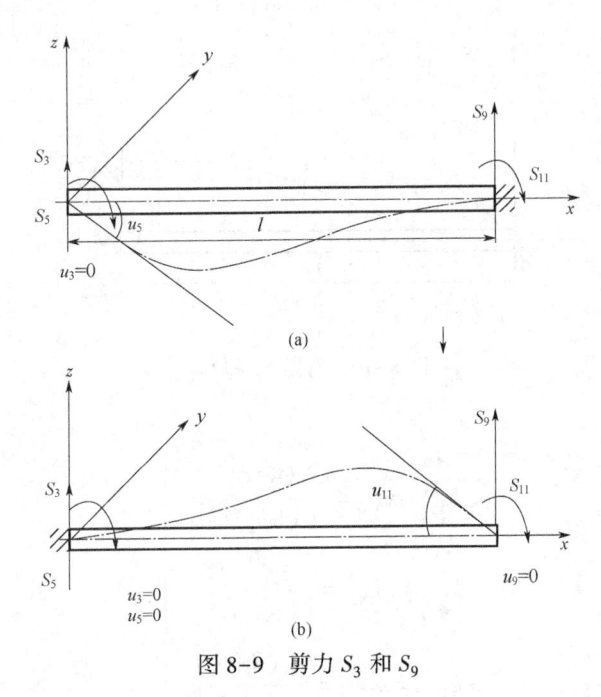

图 8-9 剪力 S_3 和 S_9

那么，对应的刚度系数表达式为：

$$\left.\begin{array}{l} k_{3,3}=k_{2,2}=\dfrac{12EI_y}{(1+\phi_z)l^3} \\[2mm] k_{5,3}=-k_{6,2}=-\dfrac{6EI_y}{(1+\phi_z)l^2} \\[2mm] k_{9,3}=k_{8,2}=-\dfrac{12EI_y}{(1+\phi_z)l^3} \\[2mm] k_{11,3}=-k_{12,2}=-\dfrac{6EI}{(1+\phi_z)l^2} \\[2mm] k_{9,9}=k_{8,8}=\dfrac{12EI_y}{(1+\phi_z)l^2} \\[2mm] k_{11,9}=-k_{12,8}=\dfrac{6EI_y}{(1+\phi_z)l^2} \end{array}\right\} \tag{8-50}$$

与确定 S_3、S_9 同理，可以从图 8-10 与图 8-8 对比看出，S_5 和 S_{11} 与 S_6 和 S_{12} 等值反向，并以 I_z、A_y、ϕ_y 做相应的替换。

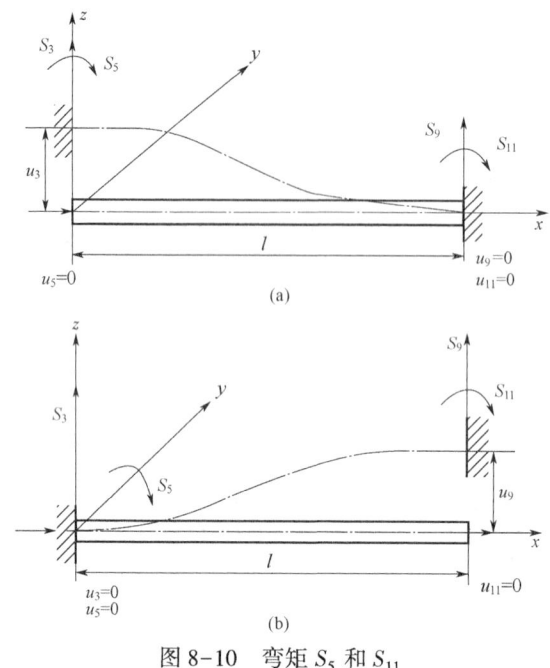

图 8-10　弯矩 S_5 和 S_{11}

于是刚度系数为：

$$\left.\begin{aligned} k_{5,5} &= k_{6,6} = \frac{EI_y(4+\phi_z)}{(1+\phi_z)l} \\ k_{9,5} &= -k_{8,6} = \frac{6EI_y}{(1+\phi_z)l^2} \\ k_{11,5} &= k_{12,6} = \frac{EI_y(2-\phi_z)}{(1+\phi_z)l} \\ k_{11,11} &= k_{12,12} = \frac{EI_y(4+\phi_z)}{(1+\phi_z)l} \end{aligned}\right\} \quad (8\text{-}51)$$

第四节　杆件端点变位与受力

一、坐标系与坐标转换

结构整体坐标系与杆件局部坐标系均取为右手坐标系统。现以 S_1、S_2、S_3 表示杆件局部坐标系的坐标轴，杆件的位置由节点 i、j 的整体坐标确定，主轴所在平面常用一个与节点 i、j 不共线的几何参考点 k 来确定，局部坐标系以 i 为原点，以杆件轴线 ij 方向为 S_1 轴正向，S_3 轴垂直于该主轴所在平面，而 S_2 轴与 S_1、S_3 轴均垂直，并位于主轴所在平面内，如

图 8-11 所示。图中 S_1、S_2、S_3 为杆件的局部坐标系，或称杆件坐标系，xyz 为整体坐标系，或称结构坐标系。通过 2 个矢量的矢量积，可以找到杆单元整体坐标系到局部坐标系的转换关系。现以 S_1 表示矢量 ij，g 表示矢量 ik，单位矢量 S_1 和 g 由下式给出：

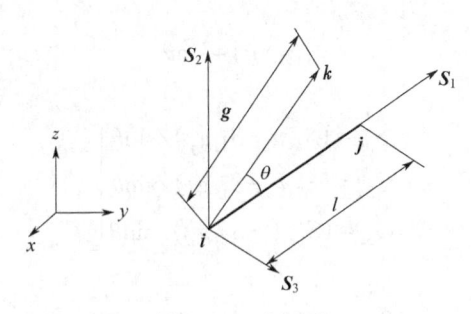

图 8-11 坐标系

$$\left.\begin{aligned} S_1 &= S_{1x}x + S_{1y}y + S_{1z}z \\ g &= g_x x + g_y y + g_z z \end{aligned}\right\} \tag{8-52}$$

$$\left.\begin{aligned} S_{1x} &= \frac{x_j - x_i}{l} \\ S_{1y} &= \frac{y_j - y_i}{l} \\ S_{1z} &= \frac{z_j - z_i}{l} \end{aligned}\right\} \tag{8-53}$$

$$\left.\begin{aligned} g_x &= \frac{x_k - x_i}{g} \\ g_y &= \frac{y_k - y_i}{g} \\ g_z &= \frac{z_k - z_i}{g} \end{aligned}\right\} \tag{8-54}$$

$$\left.\begin{aligned} l &= \sqrt{(x_j - x_i)^2 + (y_j - y_i)^2 + (z_j - z_i)^2} \\ g &= \sqrt{(x_k - x_i)^2 + (y_k - y_i)^2 + (z_k - z_i)^2} \end{aligned}\right\} \tag{8-55}$$

式中　x，y，z——结构坐标系的坐标单位矢量；
　　　S_{1x}，S_{1y}，S_{1z}——S_1 矢量的方向余弦；
　　　g_x，g_y，g_z——g 矢量的方向余弦；
　　　L——S_1 矢量的长度，m；
　　　g——g 矢量的长度，m。

利用矢量积的性质，可以导出两矢量的矢量积的坐标表示形式：

$$S_3 = S_1 \times g = \begin{vmatrix} x & y & z \\ S_{1x} & S_{1y} & S_{1z} \\ g_x & g_y & g_z \end{vmatrix} (S_{1y}g_z - S_{1z}g_y)x + (S_{1x}g_z - S_{1z}g_x)y + (S_{1x}g_y - S_{1y}g_x)z \tag{8-56}$$

如以 S_3 表示垂直于 S_1、g 两矢量的单位矢量，则：

$$S_3 = \frac{S_1 \times g}{|S_1 \times g|} = S_{3x}x + S_{3y}y + S_{3z}z \tag{8-57}$$

而

$$|S_1 \times g| = \sin\theta \tag{8-58}$$

与式(8-56)比较可知：

$$\left.\begin{array}{l} S_{3x} = (S_{1y}g_z - S_{1z}g_y)/\sin\theta \\ S_{3y} = (S_{1z}g_x - S_{1x}g_z)/\sin\theta \\ S_{3z} = (S_{1x}g_y - S_{1y}g_x)/\sin\theta \end{array}\right\} \tag{8-59}$$

同理可导出：

$$S_2 = S_3 \times S_1 = S_{2x}x + S_{2y}y + S_{2z}z \tag{8-60}$$

以矩阵形式表示为：

$$\begin{Bmatrix} S_1 \\ S_2 \\ S_3 \end{Bmatrix} = \begin{bmatrix} S_{1x} & S_{1y} & S_{1z} \\ S_{2x} & S_{2y} & S_{2z} \\ S_{3x} & S_{3y} & S_{3z} \end{bmatrix} \begin{Bmatrix} x \\ y \\ z \end{Bmatrix} \tag{8-61}$$

如以 A 表示结构坐标系下的位移或力矢量，A' 表示杆件坐标系下的位移或力矢量，则：

$$A = \begin{bmatrix} S_{1x} & S_{1y} & S_{1z} \\ S_{2x} & S_{2y} & S_{2z} \\ S_{3x} & S_{3y} & S_{3z} \end{bmatrix} A' \tag{8-62}$$

式(8-62)即为位移或力的坐标转换公式，式中3×3阶的方阵称为转轴矩阵，它是一个正交矩阵，为简化起见，可用 $[T]$ 表示。空间杆件单元在杆件坐标系下的杆端力与节点位移的关系可用式(8-9)表示，即：

$$[F^e] = [K^e][D^e]$$

如以 $[F^e]$、$[D^e]$ 表示在结构坐标系下的杆端力与节点位移，根据坐标转换原理，则：

$$\left.\begin{array}{l} [F^e] = [T][F^e] \\ [D^e] = [T][D^e] \end{array}\right\} \tag{8-63}$$

其中

$$[T] = \begin{bmatrix} t & & & \\ & t & & \\ & & t & \\ & & & t \end{bmatrix} \tag{8-64}$$

将式(8-63)代入式(8-9)得：

$$[T][F^e] = [K^e][T][D^e] \tag{8-65}$$

因为 $[T]$ 为正交矩阵，其逆矩阵等于其转置矩阵，以 $[T]^T$ 乘以该式，得：

$$[F^e] = [T]^T[K^e][T][D^e] \tag{8-66}$$

如令结构坐标系下杆件刚度矩阵为 $[K^e]$，则：

$$\begin{array}{l} [F^e] = [K^e][D^e] \\ [K^e] = [T]^T[K^e][T] \end{array} \tag{8-67}$$

式(8-67)为经过坐标变换求出的结构坐标系下的杆件刚度矩阵。

二、杆件断面要素的确定

杆件断面要素主要是指杆件横截面面积 A，有效剪切面积 A_o、A_z，截面惯性矩 I_o、I_z 及极惯性矩 J 等。

对于工程上常用的一些型钢截面，如工字钢、角钢和槽钢等，它们在轧制时有一定的型号和尺寸，其截面面积和惯性矩可以由型钢表查得。

对于圆管杆件，其截面为圆环，设外径为 D_o，内径为 D_i，中面半径为 D_m，它的截面面积 A 及截面对中性轴的惯性矩 I、极惯性矩 J 可按以下公式计算：

$$\left. \begin{aligned} A &= \frac{\pi(D_o^2 - D_i^2)}{4} = 2\pi D_m t \\ I &= \frac{\pi(D_o^4 - D_i^4)}{64} = \pi D_m^8 t \\ J &= \frac{\pi(D_o^4 - D_i^4)}{32} = 2\pi D_m^3 t \end{aligned} \right\} \tag{8-68}$$

其中

$$t = \frac{D_o - D_i}{2}, D_m = \frac{D_o + D_i}{4}$$

有效剪切面积 A_s 可按下式计算：

$$A_s = \frac{A}{K} \tag{8-69}$$

式中　A——杆件横截面面积，mm^2；
　　　K——剪切应力不均匀系数。

常用横截面的 A 值计算公式为：

（1）对于圆形，有：

$$K = \frac{7 + 6\mu}{6(1 + \mu)} \tag{8-70}$$

当泊松比 $\mu = 0.3$ 时，$K = 1.128$。

（2）对于圆管形，有：

$$K = \frac{4 + 3\mu}{2(1 + \mu)} \tag{8-71}$$

当泊松比 $\mu = 0.3$ 时，$K = 1.885$。

（3）对于矩形，有：

$$K = \frac{12 + 11\mu}{10(1 + \mu)} \tag{8-72}$$

当泊松比 $\mu = 0.3$ 时，$K = 1.177$。

对于工字形截面杆件，它的有效剪切面积可取为与腹板面积相同。

海洋桩基平台中有些导管架内含桩的杆件，为了使桩与导管牢固地结合在一起，以便共同工作，常将导管与桩之间的环形空间用水泥砂浆填充。对这种由不同材料组成的断面，在确定其断面要素时，可做如下假设：水泥砂浆只起到使内、外两管形杆共同工作的作用，而不考虑水泥砂浆本身对该杆抵抗载荷的贡献，这样的杆在确定断面要素时按双壁管计算，将内、外管各自的断面面积、惯性矩、极惯性矩、有效剪切面积相加即可。

三、直接刚度法解节点位移与杆端力

当每个杆单元在结构坐标系下刚度矩阵 $[K^e]$ 求出后,即可汇集成结构总刚度矩阵 $[K]$,它是将各杆件按总自由度编号为下标的刚度系数相叠加而成的矩阵。

应当指出,结构刚度矩阵 $[K]$ 是一奇异矩阵,它的某些行列实际上是其他行列的线性组合,从整体结构说,它相当于没有受到任何约束。因此,为了求平台结构的变位与内力,需要在结构刚度矩阵 $[K]$ 中引入基桩约束刚度系数进行约束处理。

当已知单体坐标系下基桩刚度矩阵 $[\overline{K}_{PH}]$ 后,按前述轴系转换关系可求出在结构坐标系下的基桩约束刚度矩阵 $[K_{PH}]$:

$$[K_{PH}] = \begin{bmatrix} t & 0 \\ 0 & t \end{bmatrix}^T [\overline{K}_{PH}] \begin{bmatrix} t & 0 \\ 0 & t \end{bmatrix} \tag{8-73}$$

然后,将基桩约束刚度矩阵 $[K_{PH}]$ 中按总自由度编号为下标的刚度系数值叠加到结构刚度矩阵 $[K]$ 的相应位置上,经过约束处理后的结构刚度矩阵如以 $[K_r]$ 表示,则可列出下列线性方程组,写成矩阵的形式为:

$$[K_r][D] = [P] \tag{8-74}$$

式中 $[D]$——全部节点位移向量,包括基桩节点的位移向量,阶数为6;

$[P]$——节点载荷向量,阶数为6。对于杆件上的分布载荷如杆件的自重与浮力,则应将其按静力等效原则转化为节点集中载荷。

经过约束处理后的结构刚度矩阵 $[K_r]$,是个非奇异矩阵。求结构的节点位移公式为:

$$[D] = [K_r]^{-1}[P] \tag{8-75}$$

在结构坐标系下,由于节点位移而产生的杆端力可以由下式求出:

$$[F^e] = [K^e][D^e] \tag{8-76}$$

在杆件坐标系下由于节点位移而产生的杆端力,可通过坐标转换矩阵来建立其关系式:

$$[\overline{F}^e] = [T][F^e] \tag{8-77}$$

如果杆件上作用有分布载荷,在杆件坐标系下的实际杆端力可用下式计算:

$$[\overline{F}^e] = [T][K^e][D^e] + [\overline{F}_L^e] \tag{8-78}$$

式中,右端第一项 $[T][K^e][D^e]$ 是由杆端节点位移产生的杆端力,第二项 $[\overline{F}_L^e]$ 是由于分布载荷产生的杆端力。

经过上述空间刚架结构分析与计算,求出了所有的杆件的内力与节点变位,其中包括基桩支座反力与该节点位移。按前面所提到的 y_0—m 曲线法的概念,即可检验出原选取的 m 值是否合适,如果相差很大,可根据算出的基桩支座节点位移选取更合适的 m 值,重新进行计算,即选取适宜的 m 值后,代入式(8-73)及式(8-74)计算新的基桩约束刚度矩阵,再由式(8-75)解出节点位移。当计算结果表明基桩支座节点位移 y_0 与所选用的 m 值对应的 y_0 相符合时,则求出的节点位移与杆端力即为所求。

当基桩支座反力求得后,即可用有限元法或查表的方法,求出各个基桩的变位和内力值。

第五节 导管架构件强度校核

当分析了平台各杆件内力之后，应对每一杆件进行强度校核。目前现行的规范，对桩基平台构件的强度计算仍以普遍采用的许用应力法为基础。

根据我国《海上固定平台入级与建造规范》规定，在工作环境条件和施工条件下，构件材料的许用应力值按表 8-2 选用。

表 8-2 许用应力值

应力种类	许用应力符号	许用应力值
抗拉、抗压、抗弯	$[\sigma]$	$0.6\sigma_s$
抗剪	$[\tau]$	$0.4\sigma_s$
承压面（磨平）	$[\sigma_d]$	$0.9\sigma_s$

在极端环境条件下各种载荷组合后的许用应力可提高 1/3；计算地震载荷时，构件的许用应力可提高 70%。

圆管构件的强度要求和计算公式如下所述。

一、轴向应力

杆件的轴向应力，视不同的受力情况而有不同的计算公式，见表 8-3。

表 8-3 杆件轴向应力计算公式

序号	杆件受力情况	计算公式	备注
1	轴向受拉或受压	$\sigma = \dfrac{N}{A} \leqslant [\sigma]$	σ——轴向应力； $[\sigma]$——计算截面的轴向应力，MPa； N——计算截面的轴向力，N； M——计算截面的弯矩，N·mm； M_x, M_y——计算截面分别绕 x 轴和 y 轴的弯矩，N·mm； A——圆管截面积，mm²； W——圆管截面的剖面模数，mm³
2	在一个平面内受弯	$\sigma = \dfrac{M}{W} \leqslant 1.1[\sigma]$	
3	轴向受拉或受压并在一个平面内受弯	$\sigma = \dfrac{N}{A} \pm 0.9 \dfrac{M}{W} \leqslant [\sigma]$	
4	在两个平面内受弯	$\sigma = \dfrac{\sqrt{M_x^2+M_y^2}}{W} \leqslant 1.1[\sigma]$	
5	轴向受拉或受压并在两个平面内受弯	$\sigma = \dfrac{N}{A} \pm 0.9 \dfrac{\sqrt{M_x^2+M_y^2}}{W} \leqslant [\sigma]$	

二、剪应力

杆件受弯、受扭或同时受弯与受扭时的剪应力计算公式见表 8-4。

表 8-4　杆件剪应力计算公式

序号	杆件受力情况	计算公式	备注
1	受弯	$\tau=\dfrac{2Q}{\pi Dt}\leqslant[\tau]$	τ——剪应力； $[\tau]$——计算截面的剪应力，MPa； Q——计算截面的剪力，N； Q_x，Q_y——计算截面分别沿 x 轴和 y 轴的剪力，N； T——计算截面上的扭矩，N·mm； D——圆管平均直径，mm； t——圆管壁厚，mm
2	受扭	$\tau=\dfrac{2T}{\pi D^2 t}\leqslant[\tau]$	
3	受弯或受扭	$\tau=\dfrac{2}{\pi Dt}\left(\sqrt{Q_x^2+Q_y^2}+\dfrac{T}{D}\right)\leqslant[\tau]$	

三、环向应力

杆件受周围静水压力作用时，环向应力 σ 可按下式校核：

$$\sigma=\frac{pD}{2t}\leqslant\frac{5}{6}[\sigma] \qquad (8-79)$$

式中　σ——计算截面上的环向应力，MPa；

　　　p——设计静水压力，MPa；

　　　D——圆管平均直径，mm；

　　　t——圆管壁厚，mm。

四、折算应力

杆件同时受轴向应力和剪应力，或同时受轴向应力、环向应力和剪应力作用时，折算应力 σ 可按表 8-5 中公式计算

表 8-5　折算应力的计算公式

序号	杆件应力情况	计算公式	备注
1	轴向应力和剪应力	$\sigma=\sqrt{\sigma_x^2+3\tau^2}\leqslant[\sigma]$	σ——折算应力； $[\sigma]$——计算截面上的折算应力，MPa； σ_x——计算截面的最大轴向应力，MPa； σ_y——计算截面的环向应力，MPa； τ——计算截面的剪应力，MPa
2	轴向应力、环向应力和剪应力	$\sigma=\sqrt{\sigma_x^2+\sigma_y^2-\sigma_x\sigma_y+3\tau^2}\leqslant[\sigma]$	

第六节　导管架平台设计实例

导管架平台的总体设计与布局直接关系到其工作性能、运行效益、安全性、工作人员生活环境、施工可行性，以及建造经济成本等。

一、总体设计因素

总体设计应着重考虑以下几方面的因素：

（1）平台装载设备应在满足生产生活要求基础上，尽量减小体积和重量，同时安全性强，便于拆卸维修，以高效合理利用平台空间。

（2）海上作业区域一般距离陆地较远，一旦仪器设备发生故障且难以维修，就可能导致停工停产甚至威胁人民生命财产安全，所以对关键设备如燃料供应设备、动力设备等要考虑备用措施。

（3）海上工作人员到达和离开平台以及器材装卸的运输路线要做到方便可靠，必须考虑台风、海啸等海洋极端天气情况的影响。例如，运输船停泊时应位于平台背风面；救生艇位置必须容易登入和驶出；直升机甲板不能影响作业区。

（4）构建平台之前，对平台以上大型工作模块的尺寸和重心相关数据必须考虑进去，并且在施工建设过程中要严格遵守，否则容易破坏平台稳定性结构。

（5）采用模块单元布置法，不同模块代表不同区域，满足不同功能需求，既能多线程同时工作，又能构成一个整体系统，协同运行。模块单元的重量尺寸数据与下方支承结构相适应。

（6）模块设计时尽量考虑一定的封闭性，便于保护设备，并且减少海洋环境对设备的腐蚀速度，延长使用年限和寿命，节约成本。

1. 区域划分

导管架平台主要由两大部分组成。一部分是支承结构，由导管架和钢管桩组成，用来支承上部设施与设备的基础结构；另一部分是上部设施与设备，由甲板与其上的设备组成，作为收集和处理油气、生活及其他用途的场所。在平台装载工作设备之前，首先应在平台上对空间进行分组分区分层，划分好安全区域和危险区域，保证海上平台工作人员安全问题。平台上的区域主要分为以下几个部分。

（1）井口区。作为平台的核心工作区域，井口区为钻完井装备提供足够平台支撑。井口压力是平台上最高的压力，一旦井口液体喷溅或流出，对整个平台的安全威胁都是巨大的，因此必须把井口与火源、可燃物隔离开来，防止钻井液燃烧。

（2）无火操作区。该区域内的设备可能是潜在的燃料源（石油和天然气），应与点火源分开或加以保护。非消防工艺设备不得直接安装在没有特殊保护的消防设备旁边或下面。但是，与其他生产设备相比，无焰工艺容器可以安装在靠近井口的位置，因为这两个区域的设备是潜在的燃料源，不应包括火源。正常过程是从井口到无焰工艺容器，因此两个区域的安装相互靠近可以简化管道的连接。该区域应尽量减少火源。

（3）原油储存区。原油是一种潜在的危险，因为储存的液体燃料的伴生气体排放。原油储罐应安装在远离井口和有潜在火源的区域（机械区、生活区）或其他保护的地方。但是，原油储罐可以安装在无火工艺区域的容器附近，因为这两种设备都是潜在的燃料源，应采取保护措施，防止原油泄漏到其他生产设备区域。在这个地区，火源应保持在最低限度。

（4）有火操作区。该区域内的设备可被视为潜在的点火源。防火工艺容器应远离井口，并对防火工艺容器和原油储罐进行保护。消防工艺设备和机械设备是潜在的火源，这两种类型的设备区域可以相邻安装。应尽量减少该区域的燃油供应。

（5）机械区。机械领域包括潜在的点火源和燃料源。机械区应安装在远离井口、无火工艺设备区、原油储罐和生活区的地方。机械和消防处理设备在类型和危害上是相似的，这两种设备可以安装在彼此接近的地方。此外，机械区域也是噪声和振动的来源，所以远离生活区。该地区的燃料供应应保持在最低限度。

（6）生活区。一般情况下，应保护生活区免受外部火焰、爆炸和噪声的影响。从住房区出来的逃生路线应便于进入所需的逃生设施。逃生路线的设计应尽量减少潜在热源和火源。生活区也是火源之一，应尽量与燃料源分开。生活区应通过防火墙或足够的距离与其他区域隔开。防火墙可以是房屋建筑的一部分。不应在这些墙上设置窗户，应尽量减少开口。在布置生活区时，人们应感到安全，远离操作区。通道应设置在远离操作区域的一侧，并应提供安全通道。生活区可设置公共设施，但应采取控制噪声和异味的保护措施，使人员有一个舒适的生活环境。

2. 导管架设计原则

导管架设计原则是根据油田区块的总体布局、工艺流程和海域的自然环境条件确定导管架结构形式，按规范要求进行计算分析，提供先进、合理、安全经济的方案，满足各种工程的实际需要。

设计必须遵循以下原则。

（1）导管架的几何形状选择必须充分考虑水深、海洋环境、甲板型式及可能得到的施工场地与施工设备。

水深对导管架的几何形状选择是有相当大的影响的。深水中导管架比较"细长"，它对波浪引起的动力效应十分敏感，因此疲劳分析就显得很重要，而浅水导管架平台对动力效应就不那么敏感。另一个问题是深水平台安装工艺远比浅水平台复杂。

甲板的空间是决定导管架顶部尺度的一个重要因素。一般导管架顶部的平面尺度由甲板的支撑结构的腿柱数目和间距控制，选择导管架顶部平面尺度一定要与甲板结构支撑的型式相适应。

导管架几何形状的选择与施工场地、施工设备及施工方法有极为密切的关系。选择的导管架的几何形状必须与所能得到的施工设备相适应。

（2）导管架腿柱的直径与斜度是导管架结构设计的重要内容。

实际上导管架结构设计的所有决定都与腿柱直径和斜度有关。腿柱的直径选择主要受土质情况和基础要求的限制。在初步设计时，一般是按以前的比较成功的类似导管架腿柱来选择，通常按甲板支撑架腿柱的要求决定。靠近水面附近的构件尽量减小尺度，以使作用在构件上荷载减至最小。

腿柱的斜度主要与土壤性质、打桩机性能和承受荷载类型有关。如前所述，腿柱的最佳斜度应综合考虑各种因素加以决定，为了抵抗海洋环境引起的横向荷载，通常把导管架设计成双斜对称式结构。

（3）支撑布置要合理。

支撑的布置应有助于把水平荷载传递到桩基中；在制造和安装时，使结构成为一个整体；支撑阳极块、井口隔水套管及其他附属设施，把这些构件所受的波浪力传递到桩基中尽量减少水平支撑的层数，各连接构件间交角一般应大于30°。

（4）进行动力分析和疲劳分析。

进行动力分析和疲劳分析对于深水导管架，当结构自振周期接近平台安装水域内所形成的波浪中具有主要能量的波分量频率时，要进行动力分析。

3. 设计图与建模示意图

首先确定导管架尺寸，设计出图纸，并将承重、风浪流载荷考虑其中，对导管架结构进行改进创新，其次设计桩腿结构，最后将平台上模块进行装载。根据设计的尺寸参数，利用 Solidworks 软件绘制导管架的工程视图（图 8-12）。

(a) 俯视图

(b) 侧视图

(c) 主视图

图 8-12　导管架的工程视图

二、基本参数

1. 导管架平台基本尺度参数

工作水深、甲板高度等都是最基本的几何参数（表 8-6），表示导管架平台的直观尺寸情况，设计工作状况。

表 8-6　平台尺度参数

工作水深，m	30
上甲板高度，m	20
下甲板高度，m	16
甲板支承结构柱数	4

2. 风浪流及荷载条件

风浪流条件，主风向 NNE；
风浪流条件，主浪向 SSW、NNE；
风浪流条件，主流向 NNE、SSW。

风的主极值见表 8-7，波浪主极值见表 8-8，海流主极值见表 8-9。

表 8-7　风的主极值

重现期，年		1	100
主极值，m/s	3s	35.2	60.2
	1min	26.4	45.1
	1h	22.0	37.6

表 8-8　波浪主极值

重现期，年		1	100
主极值，m/s	H_s，m	3.8	8.6
	H_{max}，m	6.4	14.3
	T_z，s	6.5	8.6

表 8-9　海流主极值

重现期，年		1	100
主极值，m/s	表层流速	112	190
	中层流速	88	144
	底层流速	63	111

注：荷载条件为均布作用在甲板上，考虑 600t 荷载。

3. 静态分析

在静态分析中，导管架和甲板模块合并为一个完整的模块，所以只需检查甲板模块的等效应力和剪应力即可。

等效应力表示为 F/A_0，其中，F 为单向拉伸作用，A_0 为几何体拉伸前截面积。

剪应力的计算公式为

$$\tau_{ij} = \lim_{\Delta A_j \to 0} \frac{\Delta F_i}{\Delta A_j}$$

式中　τ_{ij}——剪应力；

ΔF_i——在 i 方向的剪切力；

ΔA_j——在 j 方向的受力面积。

在结构设计中采用对结构产生最严重影响的适当载荷条件，通过模拟极端环境条件下，将各种设计的载荷进行组合。该结构被模拟为具有适当边界条件的三维刚架。将甲板构件应力水平和这些应力的比率与适当的设计规范确定的允许应力水平进行比较。静力分析表明所有构件和节点都满足要求。等效应力和剪应力的计算利用美国 ANSI/AISC《钢结构设计手册》针对钢结构物体承受压缩弯曲等多种组合载荷联合作用时所采用的综合机械强度性能的量度指标 UC 值。通过进行 UC 值的比对，所有 UC 值都小于 1.0。

4. 抗震分析

抗震分析是按照 API RP2A-WSD 指南进行的。强度级抗震分析应采用 200 年复现期地震参数。延性分析应采用 1000 年重现期地震参数。钢管腿节点极限地震分析采用 API

RP2A21st。结果表明，该结构满足 API RP2A-WSD 的要求。

首先采取底部剪力法进行抗震计算，以近似单质点体系的结构，即近似一个自由度，呈倒三角形振型，质点的相对水平位移 x_i 与导管架平台的抗震计算高度 h_i 成正比例关系：$x_i = \eta h_i$，η 为比例常数。

水平地震力计算公式为：

$$F_{EK} = a_1 G_{eq}$$

式中 F_{EK}——地震水平作用力；
α_1——水平地震影响系数；
G_{eq}——结构的等效重力。

层间剪力计算公式为

$$F_i = \frac{G_i H_i}{\sum_{j=1}^{n} G_j H_j} F_{EK}(1-\delta_n) + \Delta F_n \Delta F_n = \delta_n F_{EK}$$

式中 F_i——质点 i 的水平地震作用标准值；
G_i、G_j——质点 i、j 的重力荷载代表值；
H_i、H_j——质点 i、j 的计算高度。

此外，以单自由度体系加速度、时间理论为基础，在多自由度、多质点的结构中，面临地震时，会有多个频率与振型，由于无法用一个简谐函数表达，故采用振型分解法进行离散分析。

振型描述公式为

$$x_i(t) = \sum_{j=1}^{n} q_j(t) x_{ji} \quad (i=1,2,3,\cdots,n)$$

式中 $x_i(t)$——i 以几何坐标表示的位移；
$q_j(t)$——振型在质点 j 处的幅值为基底的广义坐标。

将地震作用按振型分解和叠加：

$$F_i(t) = \sum_{1}^{n} F_{ji}(t)$$

j 振型地震作用的计算为

$$F_{ji} = m_i g_j x_{ji} [x_g(t) + D_j(t)]_{max}$$

总的地震反应计算为

$$S = \sqrt{\sum S_j^2}$$

式中 S_j——各振型 j 质点上的地震作用产生的地震效应。

5. 载荷强度分析

通过各种载荷强度分析，结果表明该结构满足 APIRP2A-WSD 的要求。所有 UC 值的等效应力和剪应力值都小于 1.0。波浪载荷 Morison 计算公式如下：

$$F = \frac{1}{2}\rho C_D D u|u| + \frac{\pi D^2 \rho}{4} C_M \dot{u}$$

式中 F——单位长度杆件所受波浪力；
ρ——海水密度；
D——柱体直径；

u ——水质点速度;
$\dot{u}$ ——水质点加速度;
C_D ——阻尼系数;
C_M ——惯性系数。

三、静态分析计算过程

1. 实际应力校核

等效应力校核按照 APIRP2A-WSD 和 AISC2010ASD 进行。在极端条件下,等效应力增加,平台所有组的统一校验值汇总见表 8-10。

表 8-10 单元强度校核结果

杆件属性名称	杆件连接点	所受工况	最大单元校核值
B21	W036-L350	极端工况	0.13
B41	U116-UCR1	环境工况	0.55
B51	M104-U006	环境工况	0.67
B61	W04L-L059	环境工况	0.96
B71	W04L-L052	极端工况	0.68
B72	M04L-U116	极端工况	0.41
COK	520C-920C	正常工况	0.00
CON	502C-902C	环境工况	0.01
CR0	W042-L036	环境工况	0.08
CR1	L036-M167	环境工况	0.12
CR2	M067-S119	环境工况	0.20
CR3	W036-L350	环境工况	0.13
CR4	U116-UCR1	环境工况	0.55
CR5	M104-U006	环境工况	0.67
CRE	W04L-L059	环境工况	0.96
DF9	W04L-L052	环境工况	0.68
DJ9	M04L-U116	环境工况	0.41
DK8	520C-920C	环境工况	0.00
DK9	502C-902C	环境工况	0.01
DL6	W042-L036	环境工况	0.08
DL7	L036-M167	极端工况	0.12
DL8	M067-S119	极端工况	0.20
DL9	W036-L350	极端工况	0.13
DT8	U116-UCR1	极端工况	0.55
DT9	M104-U006	极端工况	0.67
H30	W04L-L059	极端工况	0.96
H31	W04L-L052	极端工况	0.68

续表

杆件属性名称	杆件连接点	所受工况	最大单元校核值
H33	M04L-U116	极端工况	0.41
H41	520C-920C	极端工况	0.00
H44	S119-UCR1	正常工况	0.01
H58	UCR1-U999	正常工况	0.25
H70	M167-U243	正常工况	0.38
H90	U999-CR01	正常工况	0.11
P12	M02L-URD2	极端工况	0.37
P15	S01L-U01L	极端工况	0.19
CR3	D002-M02L	极端工况	0.07
CR4	S03L-U03L	极端工况	0.18
CR5	0004-W04L	极端工况	0.15
CRE	W04L-L04L	极端工况	0.90
DF9	L03L-M03L	极端工况	0.46

等效应力校核结果表明，所有构件均满足规范要求。

2. 冲切剪应力校核

冲切剪应力校核按照 APIRP2A-WSD 进行。在极端条件下，等效应力增加。平台接缝冲切剪应力校核结果见表 8-11。

表 8-11　UC 值校核结果

杆件属性名称	UC 值	杆件属性名称	UC 值
W04L	0.873	OHZ1	0.812
UCR1	0.972	OHZ7	0.727
M01L	0.838	OHA7	0.257
M04L	0.834	OHZ1	0.607
W03L	0.658	OHZ5	0.832
M02L	0.825	OHB8	0.433
W02L	0.811	IHB8	0.557
M03L	0.782	OHZ5	0.503
W01L	0.726	IHA6	0.339
U999	0.710	OLZ4	0.624
U243	0.395	OHZ1	0.369

校核结果表明，UC 值小于 1.0，将继续加强。

四、抗震分析计算过程

1. 载荷计算方法

重力载荷由 SEASTATE 程序生成。该组合负荷包括表 8-12 所列的权变因素。

表 8-12 载荷状况与系数

载荷状况	具体描述	系数
JAPP	套配件重量	1.1
APP	甲板附件结构荷载	1.1
BRIG	桥负载	1.1
REC2	HXJ180 反应	1.0
DRY	干重全部规程	1.1
WET	湿重全部规程	0.825
LIVE	活载荷	0.75
RAPD	修井干重	1.1
RAPW	修井干湿重	0.825

动载荷采用完全二次组合（CQC）方法对 3 个独立方向的前 50 阶固有模态的响应进行组合，组合结果见表 8-13。

表 8-13 光谱方向系数

具体描述	光谱系数
X 轴方向应力	1.0
Y 轴方向应力	1.0
Z 轴方向应力	0.5

将重力荷载和动荷载的计算结果结合时，需要考虑以下假设：（1）所有构件的动轴力均为压缩力；（2）所有构件的动轴力均为拉力。

根据 APIRP2A 准则，单一构件荷载情况系数为 1.00，组合荷载情况为 1.00。

2. 载荷受力

对于强度水平，地震受力为

$$X-\text{Dir. } F_x = 6060 \text{kN}$$
$$Y-\text{Dir. } F_y = 6740 \text{kN}$$

对于延性水平，地震受力为

$$X-\text{Dir. } F_x = 10900 \text{kN}$$
$$Y-\text{Dir. } F_y = 12200 \text{kN}$$

3. 实际应力校核

在抗震分析方面，根据 API RP2A，各小组的最大应力 UC 值汇总见表 8-14。

表 8-14 强度水平校核结果

杆件属性名称	杆件连接点	所受工况	最大单元校核值
B21	W036-L350	极端工况	0.73
B41	U116-UCR1	环境工况	0.11
B51	M104-U006	环境工况	0.25

续表

杆件属性名称	杆件连接点	所受工况	最大单元校核值
B61	W04L-L059	环境工况	0.41
B71	W04L-L052	极端工况	0.53
B72	M04L-U116	极端工况	0.53
COK	520C-920C	正常工况	0.26
CON	502C-902C	环境工况	0.45
CR0	W042-L036	环境工况	0.57
CR1	L036-M167	环境工况	0.06
CR2	M067-S119	环境工况	0.12
CR3	W036-L350	环境工况	0.03
CR4	U116-UCR1	环境工况	0.02
CR5	M104-U006	环境工况	0.05
CRE	W04L-L059	环境工况	0.01
DF9	W04L-L052	环境工况	0.07
DJ9	M04L-U116	环境工况	0.03
DK8	520C-920C	环境工况	0.16
DK9	502C-902C	环境工况	0.06
DL6	W042-L036	环境工况	0.61
DL7	L036-M167	极端工况	0.38
DL8	M067-S119	极端工况	0.31
DL9	W036-L350	极端工况	0.06
DT8	U116-UCR1	极端工况	0.16
DT9	M104-U006	极端工况	0.07
H30	W04L-L059	极端工况	0.77
H31	W04L-L052	极端工况	0.94
H33	M04L-U116	极端工况	0.69
H41	520C-920C	极端工况	0.68
H44	S119-UCR1	正常工况	0.70
H58	UCR1-U999	正常工况	0.86
H70	M167-U243	正常工况	0.44
H90	U999-CR01	正常工况	0.82
P12	M02L-URD2	极端工况	0.72
P15	S01L-U01L	极端工况	0.11
CR3	D002-M02L	极端工况	0.25
CR4	S03L-U03L	极端工况	0.41
CR5	0004-W04L	极端工况	0.53
CRE	W04L-L04L	极端工况	0.53
DF9	L03L-M03L	极端工况	0.26

延性水平校核结果见表 8-15。

表 8-15　延性水平校核结果

杆件属性名称	杆件连接点	所受工况	最大单元校核值
B21	W036-L350	极端工况	0.71
B41	U116-UCR1	环境工况	0.17
B51	M104-U006	环境工况	0.25
B61	W04L-L059	环境工况	0.51
B71	W04L-L052	极端工况	0.65
B72	M04L-U116	极端工况	0.74
COK	520C-920C	正常工况	0.31
CON	502C-902C	环境工况	0.52
CR0	W042-L036	环境工况	0.40
CR1	L036-M167	环境工况	0.07
CR2	M067-S119	环境工况	0.15
CR3	W036-L350	环境工况	0.04
CR4	U116-UCR1	环境工况	0.02
CR5	M104-U006	环境工况	0.06
CRE	W04L-L059	环境工况	0.01
DF9	W04L-L052	环境工况	0.07
DJ9	M04L-U116	环境工况	0.04
DK8	520C-920C	环境工况	0.22
DK9	502C-902C	环境工况	0.07
DL6	W042-L036	环境工况	0.84
DL7	L036-M167	极端工况	0.53
DL8	M067-S119	极端工况	0.38
DL9	W036-L350	极端工况	0.07
DT8	U116-UCR1	极端工况	0.23
DT9	M104-U006	极端工况	0.08
H30	W04L-L059	极端工况	0.79
H31	W04L-L052	极端工况	0.97
H33	M04L-U116	极端工况	0.70
H41	520C-920C	极端工况	0.80
H44	S119-UCR1	正常工况	0.78
H58	UCR1-U999	正常工况	0.98
H70	M167-U243	正常工况	0.52
H90	U999-CR01	正常工况	0.83
P12	M02L-URD2	极端工况	0.45
P15	S01L-U01L	极端工况	0.17

续表

杆件属性名称	杆件连接点	所受工况	最大单元校核值
CR3	D002-M02L	极端工况	0.25
CR4	S03L-U03L	极端工况	0.51
CR5	0004-W04L	极端工况	0.65
CRE	W04L-L04L	极端工况	0.74
DF9	L03L-M03L	极端工况	0.31

实际应力校核结果表明，桥面各构件的最大应力值均小于1.0，满足规范要求。

4. 冲切剪应力校核

根据APIRP2A-WSD进行API冲切应力校核，接缝冲切剪应力校核结果见表8-16。

表8-16 UC值校核结果

杆件属性名称	UC值	杆件属性名称	UC值
UCR1	0.283	S017	0.365
M04L	0.365	U116	0.363
M01L	0.363	S015	0.173
W04L	0.173	L052	0.840
M02L	0.840	ULD2	0.249
W02L	0.249	L048	0.511
M03L	0.511	S013	0.313
W01L	0.313	L054	0.356
U999	0.356	U185	0.077
W03L	0.077	L051	0.633
M167	0.633	L116	0.280
U243	0.280	M04L	0.190

关节校核结果表明，UC值小于1.0，符合要求。

五、载荷强度分析计算过程

1. 载荷情况

荷载工况为甲板的附属结构荷载，模拟形式为构件力或联合力。附件结构参见表8-17。

表8-17 配件结构载荷

配件结构	载荷，kN
锥	72.68
防火墙	225.00
泵外壳	83.93

续表

配件结构	载荷，kN
办公室	488.33
火炬臂	626.92
挡风墙	367.27
眼板	379.60
总计	2316.04

2. 实际应力校核

实际应力校核按照 API RP2A-WSD 进行。在上述条件下，余量应力均不能提高。表 8-18 列出了所有成员组的统一检查值。

表 8-18 实际应力校核结果

杆件属性名称	杆件连接点	所受工况	最大单元校核值
B21	W036-L350	极端工况	0.20
B41	U116-UCR1	环境工况	0.16
B51	M104-U006	环境工况	0.73
B61	W04L-L059	环境工况	0.75
B71	W04L-L052	极端工况	0.48
B72	M04L-U116	极端工况	0.29
COK	520C-920C	正常工况	0.05
CON	502C-902C	环境工况	0.08
CR0	W042-L036	环境工况	0.12
CR1	L036-M167	环境工况	0.04
CR2	M067-S119	环境工况	0.03
CR3	W036-L350	环境工况	0.06
CR4	U116-UCR1	环境工况	0.01
CR5	M104-U006	环境工况	0.06
CRE	W04L-L059	环境工况	0.06
DF9	W04L-L052	环境工况	0.28
DJ9	M04L-U116	环境工况	0.07
DK8	520C-920C	环境工况	0.63
DK9	502C-902C	环境工况	0.36
DL6	W042-L036	环境工况	0.38
DL7	L036-M167	极端工况	0.05
DL8	M067-S119	极端工况	0.40
DL9	W036-L350	极端工况	0.08
DT8	U116-UCR1	极端工况	0.22

续表

杆件属性名称	杆件连接点	所受工况	最大单元校核值
DT9	M104-U006	极端工况	0.43
H30	W04L-L059	极端工况	0.56
H31	W04L-L052	极端工况	0.34
H33	M04L-U116	极端工况	0.58
H41	520C-920C	极端工况	0.44
H44	S119-UCR1	正常工况	0.36
H58	UCR1-U999	正常工况	0.40
H70	M167-U243	正常工况	0.89
H90	U999-CR01	正常工况	0.00
P12	M02L-URD2	极端工况	0.56
P15	S01L-U01L	极端工况	0.23
CR3	D002-M02L	极端工况	0.20
CR4	S03L-U03L	极端工况	0.16
CR5	0004-W04L	极端工况	0.73
CRE	W04L-L04L	极端工况	0.75
DF9	L03L-M03L	极端工况	0.48

实际应力校核结果表明，所有构件的单体校核值符合 API RP2A 的要求。

3. 冲切剪应力校核

夹套的冲切剪应力校核按 API RP2A-WSD 进行。接缝冲切剪应力校核结果见表 8-19。

表 8-19 接缝冲切剪应力校核结果

杆件属性名称	UC 值	杆件属性名称	UC 值
UCR1	0.458	S017	0.957
M04L	0.332	U116	0.840
M01L	0.317	S015	0.819
W04L	0.609	L052	0.815
M02L	0.332	ULD2	0.812
W02L	0.537	L048	0.784
M03L	0.367	S013	0.773
W01L	0.452	L054	0.716
U999	0.062	U185	0.691
W03L	0.542	L051	0.635
M167	0.179	L116	0.403
U243	0.458	M04L	0.957

冲切应力校核结果表明，所有节点的单位校核值均满足 API RP2A 的要求。

思考题 >>>

1. 简述导管架计算模型中整体分析计算模型与分部分析计算模型的优缺点。
2. 导管架平台承受的荷载，哪些是静荷载，哪些是动荷载？
3. 杆件断面要素主要有哪些？对于工程上常用的型钢截面及圆管型杆件，这些断面要素如何求得？
4. 试列出桩基刚度矩阵。
5. 试列出导管架刚度矩阵。
6. 设杆件只有轴向变形和平面内弯曲变形，思考其刚度矩阵求解方法。

附录 SACS 静力部分操作流程

一、建模流程

启动 SACS 5.2 Executive 程序，出现如下主界面：

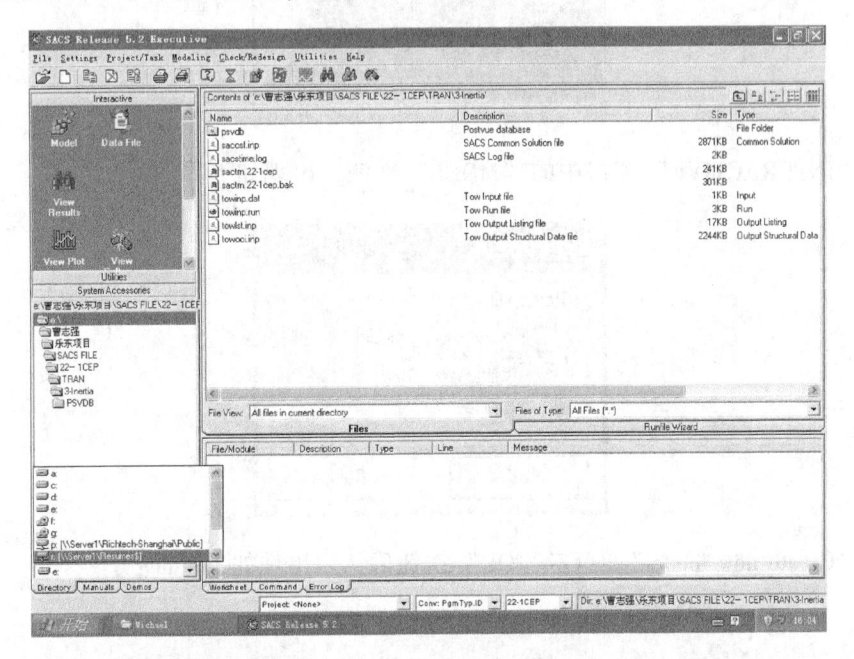

点击左下角的"Directory"选项卡，在"CURRENT DRIVE"中选择文件所在的硬盘盘符；在 CURRENT DIRECTORY 窗口中选择文件存储目录。

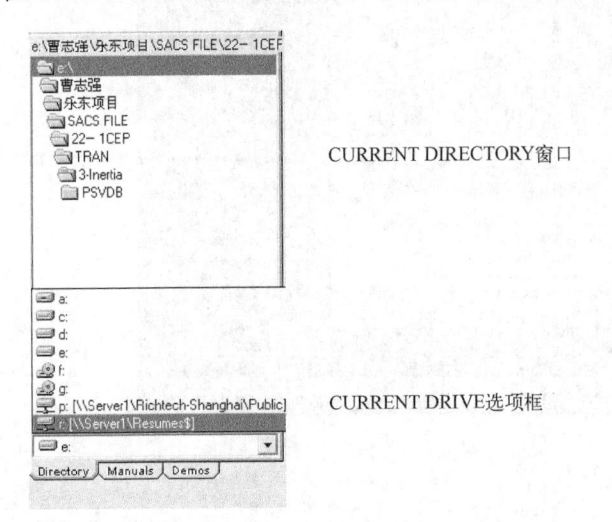

CURRENT DIRECTORY 窗口

CURRENT DRIVE 选项框

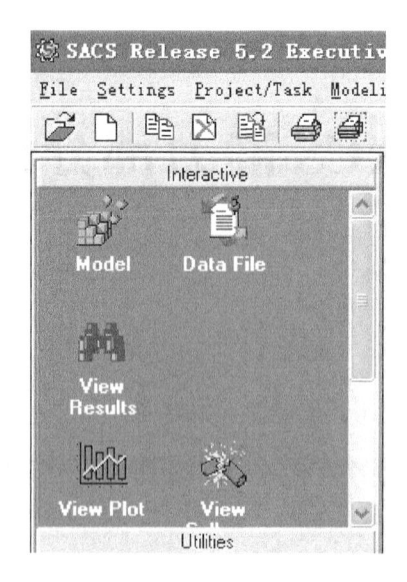

双击"INTERACTIVE"窗口中的"MOEL"按钮，出现如下界面：

选择"Create new model"，点击"OK"按钮确认。出现如下界面：

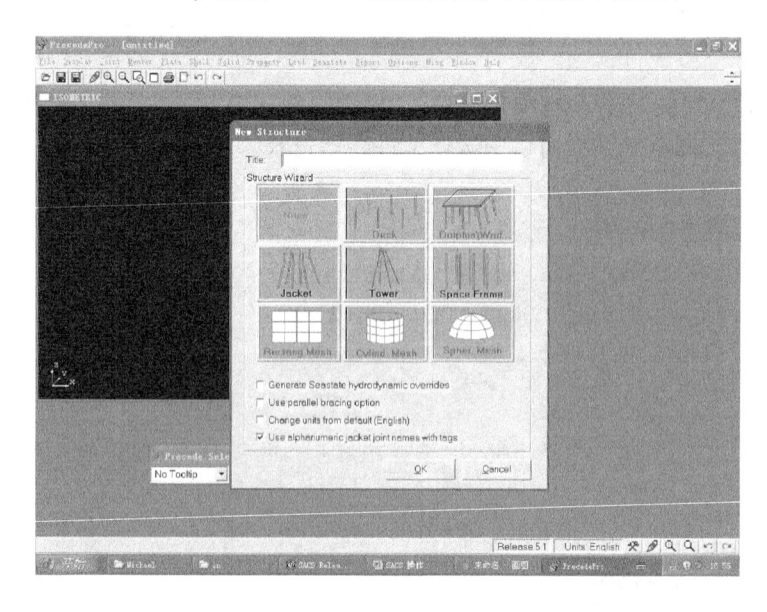

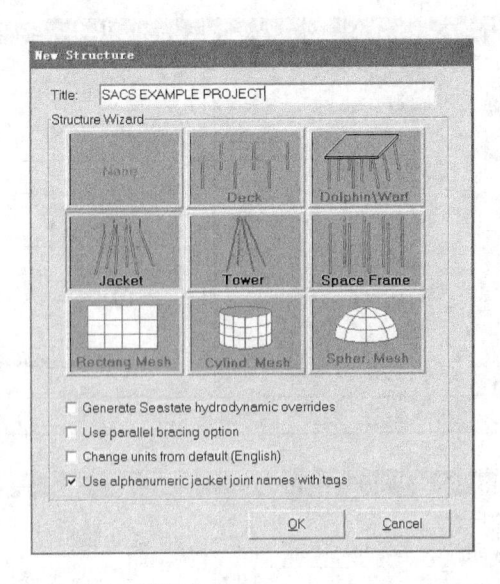

在"TITLE"文本输入框中输入项目名称"SACS EXAMPLE PROJECT",在"STRUCTURE WIZARD"中选择"JACKET"(导管架)类型,使用向导建模。根据向导出现的界面,依次输入以下数据:

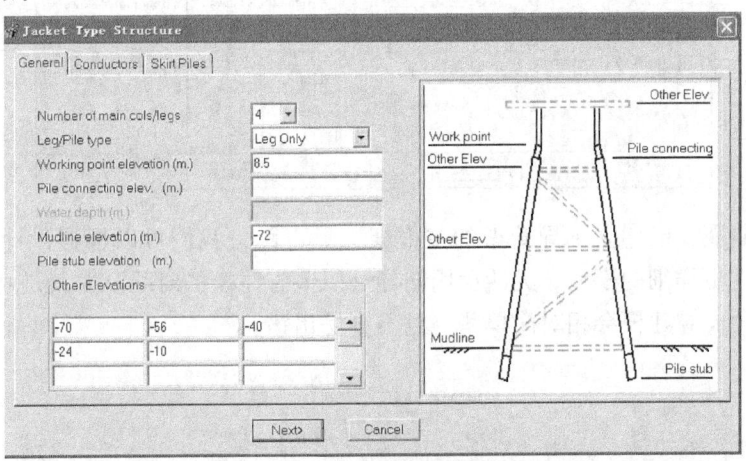

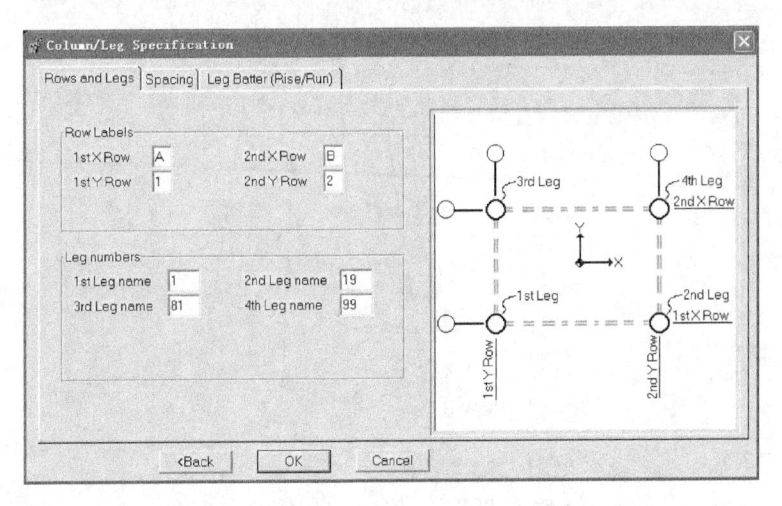

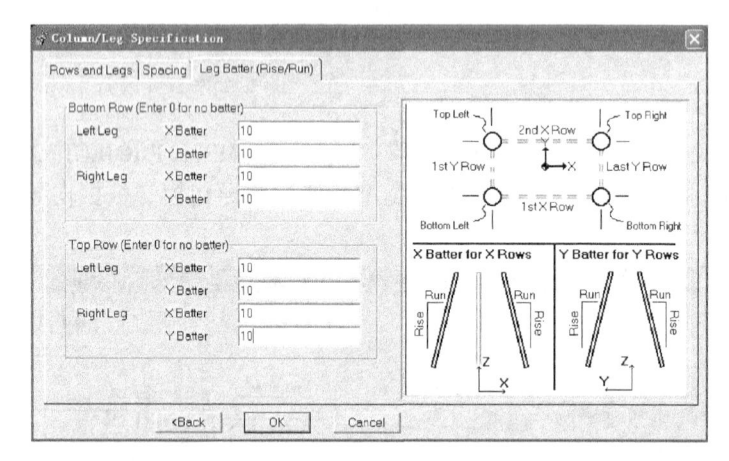

根据以上步骤，已建立了导管架的主框架，见下图，我们可以根据设计图纸或设计思路，接下来建立更详细的模型。灵活运用向导可以节省建模的时间。尤其是对于有斜度的导管架、塔等采用向导建模会相对简单些，且不容易出错。

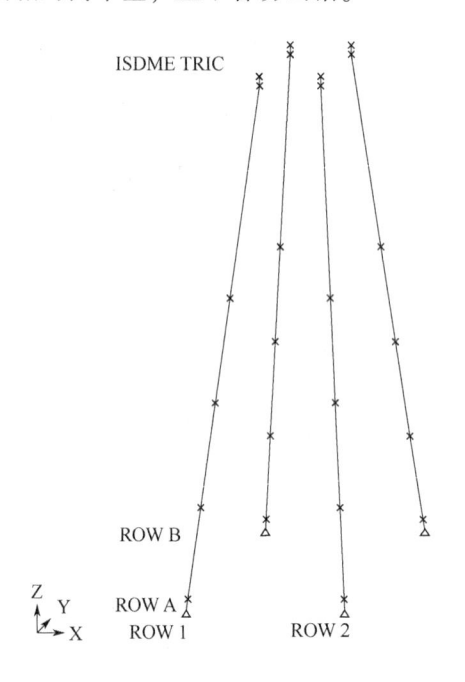

二、通用的建模规则

1. 点的建立

1) 点坐标系的定义

一般以平台轴线围成的四边形的中心作为原点；
X 轴——平台北向为 X 轴正向；
Y 轴——平台东向为 Y 轴正向；
Z 轴——垂直水面向上为 Z 轴正向，零点为海图面。

2) 点的命名

一个平台整个模型包括有很多模块，大概有成千上万个点构成，为方便建模（模型的导入等）及校对，有序的点编号将使模型变得有条理，便于管理。根据以往设计的经验对整个平台每个模块结构上的点的命名进行了规范。

（1）导管架点的命名规则

下面以四条腿的导管架举例来说明导管架点的命名方法：

① 导管架腿上的点命名以 xxxL（L 代表 leg），第一个 x 为其导管架的层数，后两个根据实际需要编号；

② 每层平面内点的命名以 Hxxx（H 代表 HORIZONTAL），第一个 x 为层数。后两个 xx 根据实际需要编号；

③ 对立面上 x 支撑的交点的命名以 Xxxx（x 代表 x-brace），第一个 x 和第二个 x 代表上下两层的层数，第三个 x 根据实际情况编号。

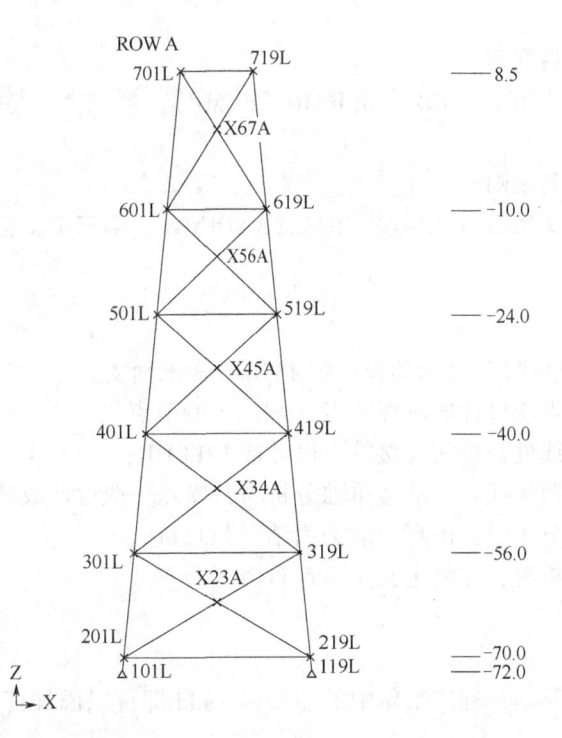

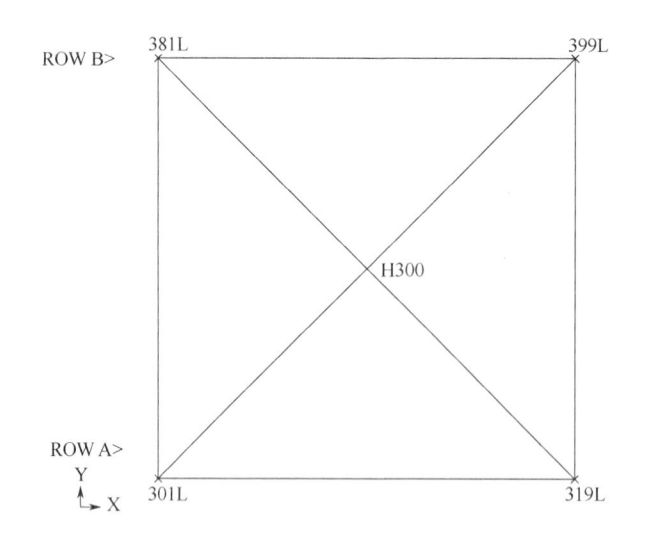

```
                381L                    399L
        ROW B>┌──────────────────────┐
              │╲                    ╱│
              │  ╲                ╱  │
              │    ╲            ╱    │
              │      ╲        ╱      │
              │        ╲    ╱        │
              │         H300         │
              │        ╱    ╲        │
              │      ╱        ╲      │
              │    ╱            ╲    │
              │  ╱                ╲  │
        ROW A>│╱                    ╲│
        Y     └──────────────────────┘
        └→X   301L                    319L
```

(2) 上部组块点的命名规则

下面以四条腿的上部组块举例来说明上部组块点的命名方法：

上部组块上的点命名以 A（B/C/D..）xxx（L 代表 leg），第一个字母表示层数，第一层为 A 开头，第二层为 B 开头，依次类推，第二、三不用字母，均使用数字编号，如果表示的点是在腿上，则最后一个数字用 L 表示。

(3) 生活楼点的命名规则

生活楼上的点命名以 Lxxx（L 代表 living quarter），第二个字母表示层数，第一层为 1 开头，第二层为 2 开头依次类推，第二、三根据需要编号。

(4) 火炬臂点的命名规则

火炬臂上点命名以 FBxx（FB 代表 FLARE BOOM），第三个 x 与第四个 x 根据需要进行编号。

(5) 靠船帮的命名规则

靠船帮上点命名以 BBxx（BB 代表 BARGEBUMP），第三个 x 与第四个 x 根据需要进行编号。

(6) 登船件的命名规则

登船件上点命名以 BLxx（BL 代表 BOATLANDING），第三个 x 与第四个 x 根据需要进行编号。

3) 点的自由度

对点，Sacs 程序中"1"表示约束，如 111000 表示简支。
(1) 主结构上的点均设计成刚性节点（默认为刚节点）；
(2) 对导管架泥线处与桩相连接的点设计成 PILEHD；
(3) 如果对上部模块或者生活楼单独分析时，支点一般设计成简支；
(4) 当进行吊装分析时，吊点一般为固结（111111）；
(5) 进行动态分析时，需将定义主节点自由度。

2. 杆件的建立

根据建立的点，用 sacs 程序菜单中的 member/add 即可以添加杆件。当然这只是最基础的一步。接下来要对杆件属性进行赋值。

1）杆件的命名规则

杆件的命名一般是通过杆件的组来区分，通过先定义截面来定义组，一个组里可能包括几个不同的截面。

（1）导管架杆件的命名规则

下面以四条腿的导管架举例来说明导管架点的命名方法：

① 导管架腿上杆件的命名以 Lxx（L 代表 leg），第一个 x 为其导管架的层数相对应。

② 每层水平杆件的命名以 Hxx（H 代表 HORIZONTAL），第一个 x 为层数。如果对同一个导管架，水平杆件的数量和规格都比较多，第一个 x 可以不表示层数。

③ 对立面上 x 支撑或 k 支撑命名以 Vxx（V 代表 VERTICAL），第一个 x 为其所在的那个面的标号，如在 row A 面，则 x 为 A。

④ 对 CONDUCTOR 一般以 CNx 命名。

⑤ 对 PUMP CASSION 一般以 CSx 命名。

⑥ 对 riser camp 一般以 RCX 命名。

⑦ 对桩靴一般以 PSx 命名。

⑧ 靠船帮的命名规则。靠船帮上杆件命名以 BBx（BB 代表 BARGEBUMP），x 代表不同的杆件类型。

⑨ 登船件的命名规则。

登船件上杆件命名以 BLx（BL 代表 BOATLANDING），x 代表不同的杆件类型。

a. 上部组块杆件的命名规则：上部组块杆件的定义，梁一般采用 Bxx 定义，柱采用 Pxx 来定义。

b. 生活楼杆件的命名规则：生活楼杆件的定义，梁一般采用 Hxx 定义，柱采用 Cxx 来定义。

c. 火炬臂杆件的命名规则：火炬臂杆件的定义，梁一般采用 FBx 定义。

注：同一个组可以通过定义不同的段来定义不同的截面。这样可以减少组数，便于模型管理。

2）杆件的偏移

为使建立的模型跟实际的结构相似，我们需要对建立的杆件进行一定的偏移，如在模型中一般是以梁的中心为基准线，而实际建立模型是以梁的上表面作为基准面的。

一般来说，需要偏移的杆件有：梁的基准面的偏移；梁与柱连接，梁端部的偏移；柱与梁的连接，柱端部的偏移。

一般来说，对梁和柱进行偏移对结构的受力是有利的，一方面减少了结构的重量，一方面可以减小结构件的有效长度。

3）杆件的有效长度

杆件有效长度的定义，对计算是有很大的影响的，为使计算的结果更加准确，根据 API 规范要求，一般我们采用如下定义：

① K_y 为平面内有效长度系数；

② K_z 为平面外有效长度系数；

③ Kz 与 Ky 的详细规定可参见 API 规范。

④ Lb 为面板的无支撑长度。对梁上面有板的梁一般 Lb 很小，可定义 1m 或者更小。其不起控制作用。

4）杆件的约束

通过杆件约束的定义，可以改变杆件的受力方式，SACS 程序用"0"对杆件端点的约束，"1"表示释放。如吊绳杆件两端约束的定义为"000111"与"000011"；Wishbone 杆件两端约束的定义为"000000"与"100111"。

注：在进行部分工况分析时，需考虑腐蚀余量对杆件属性的修改。

3. 加载

荷载的定义是建模的重要的环节，加载的准确性将直接影响计算的正确性。对 SACS 程序，加载可以通过界面操作完成，也可通过编辑文本文件来定义载荷。荷载的大小要符合业主规格书的要求，如业主没有明确的要求，荷载的大小可根据经验估算。

1）一般载荷

① 结构自重：无需加载，系统可自动计算。

② 没有模拟的次要构件的重量将根据结构所在的位置，加到结构上，如：

导管架部分中 riser 的重量、扶梯的重量、阴极块的重量、抓桩器的重量等；

上部组块部分中小梁的重量（对基本设计）、扶梯的重量，墙面的重量等。

③ 管线、设备重量：根据其他专业提供的条件将其加入模型中。

④ 活荷载：一般包括走道面载、设备活载等。

2）环境载荷

环境载荷，我们可以单独作个海况文件来定义，也可在模型文件里直接定义。

① 水压力——程序自动计算；

② 海生物的定义——根据规格书要求来定义；

③ 风浪流的定义——其大小可根据规格书要求来定义，作用面积则要根据实际结构

来定;

④ 冰载荷的定义。

4. 载荷工况组合

荷载的工况组合，一般在结构说明书中（业主要求）有相应的要求及说明。下面列举了 IN-PLACE 工况需要考虑的几个荷载组合。

1) 正常操作工况

结构重+100%活荷载+正常操作工况海况荷载（一般 8 个方向）+修井机荷载（考虑方向）+钻井机（考虑方向）+吊机载荷（考虑方向）。

2) 极端工况（一般）

结构重+75%活荷载+正常操作工况海况荷载（一般 8 个方向）+修井机荷载（自重）+钻井机（考虑方向）+吊机载荷（无吊重）。

3) 极端工况（抗拔）

结构重+50%活荷载+正常操作工况海况荷载（一般 8 个方向）+修井机荷载（自重）+钻井机（考虑方向）+吊机载荷（无吊重）。

注：在模型文本文件中，为方便校对及以后的查找修改，建议对文本文件中每一个重要的信息或者不同类别的信息的输入进行说明标识。

三、各种工况分析概述

1. 静力分析（static analysis）

1) 分析流程

分析流程如下图所示。

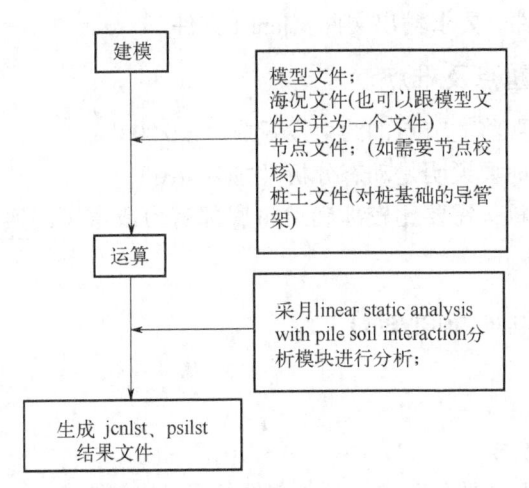

```
建模 ──→ 模型文件；
         海况文件(也可以跟模型文件合并为一个文件)
         节点文件；(如需要节点校核)
         桩土文件(对桩基础的导管架)
  ↓
运算 ──→ 采用 linear static analysis
         with pile soil interaction 分
         析模块进行分析；
  ↓
生成 jcnlst、psilst
结果文件
```

2) 建模分析中的重点及难点

① 模型文件要符合建模的一般规则。

② 对因考虑腐蚀而将导管架上的杆件直径减小的杆件，在海况文件中应通过 GROUP OVERRIDE 或者 MEMBER OVERRIDE 复原；同时可以定义截面的面积还原杆件的重量。

③ 桩土文件输入。

a. 保证输入数据的准确性。可以通过单独运行 single pile analysis 来分析，直观地分析输入数据的准确性；

b. 注意单位的统一。

2. 地震分析（earthquake analysis）

1) 分析流程

（1）第一步：静态分析

分析方法同静力分析，要求生成 dynsef 文件及 psicsf 文件。

（2）第二步：模态分析

① 采用 extract mode shapes 模块进行分析。

② 要求输入文件：第一步生成的 dynsef 文件；dyninp 文件；动态模型文件。

③ 要求输出文件：dynmod 文件；dynmas 文件。

（3）第三步：响应谱分析

① 采用 earthquake 模块进行分析。

② 要求输入文件：第二步生成的 dynmod 文件及 dynmas 文件；第一步生成的 psicsf 文件；第一步生成的 dyrinp 文件。

③ 要求输出文件：dyrlst 文件；dyrcsf 文件。

（4）第四步：后处理，生成结果文件：

① 采用 element stress and code check 模块进行分析。

② 要求输入文件：第三步生成的 dyrcsf 文件；pstinp 文件。

③ 要求输出文件：pstlst 文件。

④ 采用 joint can tubular connection check 模块进行分析。要求输入文件：第三步生成的 dyrcsf 文件；JCNINP 文件。要求输出文件：jcnlst 文件。

2) 建模分析中的重点及难点

① 进行动态分析时要将主节点的约束设置成"222000"；

② 动态的模型文件时要说明是动态分析"加入 dyn"。

③ 准确的模拟等效桩，需要比较准确地将底部剪力或弯矩跟实际地震时的底部剪力或弯矩等效，误差小于5%。

3. 疲劳分析（fatigue analysis）

1) 分析流程

（1）第一步：静态分析

分析方法同静力分析，要求生成 dynsef 文件及 psicsf 文件。

（2）第二步：模态分析

① 采用 extract mode shapes 模块进行分析。

② 要求输入文件：第一步生成的 dynsef 文件；dyninp 文件；动态模型文件。
③ 要求输出文件：dynmod 文件；dynmas 文件。
（3）第三步：波浪响应普分析

采用 wave response 模块进行分析。此分析需根据业主要求，一般为八个方向，对每个单独的方向。

要求输入文件：第二步生成的 dynmod 文件及 dynmas 文件；第一步生成的 psicsf 文件；第一步生成的 wvrinp 文件；模型文件。

要求输出文件：WVRNPF 文件（传递函数）；SACCSF 文件。

（4）第四步：后处理，生成结果文件

采用 fatigue damage 模块进行分析。

要求输入文件：第三步生成的 SACCSF 文件；ftginp 文件。

要求输出文件：ftglst 文件。

2) 建模分析中的重点及难点

（1）进行动态分析时要将主节点的约束设置成"222000"。

（2）动态的模型文件时要说明是动态分析"加入 dyn"。

（3）第三步分析时，模型文件中的波浪的周期的选择在接近平台一阶周期的区域中取的波浪要相对多些。

（4）第四步分析时，要求在选择第三步分析结果时与第四步输入的波浪谱一致。

参考文献

[1] 方华灿. 海洋石油工程 [M]. 北京：石油工业出版社，2010.
[2] 聂武、孙丽萍、李治彬等. 海洋工程钢结构设计 [M]. 哈尔滨：哈尔滨工程大学出版社，2007.
[3] 高云，熊友明等. 海洋平台与结构工程 [M]. 北京：石油工业出版社，2017.
[4] 《海洋石油工程设计指南》编委会. 海洋石油工程设计指南 [M]. 北京：石油工业出版社，2007.
[5] 孙庭秀. 海洋平台建造工艺 [M]. 哈尔滨：哈尔滨工程大学出版社，2017.
[6] 王世圣，谢文会. 深水平台工程技术 [M]. 上海：上海科学技术出版社，2021.
[7] 孙东昌，潘斌. 海洋自升式移动平台设计与研究 [M]. 上海：上海交通大学出版社，2008.
[8] 路保平等. 深水钻井关键技术与装备 [M]. 北京：中国石化出版社，2014.
[9] 孙丽萍，聂武. 海洋工程概论 [M]. 哈尔滨：哈尔滨工业大学出版社，2000.
[10] J·盖斯维特. 海洋环境与建筑物设计 [M]. 吴宜等译. 北京：海洋出版社，1992.
[11] 姜萌，李林普. 近海工程结构物：导管架平台 [M]. 大连：大连理工大学出版社，2009.
[12] 董艳秋. 深海采油平台波浪载荷及响应 [M]. 天津：天津大学出版社，2005.
[13] 聂武，刘玉秋. 海洋工程结构动力分析 [M]. 哈尔滨：哈尔滨工程大学出版社，2002.
[14] 刘向东. 船体结构与强度设计 [M]. 北京：人民交通出版社，2007.
[15] 王惟诚，孙绍述. 近海混凝土平台 [M]. 北京：海洋出版社，1992.
[16] 盛振邦，刘应中. 船舶原理 [M]. 上海：上海交通大学出版社，2003.
[17] 马志良，罗德涛. 近海移动式平台 [M]. 北京：海洋出版社，1993.
[18] 任贵永. 海洋活动式平台 [M]. 天津：天津大学出版社，1989.
[19] 姜立群，王羲威，刘广辉，等. 深水半潜式起重铺管船坞内合拢方案对比分析研究 [J]. 中国造船，2017，4：6.
[20] 宋立新，继程，于娜，等. 半潜式平台总装合拢技术方案 [J]. 中国造船，2014，55（增刊2）：12.
[21] 陈刚，吴晓源. 深水半潜式钻井平台的设计和建造研究 [J]. 船舶与海洋工程，2012，89（1）：9-14.
[22] 卢德明，潘斌，叶平. 移动式平台稳性计算方法 [J]. 海洋工程，1993. 11（4）：6.
[23] 李润培，谢永和，舒志. 深海平台技术的研究现状与发展趋势 [J]. 中国海洋平台，2003，18（3）：1-5.
[24] 王言英，肖越. 深水锚泊的新概念与新技术 [J]. 船舶工程，2004，26（2）：1-3.
[25] 余龙，谭家华. 深水中悬链线锚泊系统设计研究进展 [J]. 中国海洋平台，2004，19（3）：24-29.
[26] 余龙，谭家华. 深水多成分悬链线锚泊系统优化设计及应用研究 [J]. 华东船舶工业学院学报，2004，18（5）：8-13.
[27] 徐蓉，何炎平，谭家华. 几种新型深海锚泊形式概念 [J]. 中国海洋平台，2005，20（2）：30-33.
[28] 黄剑，朱克强. 半潜式平台两种锚泊系统的静力分析与比较 [J]. 华东船舶工业学院学报. 2004，18（3）：1-5.
[29] 肖越，王言英. 浮体锚泊系统计算分析 [J]. 大连理工大学学报，2005，45（5）：682-686.